高等院校动画专业核心系列教材

主编 王建华 马振龙 副主编 何小青

# 三维角色动画制作

邵 恒 张思雪 张衍滨 编著

中国建筑工业出版社

# 《高等院校动画专业核心系列教材》
# 编委会

# 总　序

## INTRODUCTION

动画产业作为文化创意产业的重要组成部分，除经济功能之外，在很大程度上承担着塑造和确立国家文化形象的历史使命。

近年来，随着国家政策的大力扶持，中国动画产业也得到了迅猛发展。在前进中总结历史，我们发现：中国动画经历了 20 世纪 20 年代的闪亮登场，60 年代的辉煌成就，80 年代中后期的徘徊衰落。进入新世纪，中国经济实力和文化影响力的增强带动了文化产业的兴起，中国动画开始了当代二次创业——重新突围。2010 年，动画片产量达到 22 万分钟，首次超过美国、日本，成为世界第一。

在动画产业这种井喷式发展背景下，人才匮乏已经成为制约动画产业进一步做大做强的关键因素。动画产业的发展，专业人才的缺乏，推动了高等院校动画教育的迅速发展。中国动画教育尽管从 20 世纪 50 年代就已经开始，但直到 2000 年，设立动画专业的学校少、招生少、规模小。此后，从 2000 年到 2006 年 5 月，6 年时间全国新增 303 所高等院校开设动画专业，平均一个星期就有一所大学开设动画专业。到 2011 年上半年，国内大约 2400 多所高校开设了动画或与动画相关的专业，这是自 1978 年恢复高考以来，除艺术设计专业之外，出现的第二个“大跃进”专业。

面对如此庞大的动画专业学生，如何培养，已经成为所有动画教育者面对的现实，因此必须解决三个问题：师资培养、课程设置、教材建设。目前在所有专业中，动画专业教材建设的空间是最大的，也是各高校最重视的专业发展措施。一个专业发展成熟与否，实际上从其教材建设的数量与质量上就可以体现出来。高校动画专业教材的建设现状主要体现在以下三方面：一是动画类教材数量多，精品少。近 10 年来，动画专业类教材出版数量与日俱增，从最初上架在美术类、影视类、电脑类专柜，到目前在各大书店、图书馆拥有自身的专柜，乃至成为一大品种、门类。涵盖内容从动画概论到动画技法，可以说数量众多。与此同时，国内原创动画教材的精品很少，甚至一些优秀的动画教材仍需要依靠引进。二是操作技术类教材多，理论研究的教材少，而从文化学、传播学等学术角度系统研究动画艺术的教材可以说少之又少。三是选题视野狭窄，缺乏系统性、合理性、科学性。动画是一种综合性视听形式，它具有集技术、艺术和新媒介三种属性于一体的专业特点，要求教材建设既涉及技术、艺术，又涉及媒介，而目前的教材还很不理想。

基于以上现实，中国建筑工业出版社审时度势，邀请了国内较早且成熟开设动画专业的多家先进院校的学者、教授及业界专家，在总结国内外和自身教学经验的基础上，策划和编写了这套高等院校动画专业核心系列教材，以期改变目前此类教材市场之现状，更为满足动画学生之所需。

本系列教材在以下几方面力求有新的突破与特色：

选题跨学科性——扩大目前动画专业教学视野。动画本身就是一个跨学科专业，涉及艺术、技术，横跨美术学、传播学、影视学、文化学、经济学等，但传统的动画教材大多局限于动画本身，学科视野狭窄。本系列教材除了传统的动画理论、技法之外，增加研究动画文化、动画传播、动画产业等分册，力求使动画专业的学生能够适应多样的社会人才需求。

学科系统性——强调动画知识培养的系统性。目前国内动画专业教材建设，与其他学科相比，大多缺乏系统性、完整性。本系列教材力求构建动画专业的完整性、系统性，帮助学生系统地掌握动画各领域、各环节的主要内容。

层次兼顾性——兼顾本科和研究生教学层次。本系列教材既有针对本科低年级的动画概论、动画技法教材，也有针对本科高年级或研究生阶段的动画研究方法和动画文化理论。使其教学内容更加充实，同时深度上也有明显增加，力求培养本科低年级学生的动手能力和本科高年级及研究生的科研能力，适应目前不断发展的动画专业高层次教学要求。

内容前沿性——突出高层次制作、研究能力的培养。目前动画教材比较简略，多停留在技法培养和知识传授上，本系列教材力求在动画制作能力培养的基础上，突出对动画深层次理论的讨论，注重对许多前沿和专题问题的研究、展望，让学生及时抓住学科发展的脉络，引导他们对前沿问题展开自己的思考与探索。

教学实用性——实用于教与学。教材是根据教学大纲编写、供教学使用和要求学生掌握的学习工具，它不同于学术论著、技法介绍或操作手册。因此，教材的编写与出版，必须在体现学科特点与教学规律的基础上，根据不同教学对象和教学大纲的要求，结合相应的教学方式进行编写，确保实用于教与学。同时，除文字教材外，视听教材也是不可缺少的。本系列教材正是出于这些考虑，特别在一些教材后面附配套教学光盘，以方便教师备课和学生的自我学习。

适用广泛性——国内院校动画专业能够普遍使用。打破地域和学校局限，邀请国内不同地区具有代表性的动画院校专家学者或骨干教师参与编写本系列教材，力求最大限度地体现不同院校、不同教师的教学思想与方法，达到本系列动画教材学术观念的广泛性、互补性。

“百花齐放，百家争鸣”是我国文化事业发展的方针，本系列教材的推出，进一步充实和完善了当下动画教材建设的百花园，也必将推进动画学科的进一步发展。我们相信，只要学界与业界合力前进，力戒急功近利的浮躁心态，采取切实可行的措施，就能不断向中国动画产业输送合格的专业人才，保持中国动画产业的健康、可持续发展，最终实现动画“中国学派”的伟大复兴。

丛书主编：王建华 中国传媒大学新闻学院

马振龙 天津理工大学艺术学院

# 前　言

## PREFACE

“三维角色动画”是本科院校动画专业中重要的课程之一，也是游戏行业、CG 动画制作行业中重要的工作内容之一。在高等学校开设本课程要本着“因材施教”的教育原则，把实验环节与理论教学相结合，从易到难，深入浅出，逐步展开知识点，以掌握技能为原则，以提高动画专业教育为目标。

本书在“三维角色动画”精品课的平台上进行开发，教学团队通过 5 轮教学改革，从学生的作业到企业中的需求，改进了几次的教学案例后，编写本书。本书所提供的案例和作业要求均是能够体现动画专业培养目标，要求把相关课程的知识综合运用，在案例和作业中既能复习运用所学知识，又能掌握新技能新知识。

本书以动画本身特性和行业需求为切入点，通过相应实例讲解动画艺术特征和实现的技术手段，涉及动画本体的探讨，骨骼绑定技术的实现，运动规律在角色表演中的实现和动作捕捉技术的应用。

全书分为 6 章内容。第 1 章为概述，主要讲解角色动画的定义、企业标准和三维角色动画制作流程。第 2 章为小球动画，主要讲解了骨骼绑定基础知识，动力学解算，小球动画制作，把视听语言、动画表演和关键帧动画制作结合起来完成一个综合作业。第 3 章为两足角色动作设计与制作，主要讲解运动规律在三维角色动画中的应用，并熟悉想要那个的控制器关键帧动画。第 4 章为三维动画捕捉系统应用，主要讲解运动捕捉系统的应用。本章通过实例讲解完成角色动作捕捉的工作流程，包括动作的捕捉和数据修复知识点，涉及的软件有 EasyTrace、MotionBuildver 和 Maya。通过最后的综合作业完成角色的舞蹈捕捉，并体会到声音的重要性。第 5 章为两足角色设计及骨骼绑定技法，主要讲解了两足角色的骨骼绑定过程。第 6 章为优秀案例赏析。

张思雪和张衍滨两位老师参与了编写工作，并得到了中国建筑工业出版社、天津职业技术师范大学领导和编辑老师的大力支持，在此表示感谢！

欢迎教师索取本书配套的相关资料，并和编者进行交流。本人 QQ：4773721。

# 目 录

CONTENTS

## 074 第5章 卡通两足角色设计及骨骼绑定技法



## 117 第6章 优秀案例赏析

# 导　论

## 第 1 章　概述

1. 解释了三维角色动画的定义，从不同方面诠释了三维角色动画的意义、主要内容和涉及的相关知识。

2. 介绍了当前企业所需的动画人才，在三维角色动画工作中的要求，所达到的目标和涉及的相关工作。

## 第 2 章　初识小球动画

该章节通过调制小球动画的例子，介绍了角色动画所需的基本知识，Maya 软件中关键帧制作技巧，进一步认识曲线。通过不同的例子，深入了解动画创作中原画的重要性、动画表演的重要性。最后，讲解了小球骨骼绑定的过程，对骨骼绑定、编写脚本等内容进行进阶，掌握 Maya 的骨骼功能。

## 第 3 章　两足角色动作设计与制作

编写该章节的主要目的是让学习者先了解调动作的重要性，并把运动规律的知识运用到三维角色身上，了解在三维软件中如何实现动作的制作。该章通过给定的三维角色文件（该角色已经绑定好骨骼，刷好权重）完成走路、跑步、带有个性表演性的走和跑的动作，并且能够达到动画公司、游戏公司的职业标准。

## 第 4 章　三维动作捕捉系统应用

编写该章的主要目的是让学习者掌握制作动作的不同手段，并初步了解角色骨骼系统，为后面的学习打下基础。该章通过一个具体实例来讲解知识点，并能够具体应用。应掌握知识点如下：Easytrace、MontionBuilder、Maya 软件的应用；掌握动作捕捉的制作流程；了解相关的动作捕捉知识；掌握数据优化的方法。

## 第 5 章　卡通两足角色设计及骨骼绑定技法

编写该章的主要目的是让学习者掌握卡通角色的骨骼绑定技法，并能够完成卡通角色的骨骼绑定任务。该章通过一个具体实例讲解了相应的绑定技术知识点，为以后的进阶打下良好的基础。

## 第 6 章　优秀案例赏析

# 第1章　概述

三维动画是艺术与现代科学技术相结合的一种新的艺术表现形式。如《汽车总动员》、《闪电狗》、《怪物史莱克》、《最终幻想》等最新的纯三维动画影片，人们为其艺术表现形式而震撼，其中的三维角色的出色表演更让我们记忆犹新。三维角色动画制作是三维动画制作中最能体现其特征的工作之一。三维角色动画的制作是一项有趣的工作，也是能够步入三维动画艺术的途径之一。

本章重点：

（1）掌握三维角色动画的概念；

（2）了解三维角色动画的特点；

（3）熟知三维角色动画制作流程。

本章难点：

熟练掌握运动规律在三维角色动画中的应用。

## 1.1　三维角色动画制作是什么

### 1.1.1　定义

三维角色动画制作是指利用三维软件建立虚拟的角色形象（泛指一切可以运动的物体），按照运动规律运动起来，使其具有生命力。

### 1.1.2　描述

通过定义，可以得到如下信息：

（1）三维角色动画的制作是以使用三维动画软件工具为前提（本书是以Maya2012为制作工具），在三维动画软件中进行建立三维模型、为模型赋予材质、建立灯光、建立摄像机、为角色建立骨骼系统、调节动作、建立毛发等一系列工作，如图1-1所示各项工作所用菜单或命令按钮。

（2）角色形象可以是任何物体，典型的有两足角色、四足角色、多足角色（图1-2），典型角色分类。

（3）在制作动作时，要有一个宗旨，即制作的角色按照运动原理所涉及的知识要点运动，调节的结果要使三维角色具有生命。运动原理所涉及的知识点（表1-1），其具体的讲解在2.1.2节中展开。

小提示：

想要三维角色的动作生动，不仅要把运动原理学好，还要善于观察生活，体验生活，并一定要学会动画表演。有关动画表演的知识，推荐看《羞涩的舞者——动画表演教程》（作者：薛燕平）。

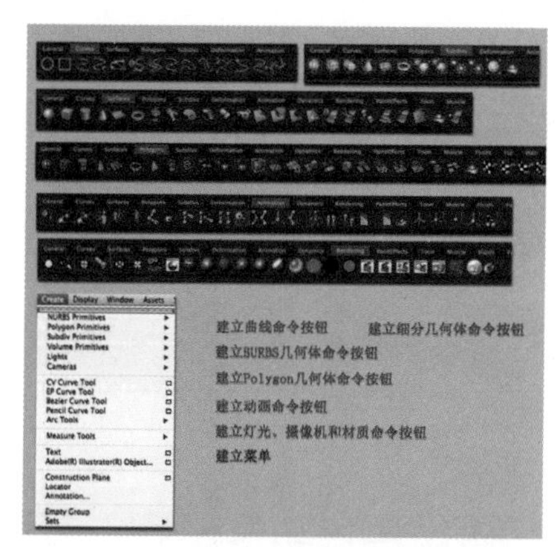


图1-1

图1-2

## 1.2 做好三维角色动画应具备的知识

### 1.2.1 引言

做好三维角色动画要熟知七个方面的知识，如下：

（1）三维角色建模；

（2）建立材质；

（3）架设虚拟摄像机；

（4）骨骼绑定；

（5）制作动作；

（6）编写脚本；

（7）渲染。

虽然有如此多的内容，但不要求一个人全面掌握。在动画行业中，分工非常细，只要对一两个方面的知识能够很熟练地掌握就可以，其他方面知识了解即可。

### 1.2.2 三维建模

#### 1.2.2.1 基本要求

三维角色建模是制作三维角色动画的基础工作之一。在该工作中，除了对模型有造型准确的要求之外，最主要的是对模型布线的要求，即模型布线疏密的要求。有些学生认为，在建立三维模型时，刻画出三维角色的结构时，其布线越简单越好，这种想法是不完全正确的。因为模型的布线不是以定型为最终目标的，制作人员要考虑到贴图工作的需要，要考虑到骨骼绑定工作的需要，要考虑到渲染速度的需要。如果三维模型布线过少，会导致在调整动作时，肌肉变形的可操控性下降。反之三维模型布线过密，会导致一个场景中模型的面数过多，会为贴图 UV 展开工作和渲染工作增大工作量，带来很大的麻烦（图 1–3）。

#### 1.2.2.2 基本方法

（1）平均法

平均法要求模型上的每条线平均分布，有序排列，且组成的单位形状、大小近似。这样的模型在进行 UV 展开工作时，展开的拓扑图容易编辑，可提高工作效率，这样的模型给角色蒙皮和添加肌肉变形等方面的工作提供了更大的便利，而且在修改外形的时候，很适合雕刻刀工具的使用。该方法的不足之处是很难将模型的结构表达清楚，而且成倍的面数会加大计算机系统的负担（图 1–4）。

（2）结构法

结构法是要求模型上的线条根据肌肉结构的走向布线，且在一些肌肉结构转折明显的地方，应适当增加线条，以满足角色运动的要求。在一些肌肉结构平稳的地方，应该适当减少线条数量，从而减轻计算机系统的负担，提高建模的速度。如膝盖、脚踝、手腕等关节处肌肉结构转折大，适于增加线条；再如大腿、小腿、手臂、胸大肌等处，肌肉结构起伏缓慢，且运动舒缓。故此，适当减少线条数量，有利于缩短制作时间、提高制作效率。该方法的不足之处是不适合做动画，在角色蒙皮和肌肉变形的工作中尤为突出，因为布线不工整、不规则，模型的可操控性会下降，角色在运动时会出现严重的动作变形（图 1–5）。

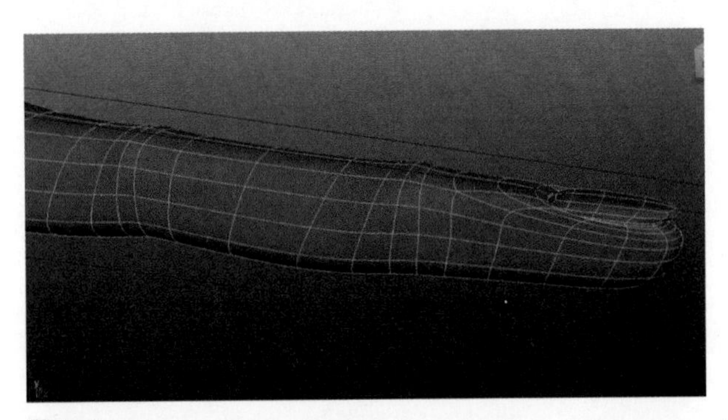

图 1–3

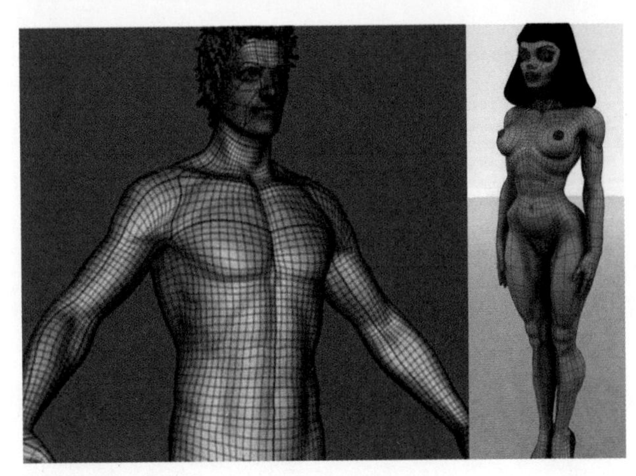

图 1–4

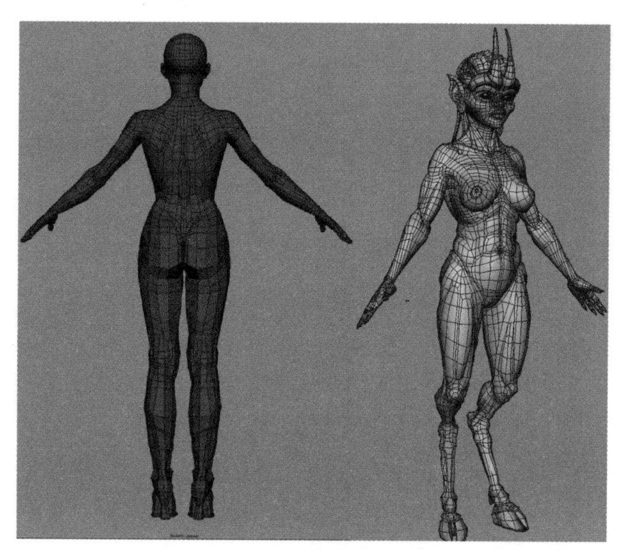

图 1-5

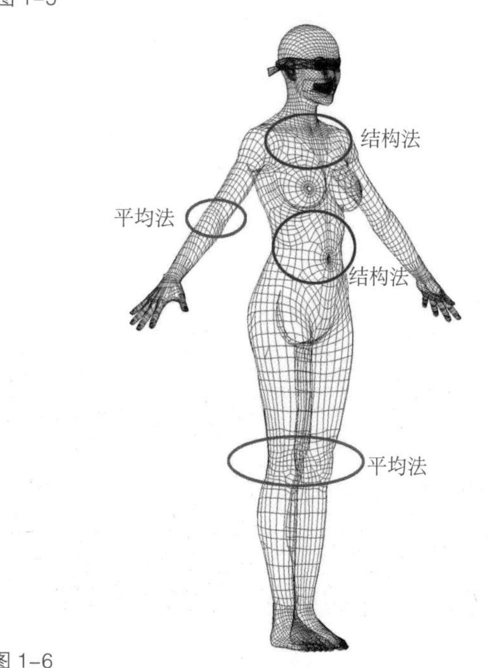


图 1-6

图 1-7

（3）综合法

综合法是将平均法和结构法结合起来使用的方法。它是在建模中使用最多的一种方法，兼具平均法和结构法的优点，发挥了两者的长处（图 1–6）。

### 1.2.3 建立材质

在角色动画中，建立材质是必要工作之一，也是行业中一项细分的工作。材质制作人员应掌握的技能主要包含有较好的美术功底（尤其应有色彩及色彩构成的基础知识）和熟练掌握三维动画软件中材质制作的技术。制作三维角色材质的技术涉及如表 1–1 所示要掌握的相关软件和相关命令（图 1–7）。

**制作材质应掌握的基本软件　　表 1–1**

| 序号 | 软件名称 | 作用 |
|---|---|---|
| 1 | Photoshop | 为 UV 展开后的模型绘制贴图；<br>对贴图文件进行编辑、处理 |
| 2 | Unfold3D | 对三维模型进行贴图，二维方向展开，防止贴图在三维模型上有拉伸现象 |
| 3 | Maya | 对材质进行编辑、混合；<br>进行贴图烘焙；<br>编辑 UV 展开信息 |

### 1.2.4 架设虚拟摄像机

三维角色动画制作的结果是通过镜头语言表达的，而镜头语言的表达工具就是虚拟摄像机。架设三维虚拟摄像机是三维角色动画制作的重要技能之一。架设人员不仅需要有视听语言的基础知识，还要熟知虚拟摄像机的各种参数及与真实摄像机的参数的区别（图 1–8）。

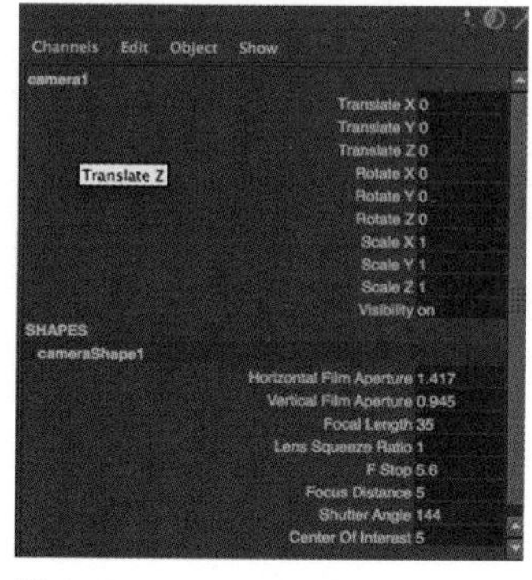


图 1–8

## 1.2.5　骨骼绑定

骨骼绑定技术是三维角色动画制作中要掌握的重点，也是难点知识之一。该项技能涉及的知识（表 1–2）。

骨骼绑定技能涉及的知识　　表 1–2

| 序号 | 技能或技术 | |
|---|---|---|
| 1 | 独立分析角色身体骨骼结构的能力 | 本书第 5 章内容 |
| 2 | 组、属性连接编辑器、驱动关键帧、变形器、约束等基本绑定工具的使用 | 本书第 5 章内容 |
| 3 | FK、IK 骨骼工具的创建 | |
| 4 | | |
| | | |

## 1.2.6　制作动作

制作动作是三维角色动画制作的核心内容之一。角色的动作制作是现实世界中演员的表演的具体体现。做好角色动作要掌握的技能如表 1–3 所示。

制作三维角色动作技能所涉及的知识　表 1–3

| 序号 | 技能 | 作用 | 参考书 |
|---|---|---|---|
| 1 | 时间与掌握 | 为制作动作提供基础性的指导 | 《原动画基础教程》（作者：理查德·威廉姆斯） |
| 2 | 动画表演 | 为表现角色情感提供现实依据 | 《羞涩的舞者——动画表演教程》（作者：薛燕平） |
| 3 | Maya 软件中的曲线编辑器 | 编辑动作的重要工具 | 本书第 2 章内容 |
| 4 | Maya 软件中时间功能的设置 | 编辑动作前的检测和设置工具 | 本书第 2 章内容 |

## 1.2.7　编写脚本

### 1.2.7.1　描述

编写、使用脚本能够解决非常复杂的动画设计中的问题，是一个优秀动画师应掌握的技能之一。对于普通的动画师，要了解脚本的安装、运行方法，会用简单的语句解决一些简单的问题，如编写独立的控制面板、运行重复次数较高的命令组合等。

### 1.2.7.2　实例练习

任务：把已存在的脚本安装到 Maya 界面中，并能够运行。

目的：了解 Maya 安装目录结构，Maya 运行所访问的文件类型。

步骤：

（1）打开光盘中 tweenMachine.mel 和 xml_lib.mel 两个文件。这两个文件均是 Maya 脚本文件，能够实现对选中物体的动画参数进行微调。

（2）拷贝这两个文件到“我的文档\maya\2012\zh_CN\scrits”目录下。

（3）运行 Maya　2012，进入到 Maya2012 界面中（图 1–9）。

在命令输入框中输入“tweenMachine”命令，并打开调节运动参数的功能面板（图 1–10）。

小提示：

*在 Mac 系统下，拷贝到“/Users/ 用户名 /Library/Perferences/Autodesk/maya/2012–x64/scripts”目录下。*

## 1.2.8　渲染

渲染工作是三维角色动画制作中输出最终结果的一项工作，包含灯光设置、渲染器的选择和渲染参数设置。在动漫企业中称为“灯光渲染师”。其工作是采用比较先进的科技手段、程序和方法进行三维动画模型光照的设计与制作，以期获得具有特定艺术效果的数码影像。做好渲染工作应具备的技能如表 1–4 所示。

图 1–9

图 1–10

渲染工作应具备的技能　　表 1-4

| 序号 | 技能或技术 | 描述 |
|---|---|---|
| 1 | 良好的美术基础 | 对色彩、光影要有较强的把握能力 |
| 2 | 具有图形学基础知识 | 了解图形学中的基础知识，并能熟练掌握几种三维软件 |
| 3 | 具有较强的计算机操作能力 | 能够熟练使用相关软件，并能够编写一定的程序，完成自己想要的效果，加速渲染 |
| 4 | 熟练掌握两种渲染软件 | Mental Ray（简称 MR）、Brazil（简称 BR）、FinalRender（简称 FR）、VRay（简称 VR） |

## 1.3　所涉及的职业

根据当前市场的需求及三维动画的制作流程，对该技能所涉及的职业进行了归纳和总结。

根据行业需求可在如下行业中工作：

游戏制作、电影制作、电视台栏目包装制作、广告制作、动作捕捉制作、工程动画制作、虚拟现实制作。

根据制作流程可分为如下工种：

三维建模、制作动画、制作特效、骨骼绑定、动作捕捉。

读者可根据自己的特长来选定适合自己的职业。

## 1.4　三维角色动画制作流程

三维角色动画制作流程与传统动画制作流程基本相似，分为前期制作、中期制作和后期制作三大阶段。但在中期制作阶段，三维动画制作与传统动画制作在制作工艺上有所区别，具体流程（图 1-11）。

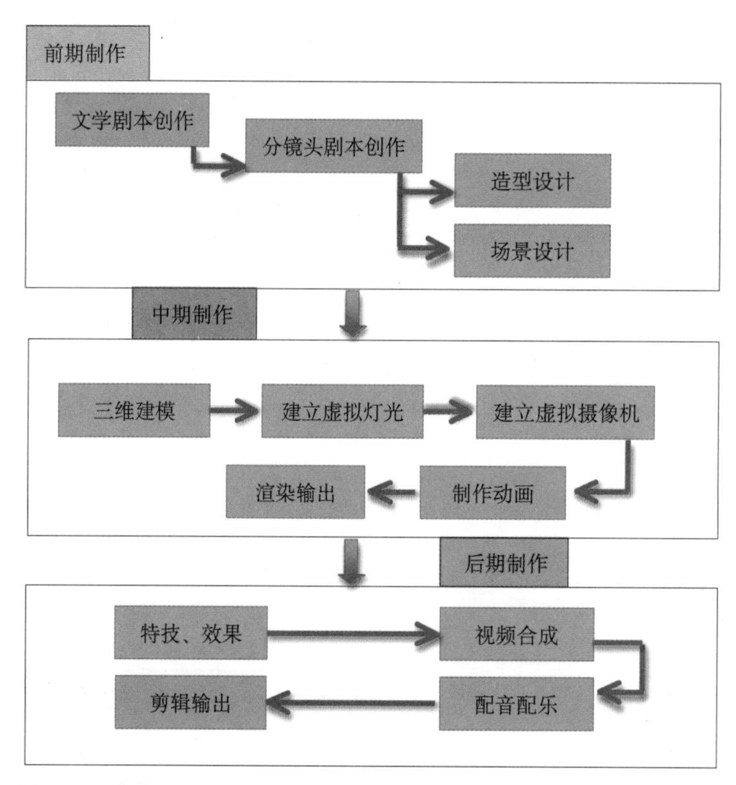


图 1-11　流程图

# 第 2 章　初识小球动画

## 2.1　不同材质球的弹跳

引言：当大家看着荧幕上播放的各式各样的动画片时，可曾产生过这样的疑问：是什么使得这些从冷冰冰的电脑程序中诞生出来的三维角色有了生命，有了性格？又是什么使得他们在荧幕上可以栩栩如生地表演喜怒哀乐、世间百态，并牵动观众们的心弦？动画自产生到现在，经历了无数次的技术改革与创新，每次科技进步都带动了动画制作手段的更新交替。从赛璐珞时代的逐帧动画到采用当今最先进的捕捉技术完成的电脑动画，这 200 年的动画发展中，又有什么从未被改变过呢（图 2–1、图 2–2）？

图 2–1

图 2–2

作为一个动画学习者，我们需要掌握的绝不仅仅是一门技术。解决任何问题都要从两方面来考虑："做什么"和"如何做"，动画的创作也是如此，所以这个过程是一个艺术与技术相互融合的过程。软件的学习可以帮助我们解决"如何做"这一环节所要面临的各种技术问题，但作为一个动画人，"做什么"才是在创作中面临的首要任务，甚至于是最复杂、最难以解决的问题。从一个故事的诞生，到每一个角色，每一个镜头的表演，这期间有太多的内容是软件不能帮我们实现的，需要我们在平日里对生活进行细心的观察与不断的积累。完成一段优秀的三维角色动画也是如此，我们要先解决角色"做什么动作"这一问题，再利用软件完成相应的整个动态。所以，在我们学习如何制作角色动画之前，首先为大家介绍的是一些动画的基本原理以及涉及的动画的运动规律方面的知识。那么，就让我们带着上述的问题，站在一个动画制作者的角度，开始这一章节的学习吧。

### 2.1.1　课程要求

#### 2.1.1.1　学习目标

技能：通过本课程的学习，使学生对运动有一个基本的认识和理解。掌握认识力、分析力的能力，从力学的角度来分析动作，并且介绍相关的动画运动规律，让同学们对角色动画有一个全面的认知，给后面的学习打下基础。

素质：使学生养成观察生活的兴趣，培养学

生的探索精神及积累的习惯。

2.1.1.2 教学重点

（1）了解和掌握基本的力的知识。

（2）了解和掌握基本的运动规律。

2.1.1.3 教学难点

（1）熟练掌握对物体受力的分析能力。

（2）熟练运用各项运动规律。

## 2.1.2 涉及运动规律的相关知识

引言：运动是如何产生的？不知道大家有没有思考过这一问题。上中学的时候大家都学过牛顿力学定律，经典力学的发现改变了人们对于自然界的看法，使得人们可以逐步地运用力学原理去解释各种自然现象。剑桥大学三一学院门口的那一棵苹果树启发了人类解读自然运动的能力，这也成为如今我们在电子设备中模拟出现实运动的理论基础。“一切的运动都归结于力”，所以，在研究如何运动之前，首先让我们来从动画制作的角度，重新认识一下力学的原理。在了解了运动的本质之后，我们就来学习动画运动的十大规律。

2.1.2.1 运动的原理，力的法则

科学发展到今日，关于运动是如何产生的这一问题，人类还并不能给出一个明确的答复。不同的解释总是被不断发展的科学理论所颠覆及推翻。对于动画人来讲，我们需要模拟的大部分都是现实生活的环境，所以我们只需要掌握基本的力学的原则就可以了。

（1）运动是绝对的，静止是相对的

让我们来想想我们所在的世界，宇宙是运动的，太阳系是运动的，我们生存的地球也是运动的。原则上来说，绝对静止是不存在的。那么，静止又是什么呢？我想大家可以把它简单地理解为一种特殊的运动。

静止是需要参照物的。打开 Maya，我们想象一下，这个虚拟的三维空间中，如果没有坐标轴，没有任何参照物，仅仅是一个物体，我们如何才能判断它是静止的还是运动的呢？可能它是静止的，也可能它正以和摄像机相同的速度进行移动。所以，静止是需要参照物的。牛顿经典力学第一定律告诉我们，一切物体在没有受到力的作用时，总保持静止状态或匀速直线运动状态。

所以，改变运动状态的是“力”。

力是产生加速度的根源，当物体受力处在不平衡的状态时，自然就会产生能量的转换，使得物体获得加速度，这正是运动的奥秘。我们中学的课堂上都学过，自然界中不存在绝对的匀速运动，所以，在动画制作中需要模拟真实环境的时候，首要考虑的就是加减速的问题。牛顿第二定律告诉我们，物体在受到合外力的作用时会产生加速度，加速度的方向和合外力的方向相同，加速度的大小与合外力的大小成正比，与物体的惯性质量成反比。自然界中的力不断地互相影响，此消彼长，在这一过程中产生的能量变化正是我们在做动画时需要注意的重点，只有掌握了这点，才能使我们的动画看起来真实生动。请大家想象一下秋千，如果我们做的仅仅是它在两个不同顶点间的匀速运动，那么出来的效果必然是不真实的，呆板的。真实环境中，当主要作用力逐渐消失，转化为另外一种力起主要作用时，运动就会被改变（图 2–3）。

经典力学的第三定律描述的是两个物体之间的作用力和反作用力在同一条直线上大小相等，方向相反。例如一个小球在滚动过程中碰到障碍会出现反弹，我们搬箱子的时候，受到箱子给身体的反作用力，使得人体重心发生改变，这些都是作用力与反作用力所导致的现象。在角色动画制作中，我们要时刻注意这一点，力不是单方面的，两个小球相撞，运动方向会同时发生变化，不能仅仅考虑一方（图 2–4）。

以上的例子看上去都很简单，即使不理解这些原理，单凭我们的常识，也可以想象出这些运

图 2–3

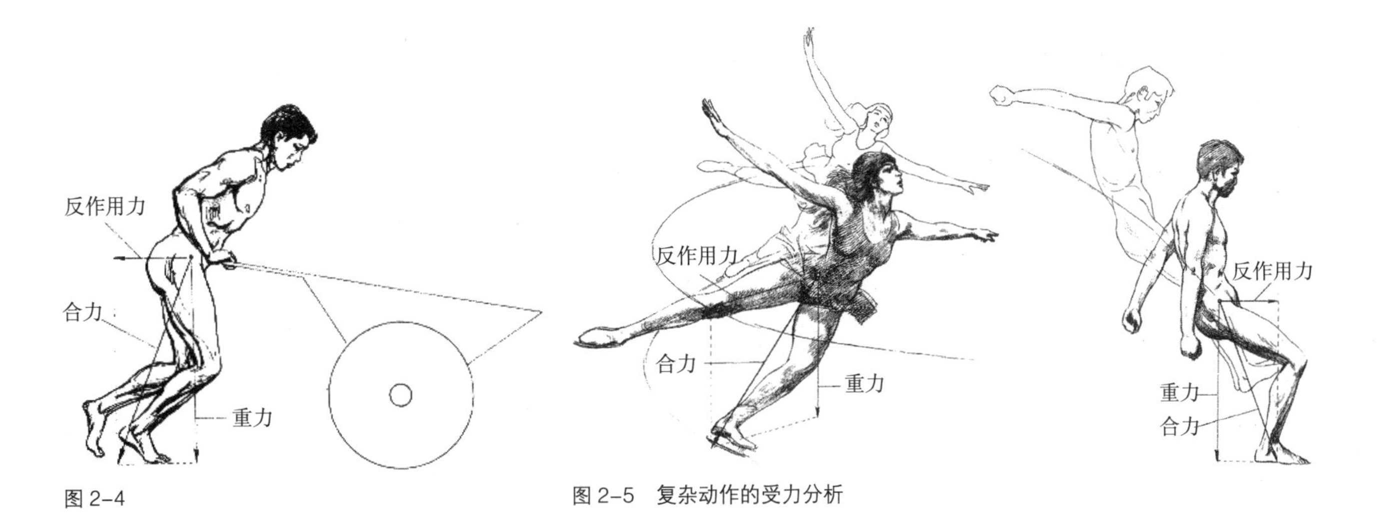


图 2–4

图 2–5　复杂动作的受力分析

动的自然规律及方式。但是，当我们要表现一个复杂的运动的时候，尤其是利用三维软件去表现时，如果我们可以尝试着从力的原理、受力位置及方向、力的作用方式等方面去理解动作的话，可以更全面、更生动地模拟动作，也会对软件中的一些参数的理解和调整更为深刻，方便我们日后的应用（图 2–5）。

（2）常见的力

重力：重力是最常见的力，它来源于地心引力，在动画中通常都用来表现物体的重量。重量越大，改变它的运动状态需要的力也就越大。这一点我们都非常容易理解，移动一个铅球比移动一个气球要困难得多，也更费力气。

摩擦力：在物体的重力、接触面的光滑度及面积的共同影响下，摩擦力在动画中往往用来表现质感。同样的一个小球，同样的一个平面，如何设定这个平面？到底是马路还是冰面？我们在动作的设计上就要充分地考虑摩擦力的作用了。

惯性：运动定律告诉我们，物体有保持自己运动状态的性质。想象一下，当公交车突然刹车的时候，为什么乘客身体会突然前倾？我们来分析一下，车上的乘客的双脚因接触公交车的地面，受到摩擦力的作用而减速了，可是上半身还保持着向前运动的趋势，所以在惯性的作用下，必然会发生向前倾斜的现象。惯性在动画中如果被忽视，带来的结果必然是动作十分僵硬，不生动。动画制作者的终极目标就是要创造一个让人信服的虚拟世界，所以惯性的表现就显得尤为重要。动画中的惯性还经常被用夸张的手法表达出来，例如迪士尼的动画片，我们不仅仅要表达表面的运动，甚至要强调力与力间相互作用的关系，这样的动作更具备观赏性与趣味性。

（3）回归生活，让动作变得感性

说了这么多定律，大家一定觉得想要掌握和分析一个动作是一件非常复杂的事情。其实不然，任何看上去晦涩难懂的定律，它的本质都是在描述一个客观的事实。就好像在没有解剖知识的年代，人们也可以通过常识和感知画出结构丰富立体的画作一样，这些知识是我们了解生活的一条捷径，而对于动画制作者来说，想要创作出生动的可信服的动作，我们更需要不断地观察我们的生活，对每一个动作先有一个感性的认知，再经过理性的分析后最终形成感性的创作，这才是我们所要达到的终极目标。

#### 2.1.2.2　动画运动的十大规律

（1）关键帧动画及逐帧动画

作为一个动画人，我们不用去洞悉动画的本质究竟是什么，事实上，现如今这个问题的答案也在不断地被推翻及更替。但动画是怎么产生的这个问题却是作为动画人必须要清楚的。随着电影技术的发展，单纯地记录影像已经不能满足当时艺术家的创作需要了，这时候，动画就像是一种神奇的魔法，被这些动画艺术大师们呈现在人们的眼前。正因为动画脱胎于电影，所以动画本身也继承了电影的特点。我们都知道，电影是通过人类的视觉暂留原理，使得每秒钟播放出来的24张画面投影到观众眼中形成一段连续的视频。动画也是如此，所以，动画有着一个非常重要的概念——帧的概念。一般来讲，电影级的动画都采取每秒钟24帧的制作方式。想必大家在小的时候都玩过手翻书的游戏（图2–6），我们将连续的动作一个一个地分解开来，依次绘制在不同的面上，当页面快速翻动时，画面中的角色也就随之运动了，这就是逐帧动画的雏形。迪士尼的大师们在早期的动画制作中，大多采用这样的制作方式，也就是依次绘制出动作的序列，再连续地播放它。这是一种直线式的思考方式，在我们的三维角色动画制作中也可以如此去做，我们可以连续地、逐帧地去调整动画，从动作的开始一步一步地推进到结束。这样的制作是有好处的，它可以很有效地为动作带入动画师的个人色彩，对于一些夸张扭曲的表演来讲，这样制作出来会非常生动有趣。但同时，这个方法也是对动画师个人能力的一种考验，它要求动画师对角色动作的把握有足够的功力，可以很好地分解动作，把握动作。同时，这种方法也相对更加耗时。所以，在现在的三维角色动画的制作中，这种方法通常用来制作一些物品的简单的机械运动，或者用在需要逐步去调整的角色动画中（图2–7）。

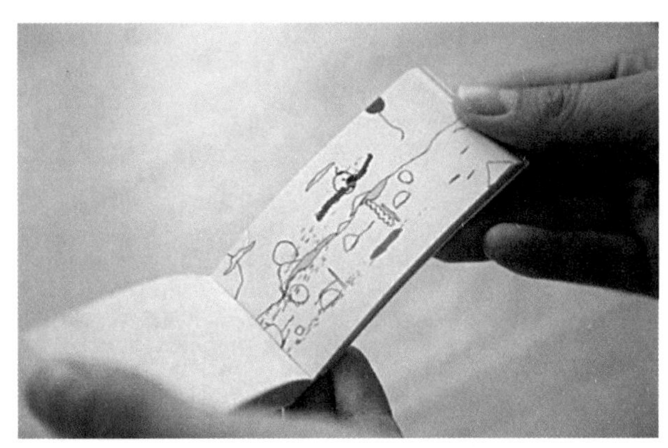

图2–6 手翻书逐帧动画

图2–7 松鼠跳动的动画

当动画进入到大规模生产阶段后，艺术家们发明了更加简单的制作方法来适应这种批量化制作的需要，在传统动画制作中，这道工艺就是我们常说的绘制原画及中间画。原画是整个动作的关键动作，把握住原画后，中间画即使交给普通的绘师也可以很好地完成，这样就把制作的成本大大降低了，并且可以快速地生产出动画作品。因为这种方法是需要动画师在制作之前从整体上分析并掌握动作的，所以这一方法在三维动画中经常会用到调整角色动作上。在三维的制作中，我们将这样的关键动作，也就是原画，称为动作的关键帧。通过设定不同的关键帧，并由电脑演算自动地生成其间的中间帧的这种方法做出的动画，我们叫做关键帧动画。现在在绝大多数的三维角色动画的制作中，我们都是采用这样的方法来完成动作的，这种方法的优点是非常简单明了，非常具有逻辑感，操作和修改起来也很方便，但多多少少会限制艺术家对动作灵活设计的能力。

运用何种方法来制作角色动画是没有明确的限制的。很多时候，在完成一个动作时，这两种方法会同时应用到。无论过程如何，只要我们的动作可以达到我们需要的表演效果，可以达到我们预期的目标就可以了。灵活地运用是需要通过大量的实践练习去掌握的，请记住，无论怎样，我们的终极目标只是完成好一个个的镜头而已。

（2）舞台及镜头

可能大家会产生疑问：不是角色动画么？这

和舞台有什么关系呢？现在的动画教学中往往也会忽略这一点，但舞台是非常重要的。舞台，简单地说，就是角色所在的场景，一个角色不可能是单纯地存在的，他必须有一个表演的空间，才可以做出有效的演出。简单来说，如果我们不设定好地面，又怎么知道脚到底要落在什么位置呢？一切的动作都是为动画镜头服务的，就像一个人要坐在椅子上这个动作，椅子是什么高度的，椅子的扶手有多高，双脚是否可以穿越椅子，没看到椅子这个场景的话，这个动作就根本无法调整。

那么镜头呢？它和我们的角色动画有什么关系呢？同样的一个走路的动作，当我们的镜头是一个大全景时，我们要着重把握的是角色走路的整体动态的表达，而当这个镜头是中景以上的机位时，我们需要着重表达的是角色的上半身，最重要的是表情的动作。动画及游戏在角色动画上考虑的差异就在于此。在游戏制作中，因为是交互式的，所以对于每一个动作我们都会从整体上去考虑，对于角色的表情及情绪这一点考虑得比较少。但动画与电影一样并不是交互的，它是通过设定好的镜头语言来带动观众的感官情绪的，所以必须要考虑的是如何制作好每一个镜头。按照镜头来调整动作也可以节省一些不必要的工作，比如一个角色的下半身没有出现在荧幕中的话，即使有动作，我们也可以不去调，只要着重表现会出现的部分就好了。

（3）挤压，拉伸和夸张

挤压和拉伸可以算是最重要的运动规律了，它可以赋予角色弹性和生命。当物体被挤压或拉伸时，由于产生了形变，就会随之产生弹力，形变消失了，弹力也会随之消失，例如小球的弹跳。任何物体在力的作用下都会发生形变，但在现实生活中，这种形变很多时候并不容易被观察到，在动画中，为了赋予角色生命力及表现力，我们往往会通过挤压和拉伸对其作一些适当的夸张（图 2–8）。动画现如今可以脱胎于电影产业，形成自己全新的体系，凭借的就是它可以实现实拍所不能实现的，可以不依据任何客观世界的具有丰富想象力和表现力的故事及角色，在此过程中，艺术家可以根据自己的创作构思，进行艺术夸张，例如迪士尼的动画。在现今的动画中，这种手法还是最为基本的动画手法（图 2–9）。

在我们实际的制作中，如果你的角色看上去冷冰冰的，非常机械性，不如尝试着为他加入更多的挤压和拉伸，也许下一秒，你的角色就可以活灵活现了。

（4）预备和预感

不知道大家有没有观察过身边的人物动作，当你想要奔跑时，是一上来就直接开始抬腿跑步了吗？如果大家亲自做一下跑步的动作的话，我们就会发现，在起跑前，基本所有人都会伴有一些准备动作。当前脚抬起时，身体会先向后扭转，然后向前，这样的一系列动作，我们叫它动作的预备。动作的预备一般发生在运动状态改变的过程中，有些明显，有些就并不明显了。通常情况下，

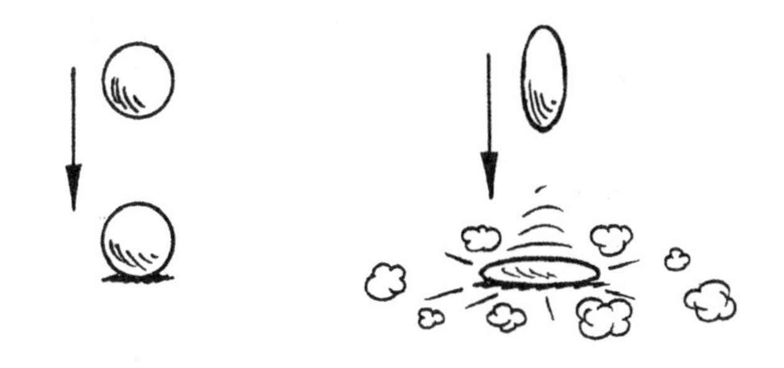

图 2–8

图 2–9　小猪坠地的挤压变形动画

动作状态变化的幅度越大，动作越激烈，预备动作就越明显。预备动作实际上也是一个蓄力的过程，只有好好地表现这一过程，才可以体现出动作的力量感（图 2–10）。

动作的预感这一法则，实际上是为了增加镜头的表现力而存在的。作为一个动画人，我们的首要任务就是要牢牢地抓住观众的眼球，如果观众都没能注意到荧幕上的关键动作，那么这个动作制作得再精彩，又有什么意义呢？人们的思维中，对于动作的发生是会伴有预知感觉的，比如一个伸出手的角色和一个放在面前的物体，观众会下意识地认为这个角色是要伸手取物，这样的话，观众的注意力就会完全放在这个动作上了。当荧幕上的物体都是静止的时候，观众会平均分配他们的注意力，但当其中一个动起来时，眼睛只用 1/5 秒就可以把几乎全部的注意力都放在他身上。所以,如果在关键动作上加入一些预备动作，例如出拳之前手臂先向后回缩，这样可以使观众的注意力完全集中，可以更好地表达动作。（抓东西时先抬手臂，给观众一个预感（图 2–11））。

图 2–10　砍树的预备动作

图 2–11

图 2–12　绸带、动物尾巴和羽毛的曲线运动

（5）曲线运动

早期的动画家们观察总结出的最有趣的一条动画规律就是：自然中的运动基本都是曲线运动。从物理学的角度来看，这是因为物体在运动中会受到与它的速度方向成角度的力的作用。我们来想想看，当一个角色想要转头时，由于运动中至少会受到重力的影响，所以运动时一定会有一定的曲线变化。同样，曲线运动的添加也是让角色看起来更像生命体的一个方法，如果我们想要创作一个机器人，适当地忽略曲线运动也可以达到表现的效果。

动画中的曲线运动大致可分为三种类型：弧形运动、波形运动、“S”形运动。弧形运动很好理解，例如抛物线，挥动手臂时指尖的运动曲线，这些都是弧形运动。比较柔软的物体在受到力的作用时，往往会产生波形运动，最典型的就是旗子的飘动了。“S”形运动通常用来表现类似动物的尾巴上下摆动时的运动状态，上半部分因惯性会呈现“S”形的运动曲线，我们只要把握好“S”形运动的方向就可以了。

实际的运动中，曲线运动往往不是单独存在的，几种不同的形式经常混合在一起。所以，最好的学习曲线运动的方法就是留心观察生活，不断地总结，不断地模仿练习，才能做到灵活地应用（图 2–12）。

（6）平衡，重心和动势线

重心是因为力而存在的，它是外界合力的作用点。重心如此重要是因为它是确定一个角色动作是否真实的关键，一个微小的动作，都有可能引起重心的变化。一般来说，质量分布均匀、形状规律的物体，重心都在其几何中心处，如小球。质量分布不均匀的物体，重心位置除了和其自身形状有关以外，也和它的质量分布有关。对于人体来讲，不同的状态下，中心位置也是不同的。为了保证角色的平衡及协调，在调整动作时，我们一定要时刻注意角色的中心位置的变化。

有些时候，仅仅是分析角色的中心位置还不能直观地看出角色的整体动态，这时候，我们也可以通过角色的动势线来更为直观地研究动作。动势线也叫形态线，它是角色形体的一个简单的概括，用以表达角色的运动趋势。动势线是一种辅助线，它可以不仅仅只有一条，身体、手臂，只要需要，都可以画出动势线，这样的对角色高度概括的线可以更有效地帮助我们制作出体现角色动态及角色意图的动作（图 2–13）。

（7）动作的交搭

在运动中，同一个角色的身体不同部位的运动并不是百分之百地同步进行的，他们之间会有一个时间差。比如一只跑步的小狗，当它要停下来时，落地的前腿先静止下来，然后后腿有一个向前的缓冲动作，柔软的耳朵则是最后静止下来的。这样的动作，我们称之为交搭动作。它有助于使运动更加流畅、自然及生动，让角色看上去是灵活的，而不是机械的、冷冰冰的。当一个角色同时进行两种以上的运动时，比如在跑步的过程中打电话等，也会伴随着交搭运动。我们必须同时考虑不同动作的动作特点，之后再进行角色动画的制作。传统动画中也会对这部分动作进行相应地夸张，来达到更为卡通的效果。

（8）跟随动作

随动是运动规律的基本规律。因为大多数的有生命的角色都是柔软的，在运动时必然会产生跟随的现象，例如裙摆，飘动的围巾，动物的尾巴等。角色的主要附属品，在随动中一般取决于这样几个方面：一方面是角色的动作，另一方面是物体本身的重量和柔软度，还有就是会受到的各种障碍及阻力。在随动中，要综合地考虑各种运动的大原则，并细心地观察生活，才能更好地理解和掌握这个运动原理。当我们觉得制作的角色动画非常生硬和呆板时，不妨考虑一下是不是忽视了跟随动作（图 2–14）。

（9）时间控制

视频影像，说到底，是一门时间的艺术。在动画制作当中，掌握运动的时间控制，也就是把握动画的节奏，是每一位动画师都要学会的一项最基本的动画原理。节奏依据动画风格及动画师的不同，其处理方式也会发生很大的变化。但不管是追求风格化还是写实化，要熟练及灵活地掌

图 2–13

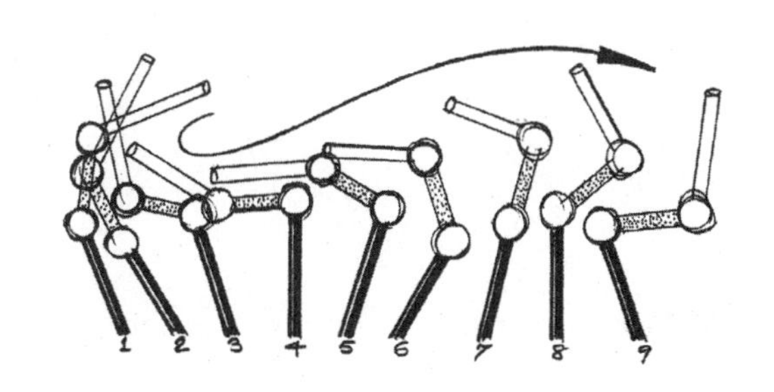


图 2–14　多节棍晃动的跟随动作

握控制时间，也就是控制节奏的方法，唯一的解决途径就是不断地练习，积累经验。制作角色动画是一项赋予角色生命的工作，它需要制作者有足够的功底及耐心。迪士尼曾经说过："为了营造虚幻，我们必须首先深谙真实。"动画片的种类及制作手法五花八门，什么才是正确的节奏把握，也需要具体问题具体分析，但我们首先必须做到的是多观察生活，积累经验，了解自然界中的真实运动规律，再依据自己的需要，创作适合的角色动画。

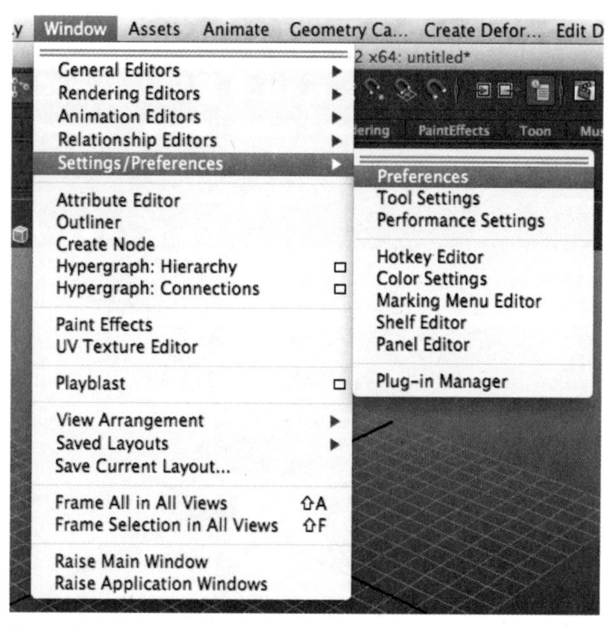

图 2-15

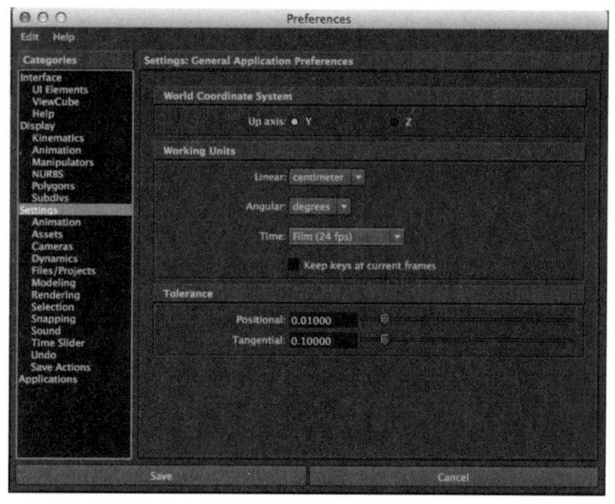

图 2-16

(10) 表演，表现力

当我们了解了基本的运动规律及基本的动画制作原理后，下一步要做的就是学习表演。表演并不仅仅是把角色的活动展示出来，在这一步，更需要做的是如何使角色的动作更富于感染力。任何一个角色的心理活动都是丰富及善于变化的，如何让观众正确地捕捉到这些内心感受，如何让观众被荧幕上的角色所吸引，继而产生共鸣，这些问题都是要靠表演来解决的。

在制作角色动画之前，我们首先要做的就是分析一个角色：他为什么会做出这样的行为？他的行为有什么深层含义或暗示？动画师需要通过哪点来完善和丰富动作的感染力？……我们必须通过不断地分析、不断地完善角色的性格，来帮助我们创造角色动画。作为一名动画师，仅仅掌握运动技巧是不够的，希望大家可以通过不断地观察及思考，带着一名动画人的满腔热情，真正地喜爱动画，感受动画，掌握到比技巧更难以掌握的东西，来提高自己的动画制作水平。

### 2.1.3 乒乓球跳动制作

引言：在了解了基本的运动规律之后，我们就来学习如何用 Maya 制作简单的角色动画。首先我们以制作一个乒乓球的弹跳动画为例，为大家讲解一下基本的分析动作的方法及基本的软件操作方式。

(1) 在制作之前，我们先要检查一下基本的设置。首先，我们要确定的是所要制作的动画的帧率和播放帧率都是多少。在"window → setting/preferences → preferences"(图 2-15) 目录下的 setting 面板下对 timing 进行调整，一般我们采用 film (24fps) 这一制式，也就是电影制式，每秒钟播放 24 帧 (图 2-16)。在 Time Slider 面板下对 Playback Speed 进行调整，一般采用 real-time[24fps]，这样我们就确定了动画的帧率 (图 2-17)，它是动作调整及关键帧的设置的一个大前提。

(2) 下一步，我们来分析一下乒乓球的运动。

综合之前所讲过的内容，我们来简单描绘一下乒乓球在下落过程中的受力作用（图 2–18），可以发现，小球受到重力的作用而下落的同时，还会受到空气带来的摩擦力的影响，当小球落到地面上的时候，因乒乓球使用了弹性相对较好的材质，在接触地面的同时产生形变，使其获得相应的反作用力而反弹起来。

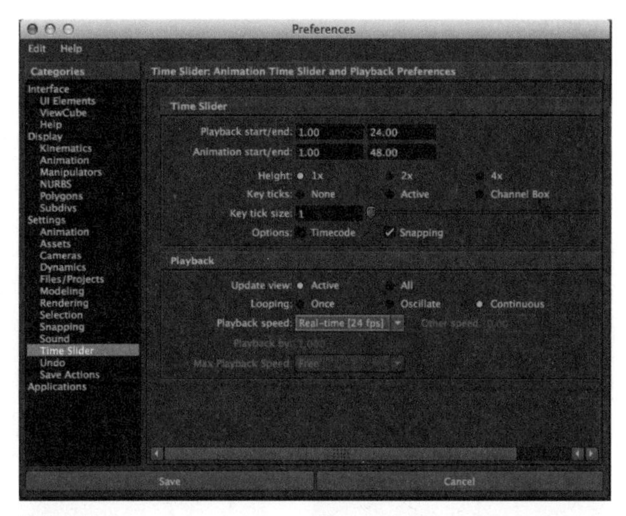

图 2–17

图 2–18

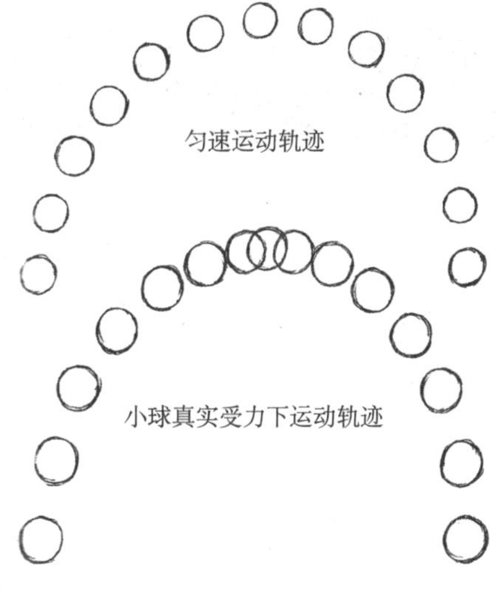

图 2–19

那么我们来想象一下，在不受其他外力影响情况下，乒乓球在反弹后，反弹的最高位置是不是永远会低于下降时候的初始位置呢？下面我们就来分析一下这个原理。首先，小球在下降的过程中，因受到空气阻力的影响，导致自身由重力势能转化来的动能的一部分就被抵消掉了，在落地的时候，因受到地面带来的摩擦力的影响，也抵消掉了一部分小球形变带来的弹性势能，所以反弹起来的动能不足以让小球达到相同的高度。明白了这一现象之后我们继续观察。在反复的反弹中，乒乓球的位置又是怎样变化的呢？这个问题也很简单，在环境不变的前提下，每次的能量衰减基本都是相同的，所以小球的弹跳位置变化也基本是呈递减的趋势的，这一点请务必注意，像是先衰减了 3 个单位，再衰减 2 个单位这样的情况是不可能的。

（3）分析完了整体的动作后，我们就来调整角色的动画。关于动画的调整方法并没有明确的流程安排，在熟练掌握软件后，依照个人的习惯可以自由地进行制作。不过，我们如果把握住一个大方向，也就是“先整体再局部”的大方向来调整角色的动作，那么整个流程就会变得更加逻辑化，也会方便修改及调整。

在这个例子里，我们可以先来调整乒乓球在整个下落及反弹过程中的位移变换，再为它添加一些必要的运动细节，例如球体自身的旋转。如果有必要的话，这个阶段也可以考虑外界的力的影响，例如风力等外力对运动造成的偏移。最后我们来设置小球自身在弹跳过程中产生的形变，让整个动画可以更加生动逼真。

（4）首先，我们来调整小球的位移变换位置。创建一个小球，冻结变换和删除历史记录（图 2–19），根据我们的动作设计图，在第 0 帧的位置（图 2–20），我们选择小球，让它沿着 Y 轴方向移动 8 个单位（图 2–21），并设置一个关键帧（快捷键 S），或者右键单击小球属性面板的相应参数，

图 2-20

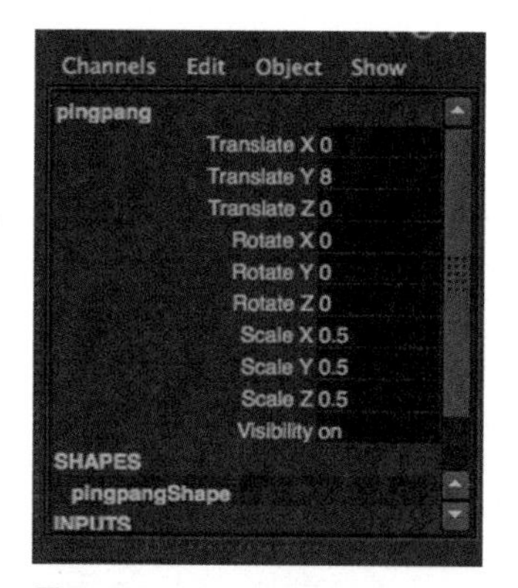


图 2-21

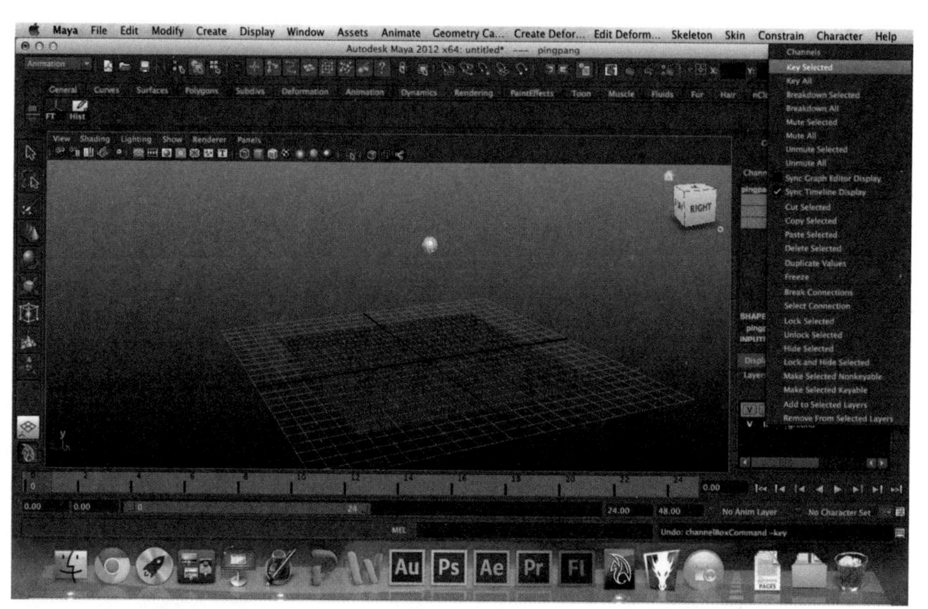


图 2-22

图 2-23

图 2-24

选择 key selected 来将参数转变为关键帧，这样就确定了小球下落的初始位置（图 2–22、图 2–23）。

（5）接下来，拖动时间轴，选中第 9 帧的位置，我们将小球的 Y 轴位移参数设置为 0，并用同样的方法将参数设置为关键帧，这样我们就确定了小球的最低点的位置（图 2–24）。

（6）比对我们的动作设计图来调整小球弹跳时在 Y 轴上连续衰减的位移，并逐一设置关键帧，要注意的是，每一次位移，时间轴的帧数都必须发生变化，否则设定关键帧后，之前的参数将被覆盖（图 2–25）。

（7）完成后，我们可以播放一下看看，是不是觉得这个动画和想象中相差甚远呢？这时候，我们就要对它进行调整了。调整可以在曲线编辑器中进行。执行 Window → Animation Editors → Graph Editor，选中小球，在面板中就可以看到小球相应的参数的变化曲线（图 2–26）。

首先我们对小球 Y 轴运动的曲线进行整体的修改，在高度及时间的衰减都达到比较理想的位置后，再来调整小球下落和上升的移动加速度（图 2–27）。

执行 Curves → Weighted Tangents，打开曲线的权重手柄后，我们就可以对曲线进行调整了（图 2–28、图 2–29）。之前在运动规律的部分已经给大家介绍了相关的运动常识，我们知道小球在下落中速度是先慢后快的，当反弹回来时速度是先快后慢的。根据这一现象，我们来调整曲线的形状（图 2–30、图 2–31）。

现在再来播放一下动画，可以发现现在的动画已经比较接近真实情况了。如果不满意，可以继续对曲线进行调整。

（8）调整好大体上的位移之后，下一步我们将要为小球添加旋转。用同样的方法在第 0 帧的位置给 Z 轴旋转参数设置一个关键帧，参数为 0（图 2–32）。接下来我们选中第 23 帧，将这一参数设定为 −60 并设置关键帧，选中最后一帧，将这一参数设定为 60 并设置关键帧，播放一下，我们会发现，小球已经开始旋转了。如果不满意，我们也可以打开曲线编辑器对相应参数曲线进行修改（图 2–33）。

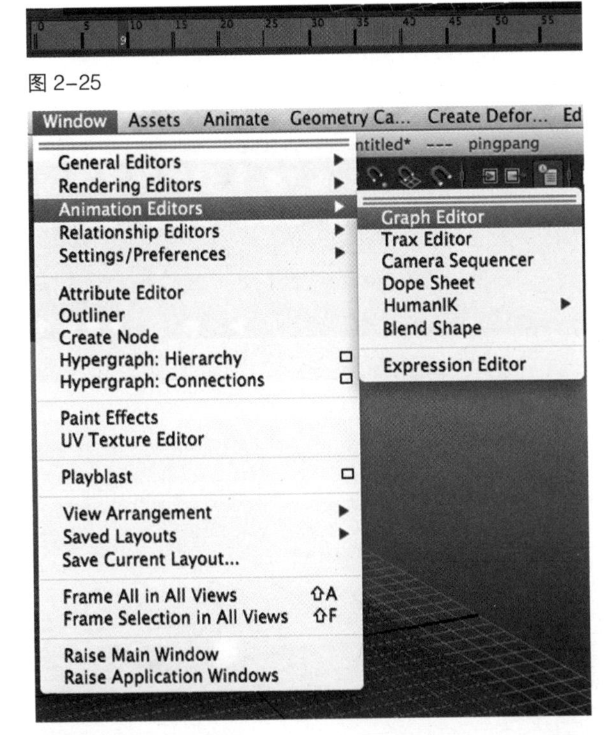


图 2–25

图 2–26

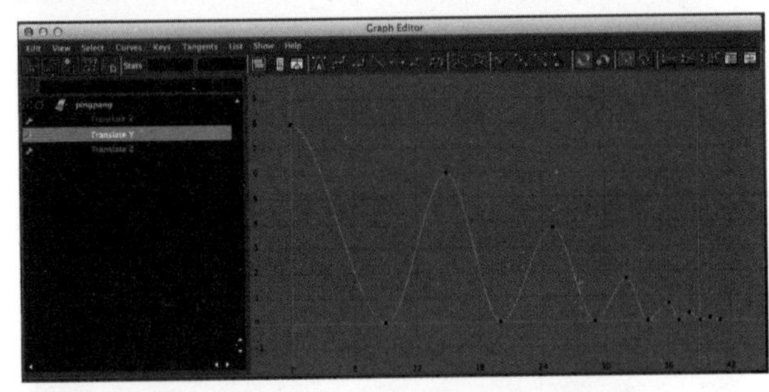

图 2–27

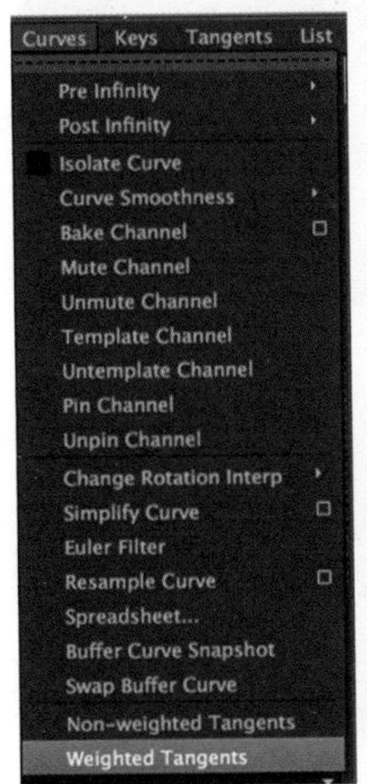


图 2–28

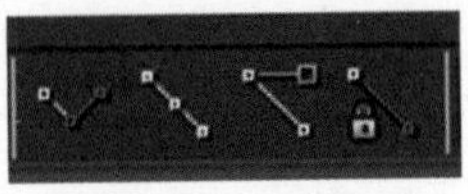

图 2–29

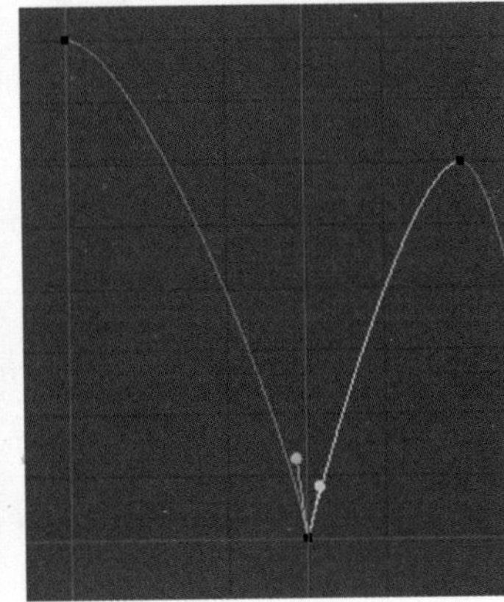

图 2–30

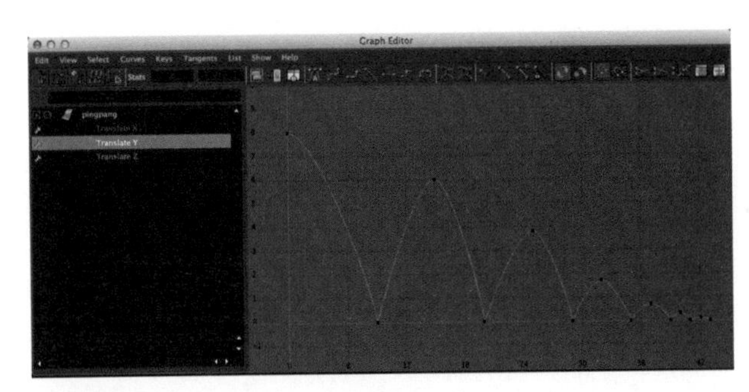

图 2–31

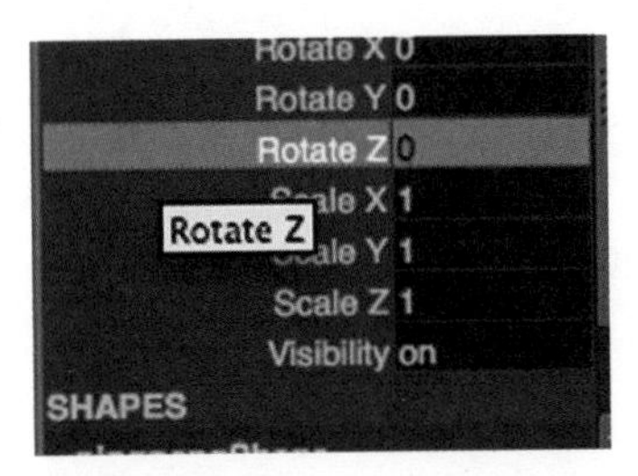


图 2–32

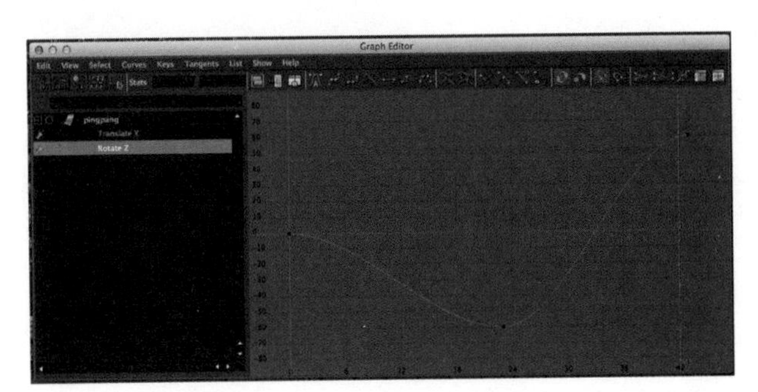

图 2–33

（9）以此方式，如果有需要，我们也可以继续为小球动画添加偏移值。

到此为止，这个乒乓球下落的动作基本完成了。在这个动画的制作过程中，我们发现，动画的关键帧设定不可能是一次完成的，需要进行大量的尝试和修改后才能得到一个比较理想的结果。这就更要求我们要在对动作有一定认知的基础上，通过不断练习来熟练对动作的调整，通过不断观察来积累对动作的感悟。

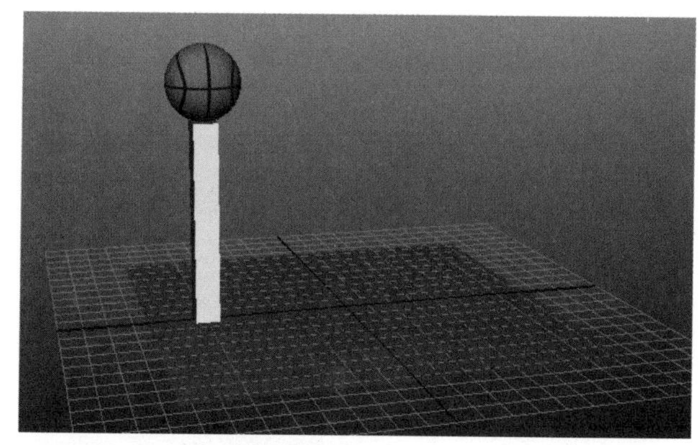
图 2-34

## 2.1.4　篮球跳动的制作

引言：上述的乒乓球的例子中，我们仅仅考虑了小球在Y轴上的移动，也就是说，在水平方向上的位移我们并没有考虑，但现实生活中，物体往往会受到很多不同的力的影响，做出的动作也不会是单一的。在这个篮球的例子中，我们不仅要考虑篮球本身在下落中会与乒乓球有什么不同，同时我们也要考虑更为复杂的因素，来丰富我们的角色动画。

图 2-35

首先我们来考虑一下篮球的特性，因为篮球的体积大、重量大，在反弹过程中肯定不会像乒乓球一样有很大的弹性，这就决定了篮球不能像乒乓球一样可以反弹得很高，反弹次数也要少很多。那么，根据这些原理，我们来制作篮球跳动的动画。

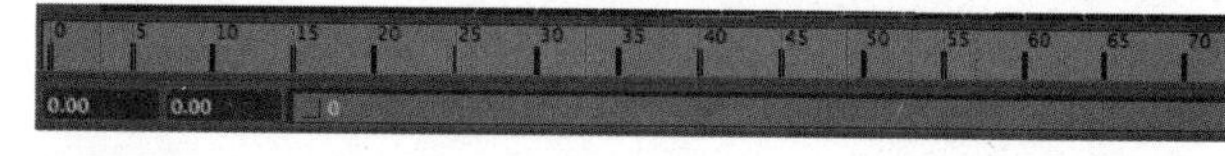

图 2-36

（1）首先，建立一个场景（图 2-34）。第一步是让篮球移动。在第 0 帧设置 TranslateX 的关键帧后，在第 5 帧时将球移动到柱子边缘位置（图 2-35）。

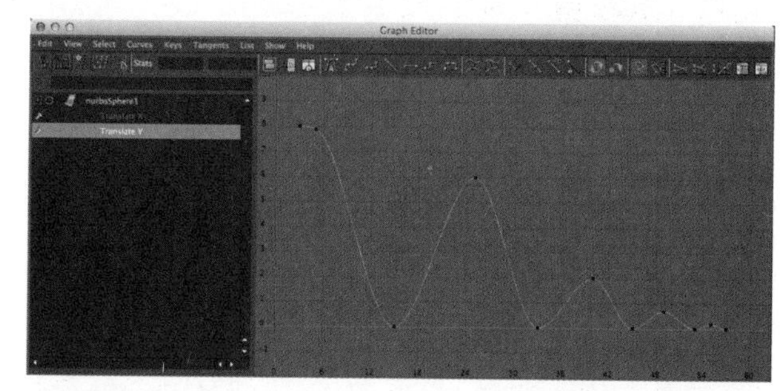

图 2-37

（2）设置 TranslateY 的关键帧。调整篮球在竖直 Y 轴上的位移，方法与乒乓球相同（图 2-36），并通过曲线编辑器调整运动曲线的形状（图 2-37、图 2-38）。

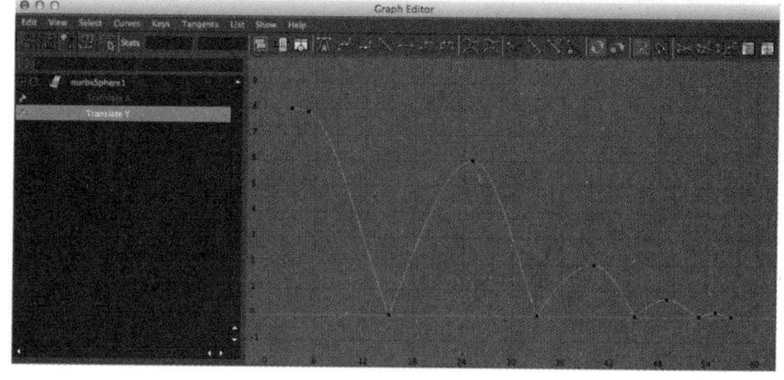

图 2-38

（3）下面，我们就要考虑篮球在水平方向上的运动了。因为篮球在下落的最后还会有一段滚动的动作，所以我们不选择最后一帧，而是选择第 60 帧，设置 TranslateX 的值为 4，播放时，我们发现，篮球在下落时有一些穿帮（图 2-39 ～图

2–41)。这时候，我们就要对这个问题进行解决，分别选择第 7 帧和第 9 帧，将篮球拉出到不穿帮的位置，并设定关键帧，再播放动画，如果其他帧有问题，再调整，一直修改到没有穿帮为止。

(4) 接下来，我们也可以为篮球添加旋转动作，方法同乒乓球一样。选择第 60 帧，修改 RotateZ 数值为 −200（图 2–42)。

好了，我们的篮球的跳动动画也完成了。通过这个动画，同学们要认识到，在制作一个动画的过程中，我们要考虑多方面的因素，通过不断实践和修改完善，才能制作出更好的角色动画。

### 2.1.5　铅球跳动的制作

引言：如何通过角色动画来表达一个物体本身的质感呢？在这个练习中，我们要制作的是铅球的跳动。乒乓球和篮球虽然在跳动中是有着很多差异的，但它们本身的材质都是很有弹性的，但铅球不同，它的质量比之前两种要大得多，本身也并没有什么弹性，这就决定了它在落地后很难再反弹回来，也就几乎没有什么弹跳动作。

(1) 制作场景，调整 Y 轴位移参数，方法与之前相同（图 2–43)，并修改曲线（图 2–44)。

(2) 制作完成后，如有需要还可以适当地增加铅球的旋转等。

图 2–39

图 2–40

图 2–41

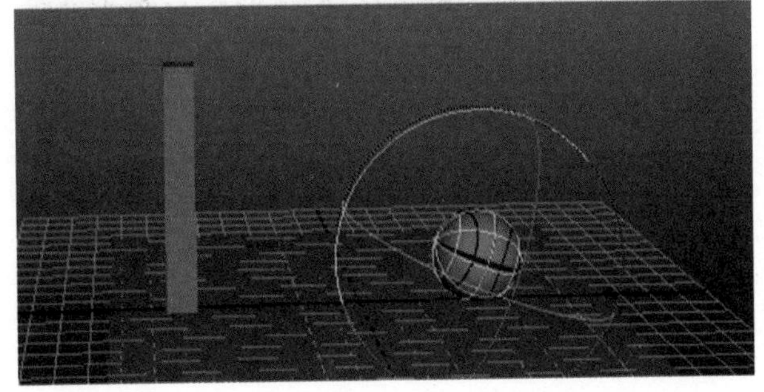

图 2–42

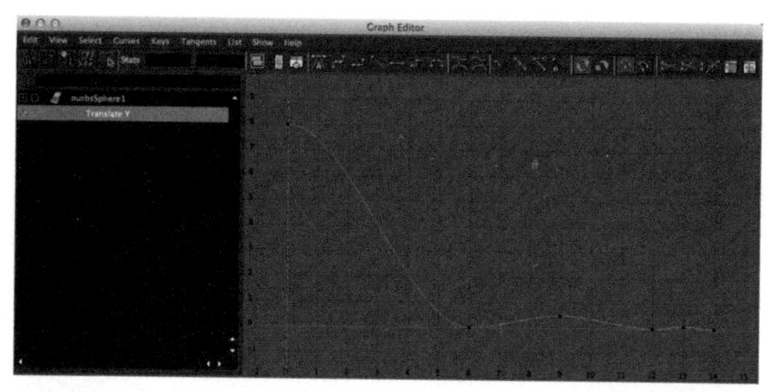
图 2-43

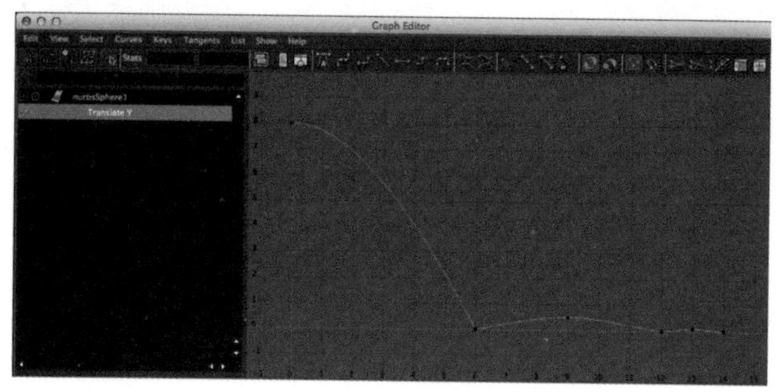
图 2-44

在动画的制作中，角色动画往往没有明确的对错之分，并不是说球在上弹时必须要到达某一高度才是正确的，只要调整的动画流畅且符合运动的规律，符合场景及镜头的需要，那么这个动作就是可用的。在角色动画的制作中，我们不要过于局限，大胆尝试，多练习就可以了。

### 2.1.6 实训练习题

练习制作不同的小球运动来理解运动规律。

## 2.2 小球动画

### 2.2.1 课程要求

#### 2.2.1.1 学习目标

技能：通过完整地绑定一个可以灵活运动的小球，来初步了解和学习绑定的基础知识、节点运用的基础知识和简单的动力学基础知识。

素质：通过一个实例的练习，培养学生观察和分析事物的方法，培养学生在日后遇到问题时，独立解决问题的能力。

#### 2.2.1.2 教学重点

(1) 掌握绑定小球的方法。

(2) 掌握添加控制器的方法。

(3) 掌握骨骼拉伸的方法。

(4) 掌握镜头的设置方法。

#### 2.2.1.3 教学难点

(1) 理解节点的意义。

(2) 理解整个绑定流程的逻辑思考方式。

(3) 镜头语言的应用。

### 2.2.2 涉及相关的知识

#### 2.2.2.1 表演是一门视听的艺术

动画表演说到底，体现在荧幕上就是一门视听的艺术。电影中讲的视听语言是指利用视听刺激的合理安排向受众传播某种信息的一种感性语言。在动画中也是如此，我们通过影像和声音这两个载体传达意图和思想。作为传媒载体，一个动画必然要有其所想表达的东西，如何很好地表达作者的想法，如何让观众可以流畅地、无负担地接受这些想法，这就是视听语言的作用和意义。

(1) 视：镜头语言的简单介绍

镜头是用来讲故事的。它是动画影片的最小单位，一个动画影片会由多个镜头组成。在镜头中，包含了以下这些内容：

景别，是指镜头涵盖的区域，一般我们将镜头分为远景、全景、中景、近景和特写。远景和全景被称作大景别镜头，一般用来交代环境背景，交代角色的位置、状态，角色与角色之间的关系。中景、近景和特写被称为小景别镜头，一般用来细致地刻画角色的动作、感情及内心活动。

景别的运用可以说各有特色，一般来讲，在角色不转换的前提下，两个相似景别连接在一起就会产生跳跃感，那么景别的连接就要遵循这样一个规则：相连的景别既要有大小的变化，也要符合讲述故事的特定变化要求。提高这一部分的方法就是多看影片，多分析镜头的运用，不断提高自己的镜头感，只有这样才能灵活地运用镜头。

拍摄角度也是镜头的一大块内容，不同的角度是有着不同的作用，一些特定的角度还会产生心理暗示，比如要体现英雄角色的高大，我们通常可以用仰视，如果要体现渺小，我们可以用俯视来表现。拍摄角色的正面、背面及侧面同样有着各自不同的意义。想要灵活掌握这方面的知识，还是要不停地积累，多分析多看。

除了静止镜头以外，还有运动镜头。我们一般把运动镜头分为“推、拉、摇、移”四种，还有跟镜头和甩镜头，都是这四种基本运动镜头的延伸应用。运动镜头和静止镜头要配合使用，如果大量运动镜头重复相接，就会让观众产生晕眩感，在三维角色动画的制作中，这是一大忌讳。

镜头的安排是一门很深奥的学问，我们制作三维角色动画要了解基本的镜头知识，是因为一切动作都是为镜头服务的。如果这是一个全景，我们就没必要对角色的表情等细节作太多的丰富，如果是小景别的镜头，镜头内看不到的部分的动作我们也可以不去调整，一切为了镜头动画成片的效果，这是我们调整角色动画的一大原则。

(2) 听：音乐音效的简单介绍

音乐音效在影片中同样起到叙事及烘托气氛的作用。这一部分一般分为三大类：

音乐，也就是我们常说的背景音乐，它主要是负责烘托影片气氛的，通常在情绪转变或情绪波动的高潮会加入背景音乐。

音效，也就是声效。例如一个门被拉开的镜头，不同的音效可以赋予这个镜头不同的情感，恐怖的、紧张的或是欢快的。有些时候，音效是提前选择好的，即使是后调整动作的时候也要考虑到与音效的搭配。例如洗碗这个动作，什么时候关掉水必须同其音效同步，如不考虑这些因素，在后期调整起来会相当麻烦。

对白，也就是旁白。所有的对白都必须提前配好，在角色动画方面，我们要根据对白录音来制作口型动画。

### 2.2.2.2　设置情景及情节

下面我们就通过一个实例来让大家对分镜头安排有一个直观的了解。

| 镜头 | 内容 | 镜头 | 内容 |
|---|---|---|---|
| 图 2–45 | 小球角色正面全景 | 图 2–46 | 大全景，交代环境 |
| 图 2–47 | 小球全景，起跳 | 图 2–48 | 移动镜头，跳到齿轮上 |
| 图 2–49 | | 图 2–50 | 大全景，交代空间关系的变化 |
| 图 2–51 | 小球近景，跳动特写 | 图 2–52 | 全景，小球跳到第二个齿轮上 |
| 图 2–53<br>图 2–54 | 移动镜头，强调跳跃感和紧张感 | 图 2–55 | 全景，终于跳过齿轮 |
| 图 2–56 | 特写 | 图 2–57 | 全景，交代大关系 |
| 图 2–58<br>图 2–59 | 特写到全景，拉镜头，结束 | | |

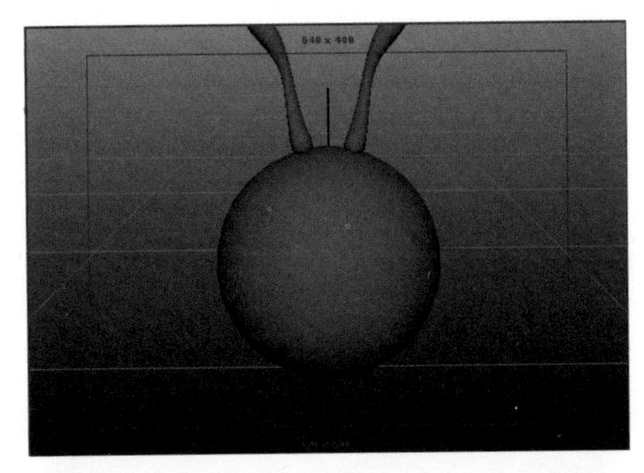
图 2–45

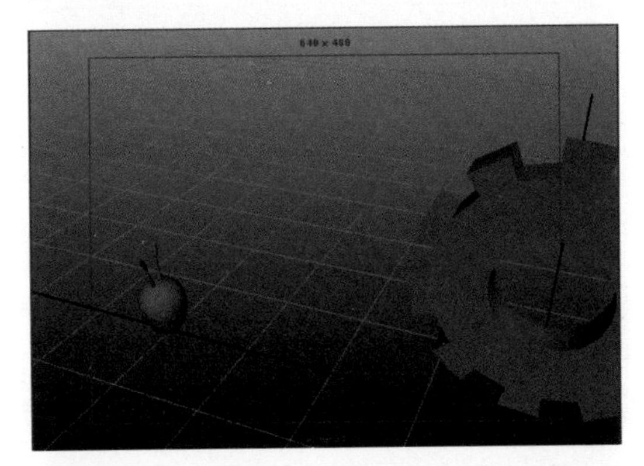
图 2–46

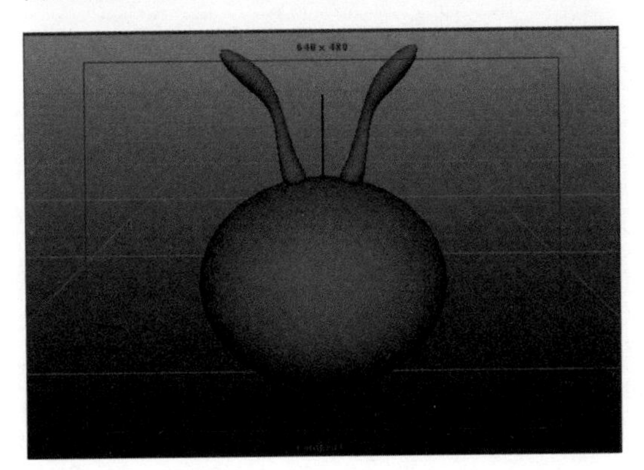
图 2–47

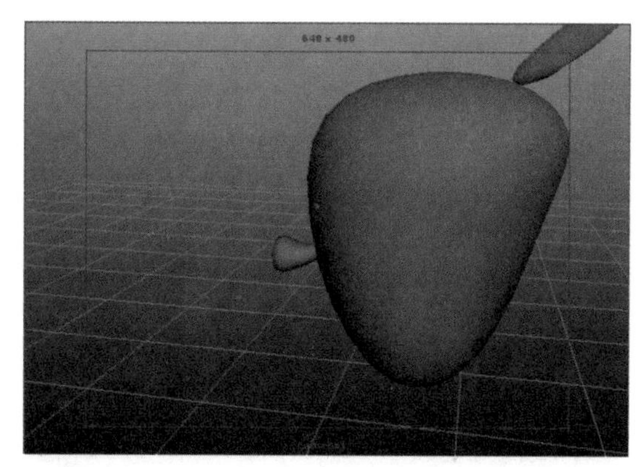
图 2-48

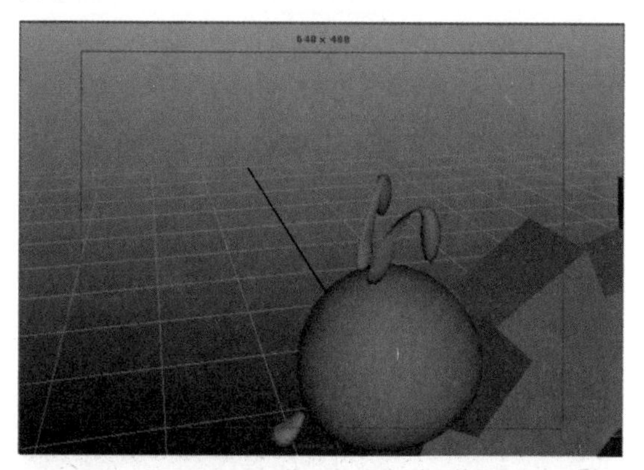
图 2-49

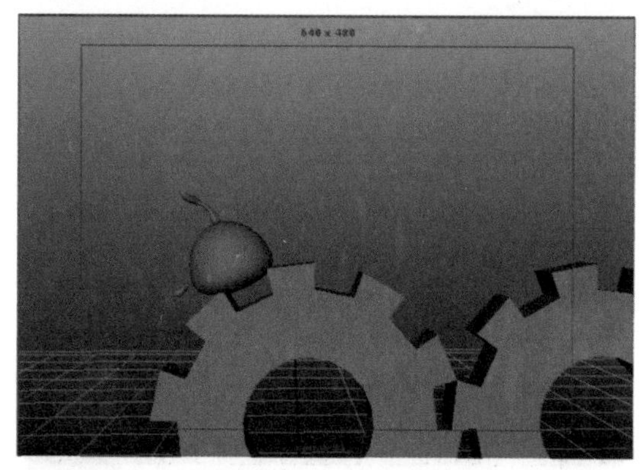
图 2-50

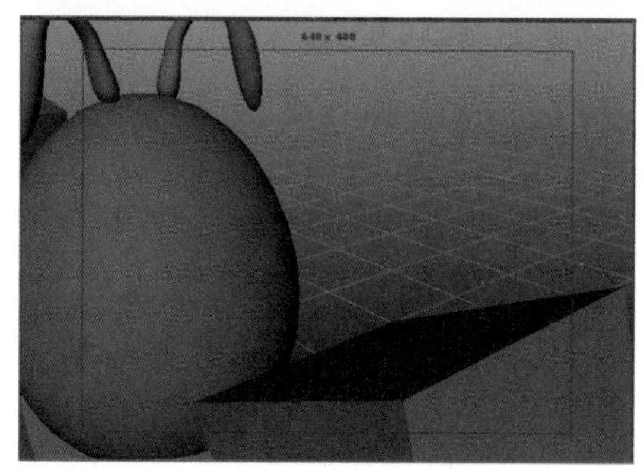
图 2-51

图 2-52

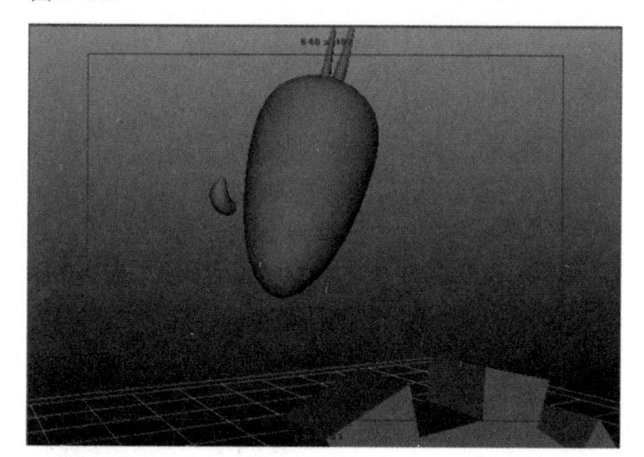
图 2-53

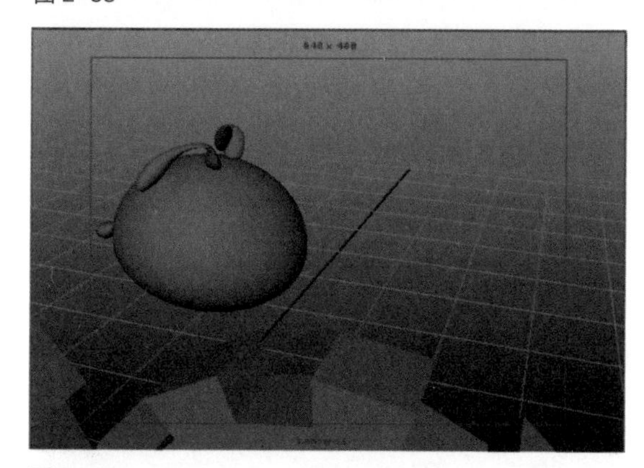
图 2-54

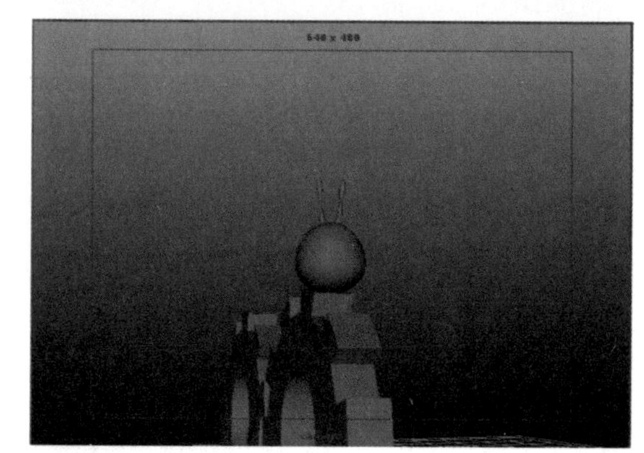
图 2-55

图 2-56

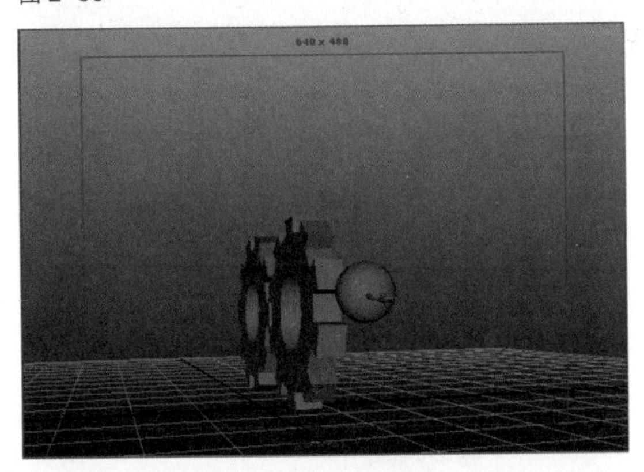
图 2-57

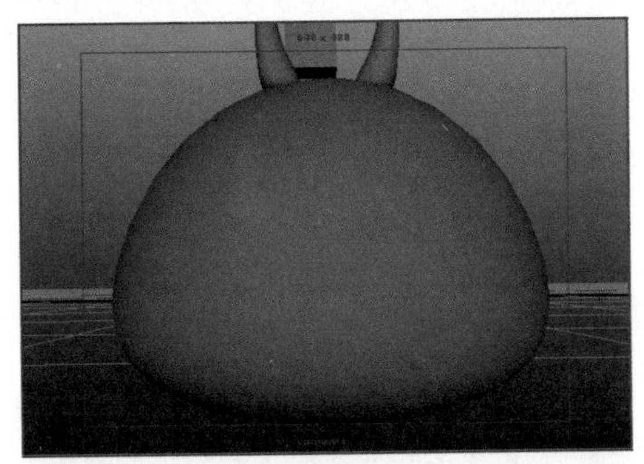
图 2-58

图 2-59

### 2.2.3　实训训练题

请设计一个以“大冒险”为主题的小球角色动画分镜。

## 2.3　小球骨骼绑定

在这一部分课程中，我们将通过完整地绑定一个可以随意活动变形的小球，来学习和掌握绑定的相关基础知识。通过对简单物体的绑定，我们可以掌握其基本的操作方法，这是对以后的学习的一个重要的铺垫。希望同学们可以举一反三，在熟练地掌握绑定的基础上，逐步理解绑定的基本理念和原理。

### 2.3.1　绑定步骤

（1）首先，我们建一个 NURBS 的球体，执行 Create → NURBS Primitives → Sphere（图 2-60），调整其位置参数（图 2-61），使得球体的下顶点移动到坐标原点上，也就是地平面所在位置。选中球体后，进行冻结变换的处理，执行 Modify → Freeze Transformations（图 2-62），并删除其历史记录，执行 Edit → Delete by type → History（图 2-63），最后为小球命名——ball。

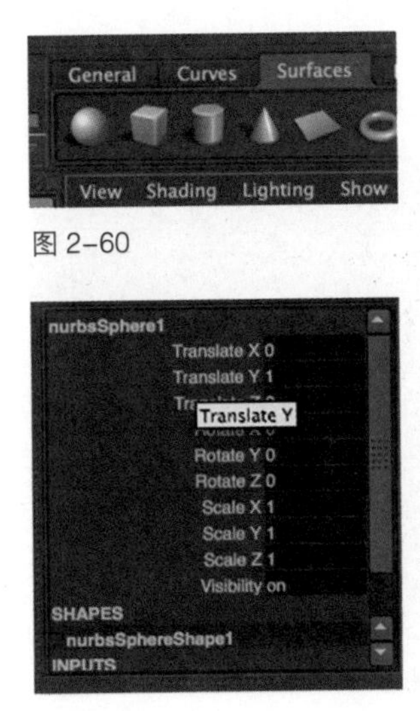

图 2-60

图 2-61

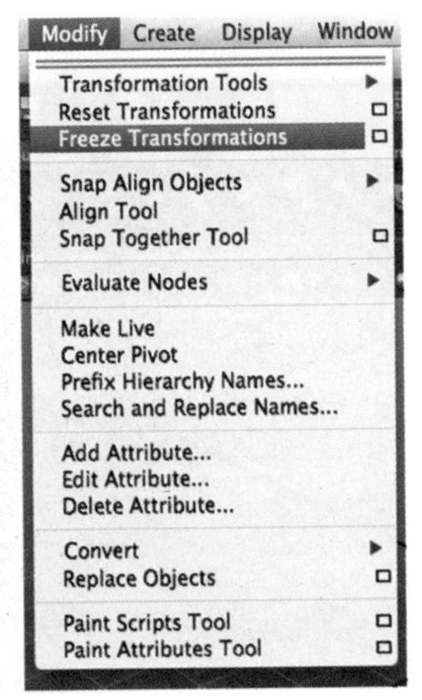

图 2-62

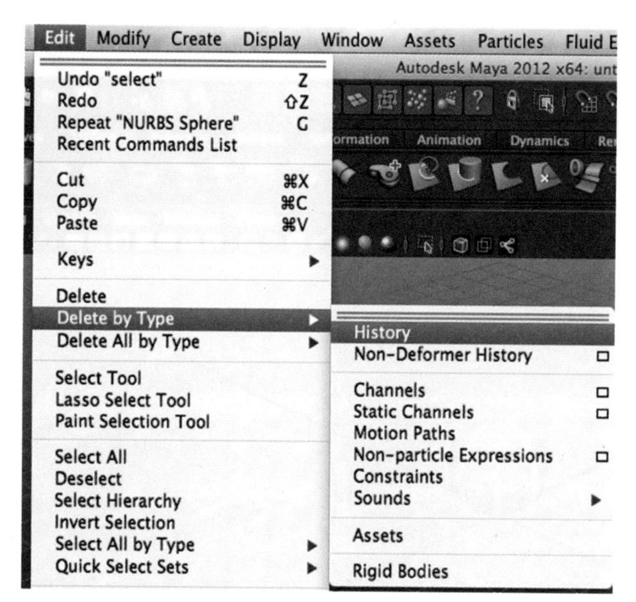


图 2–63

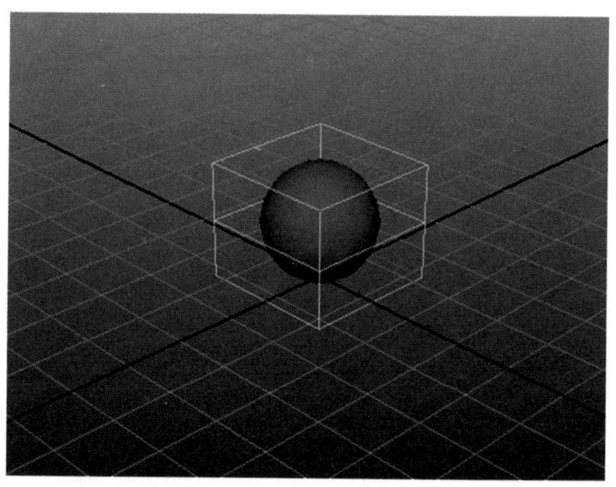

图 2–67

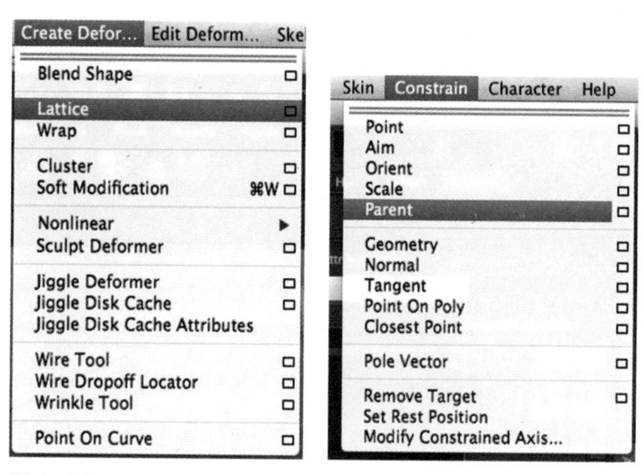


图 2–64　图 2–65

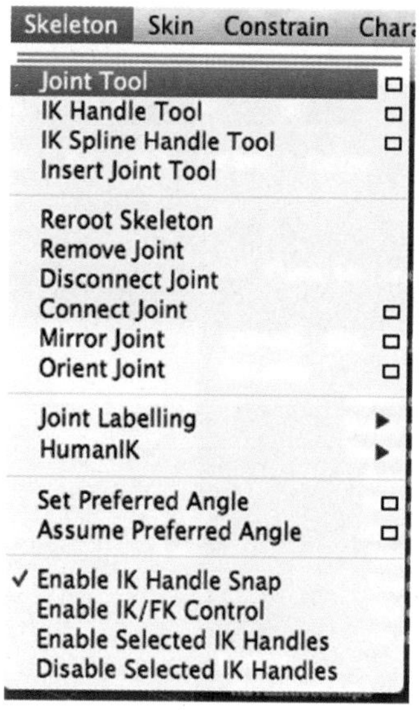

Skeleton Skin Constrain Chara
Joint Tool
IK Handle Tool
IK Spline Handle Tool
Insert Joint Tool
Reroot Skeleton
Remove Joint
Disconnect Joint
Connect Joint
Mirror Joint
Orient Joint
Joint Labelling
HumanIK
Set Preferred Angle
Assume Preferred Angle
✓ Enable IK Handle Snap
Enable IK/FK Control
Enable Selected IK Handles
Disable Selected IK Handles

图 2–68

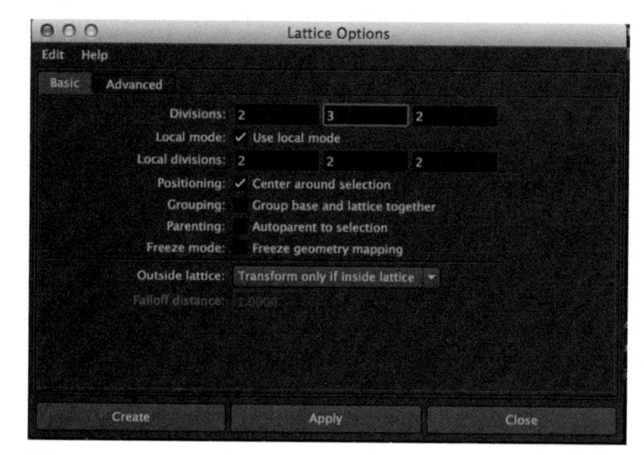


图 2–66

（2）接下来，我们希望小球可以自由地改变其形状，所以我们为它添加晶格。执行 Create Deformers → Lattice（图 2–64、图 2–65），这时候，我们可以看到小球的外围加上了一层影响晶格，选中小球后，通道栏中就有了晶格形状的参数栏，允许我们改变晶格的段数。在这个例子中，因为小球的形变相对并不复杂，所以我们将晶格分段数设置为 x，y，z：2，3，2（图 2–66、图 2–67）。

（3）为了控制小球的形变，下一步我们需要做的就是为它添加骨骼。执行 Skeleton → Joint Tool（图 2–68），通过点击，我们自下而上地为小球添加一段骨骼（图 2–69），并且骨骼与晶格做蒙皮，使得骨骼可以控制晶格来产生变形，执行 Skin → Bind Skin → Smooth Bind（图 2–70、图 2–71）。

（4）小球的这段骨骼，除了父关节会对子关节产生影响外，子关节也同样会对父关节产生影响，所以这时候我们就要为这段骨骼添加一个 IK 控制器，执行 Skeleton → IK Handle Tool（图 2–72、图 2–73）。

（5）在完成了基础的绑定之后，我们希望小球可以进行拉伸和挤压。小球是受晶格控制的，而晶格是受骨骼控制的，想要完成小球的挤压和伸展，就必须使相应的骨骼挤压和伸展。骨骼本身是不具备这样的功能的，不过我们可以通过为骨骼增加节点来实现相应的功能。

（6）首先，我们要为骨骼添加测量工具，执行 Create → Measure Tools → Distance Tool（图 2–74 ～图 2–76）。

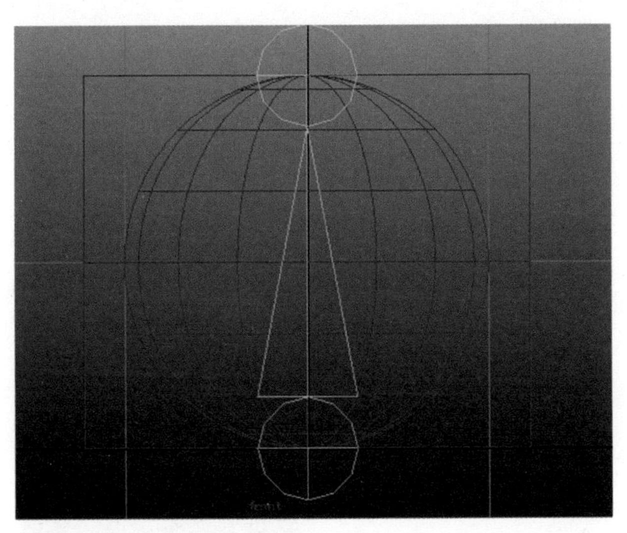

图 2–69

图 2–70

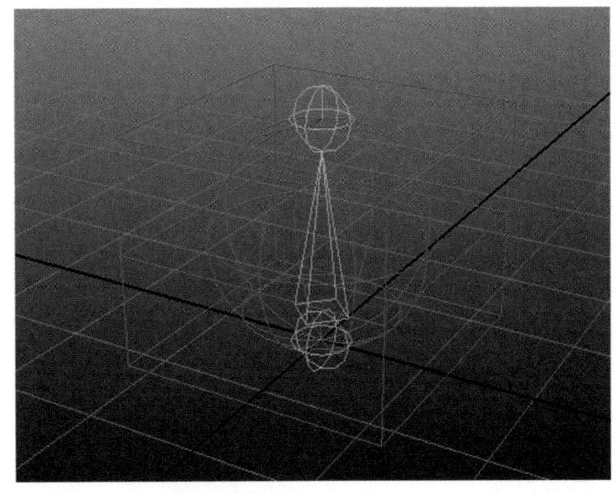

图 2–71

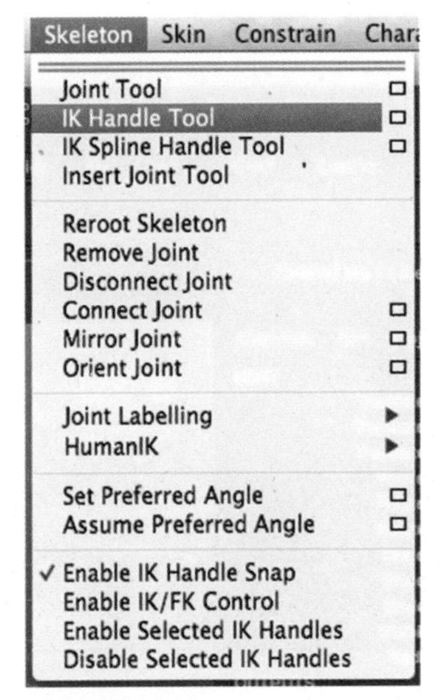


图 2–72

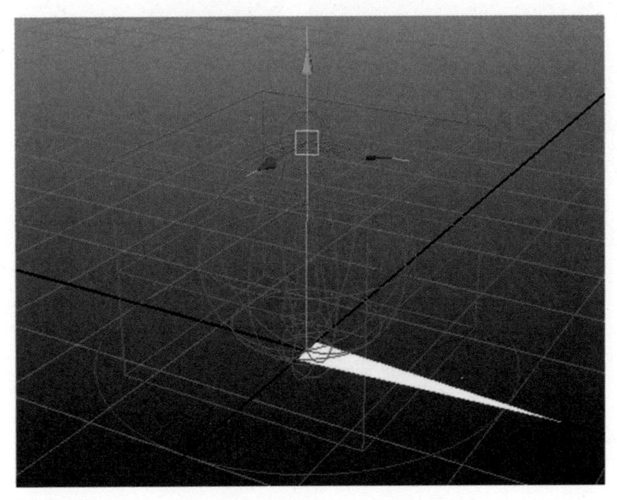

图 2–73

（7）为了方便选择和管理，我们需要为小球建立控制器，分别建立两个控制器（图2–77），一个位于最顶端，一个位于最下端（图2–78），即cc_top及cc_bottom，冻结变换，执行Modify → Freeze Transformations，删除历史记录，执行Edit → Delete by Type → History，使得控制器恢复初始参数，这一步尤为重要（图2–79）。

（8）IK及loc_up与cc_up建立父子约束，执行Constrain → Parent（图2–80），同样地，根骨骼与loc_down建立父子约束（图2–81）。

（9）现在，我们来移动一下控制器，移动的时候，测量工具会自动测算出两个骨骼端点间的

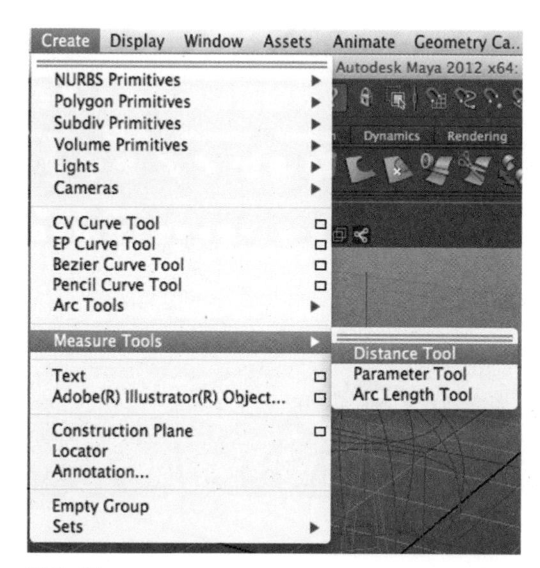


图2–74

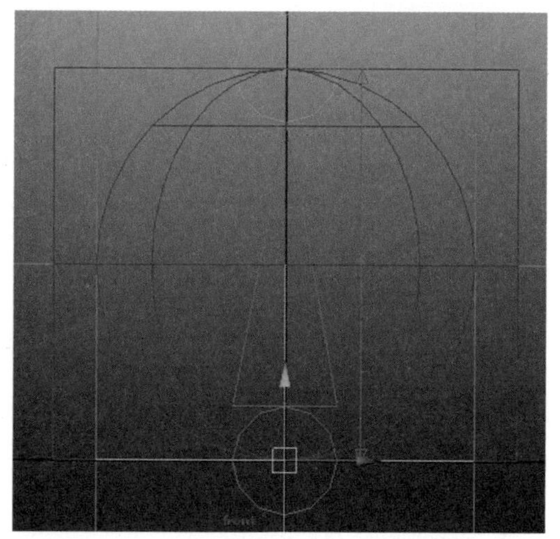

图2–75

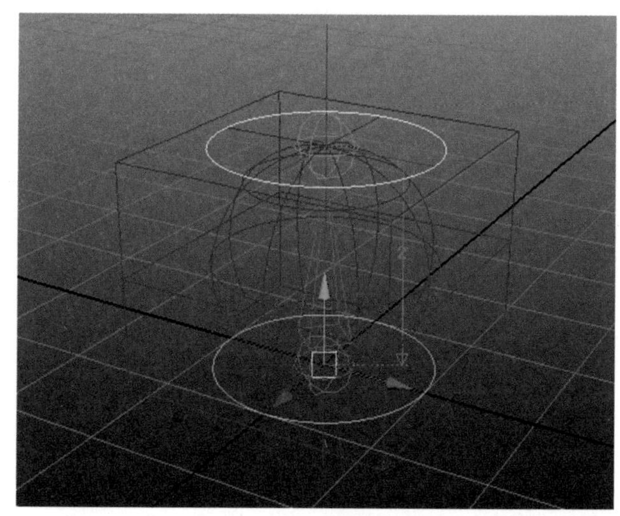

图2–79

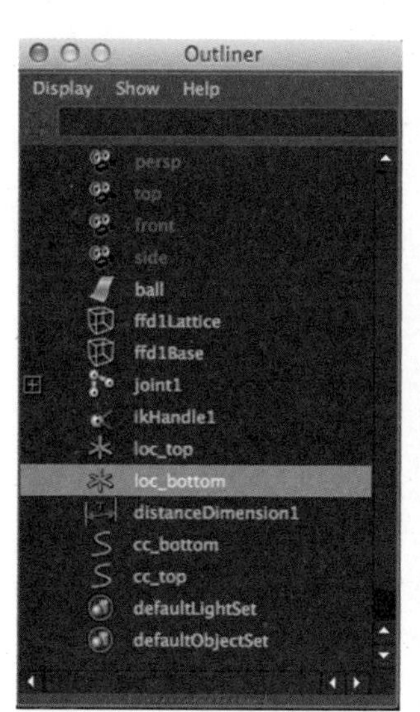


图2–76

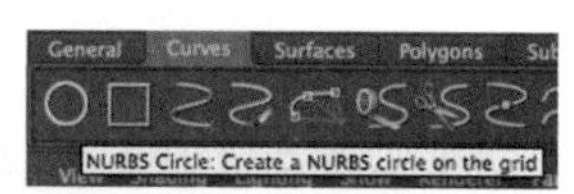


图2–77

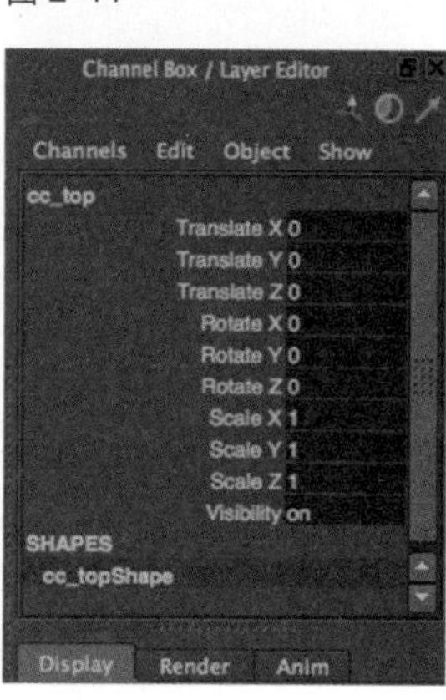


图2–78

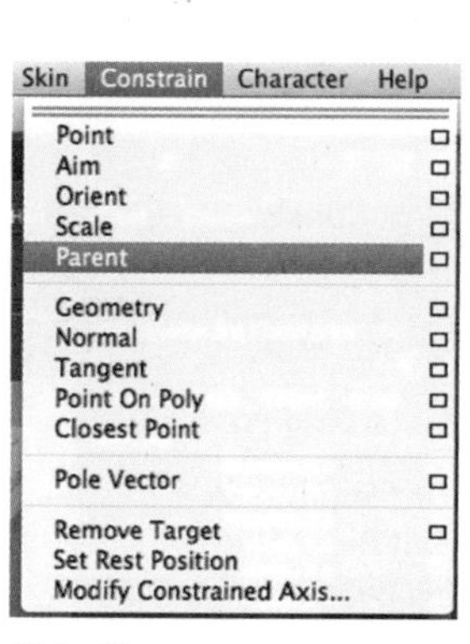


图2–80

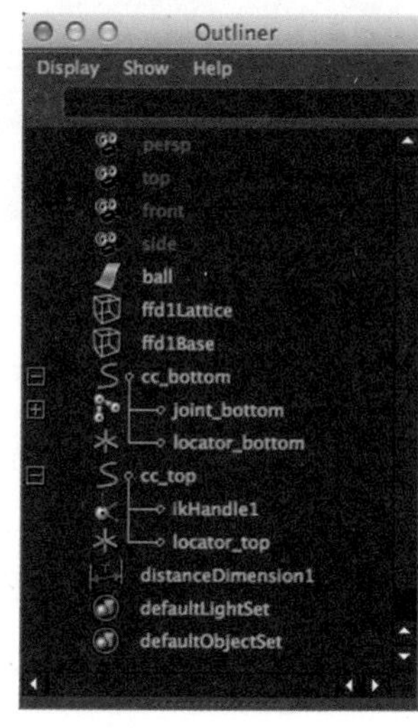


图2–81

距离（图 2–82），有了这一数值，我们就可以通过节点来实现骨骼的缩放了。

我们来思考一下，缩放是通过倍数来实现的，比如说这个微缩模型是实物的 0.5 倍，那么，就是把物体等比例缩小到原来的一半的意思。理解了这一原则，我们再来看现在的例子。小球的缩放倍率 =loc 测量出的值 ÷ 小球初始距离的值，并且在这个例子中，伸缩是沿着 Y 轴方向进行的，所以我们要为 Y 轴添加一个节点，通过除法来自动验算出伸缩的倍率（式 2–1）。

$$\frac{\text{Loc 测量值}}{\text{Loc 初始值}} = \text{小球的缩放倍率} \qquad \text{式 2–1}$$

（10）打开 Hypershade 编辑器，执行 Window → Rendering Editors → Hypershade（图 2–83），因为我们要连接测量的数据和骨骼，所以选择测距工具和骨骼，将这些载入工作区（图 2–84、图 2–85），执行 Graph → Input Connection（图 2–86），并添加乘除节点，执行 Maya → Utilities → Multiply Divide（图 2–87、图 2–88），双击节点打开相应的属性栏，在 Multiply–Divide Attributes 菜单下可以找到设置相应参数的位置（图 2–89），首先我们把 Operation 运算方式设置为 Divide（除法），然后我们就要设定公式中不变的参数，也就是原始的骨骼间距，这个例子中为 2，所以我们就把这个参数填入 Input2x 的位置（图

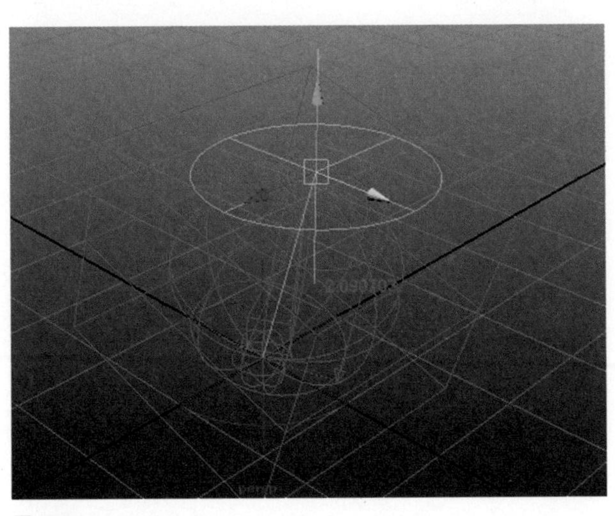
图 2–82

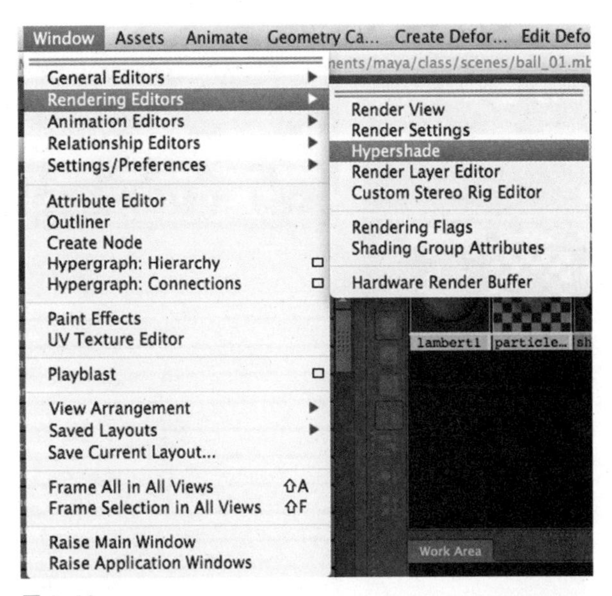

图 2–83

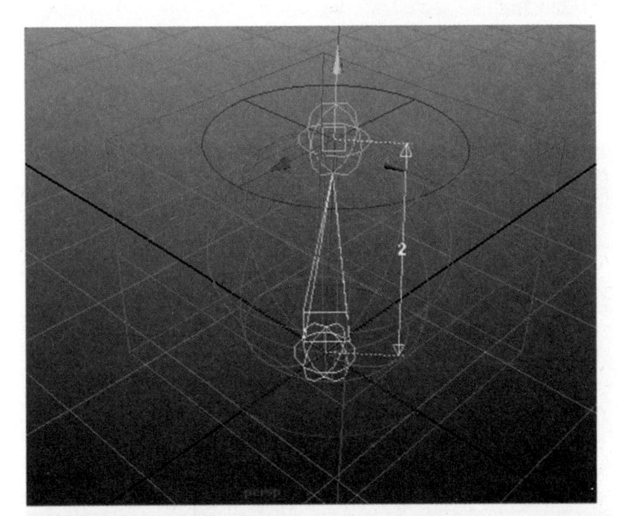
图 2–84

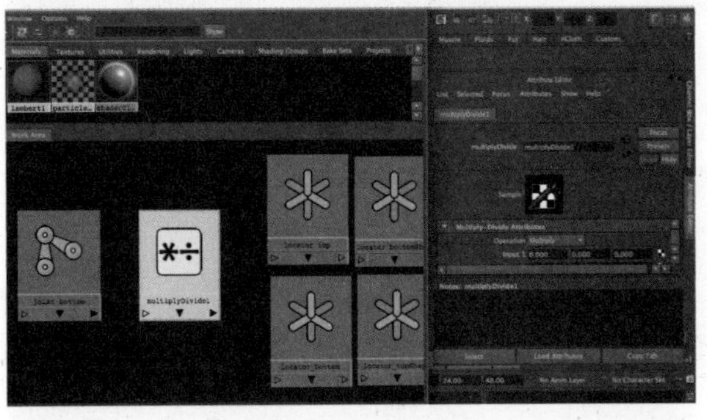
图 2–85

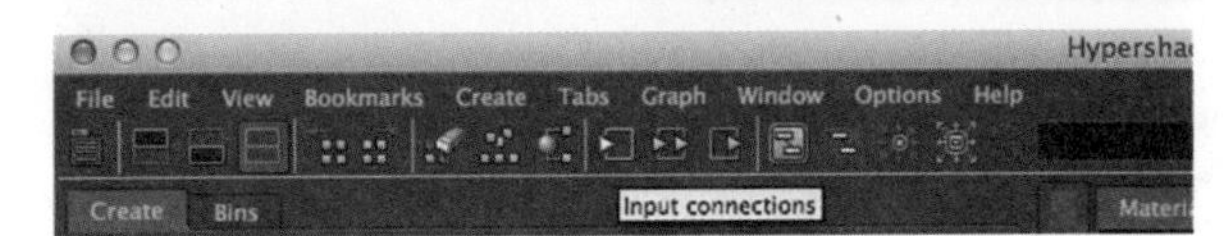

图 2–86

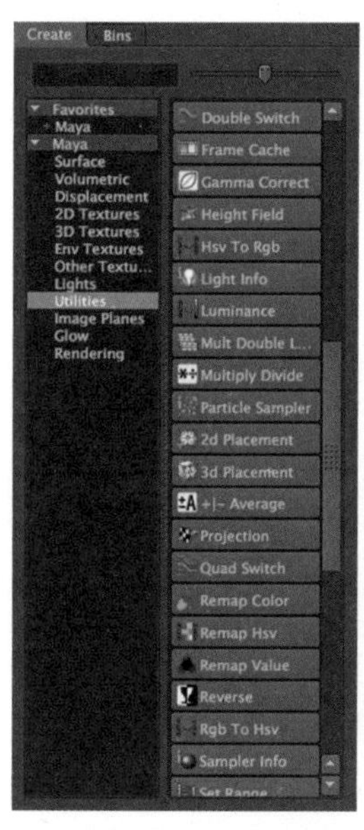
图 2-87

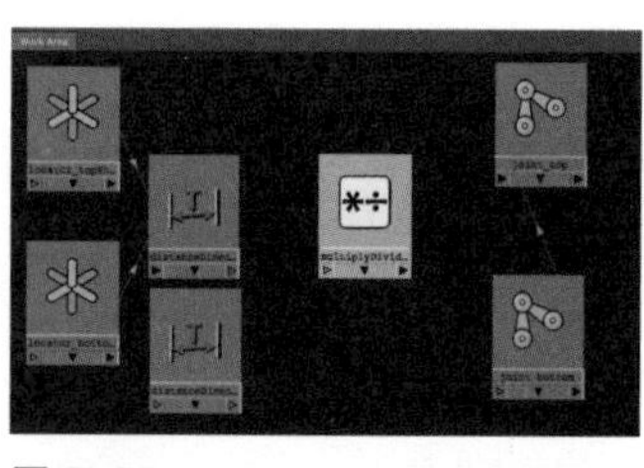
图 2-88

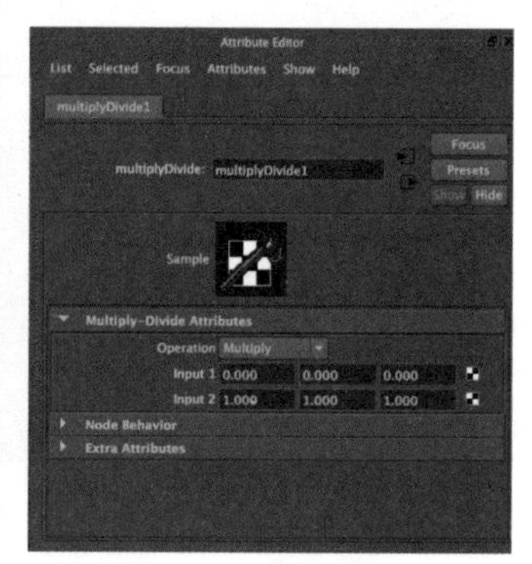
图 2-89

2-90、图 2-91）。现在，我们需要做的是把骨骼间距变化的数值，也就是 loc 测量出来的数值填入 Input1x 中（图 2-92），这一操作只需用鼠标中键将测距节点的 Distance 连接到乘除节点的 Input1x 即可。

（11）在连接好之后，接下来就是把计算出来的倍率再赋予到骨骼相应的属性上。这时候就要看一下骨骼到底是在哪个轴向上进行的缩放，在这个例子中，骨骼是在 Y 轴进行缩放的，所以就需要把计算的数据附加在两个骨骼的 Y 轴缩放参数上，鼠标中键点击乘除节点，将 Outputx 分别连接到两个骨骼的 ScaleY（图 2-93）。

（12）现在来测试一下绑定效果，小球终于可以伸缩了（图 2-94），但是伸缩的同时体积也跟

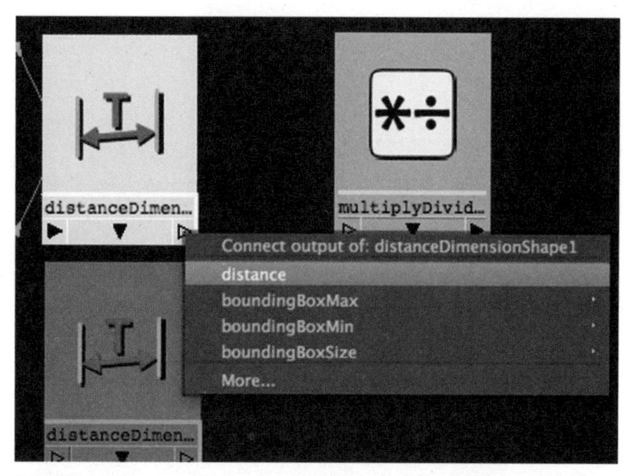

图 2-90

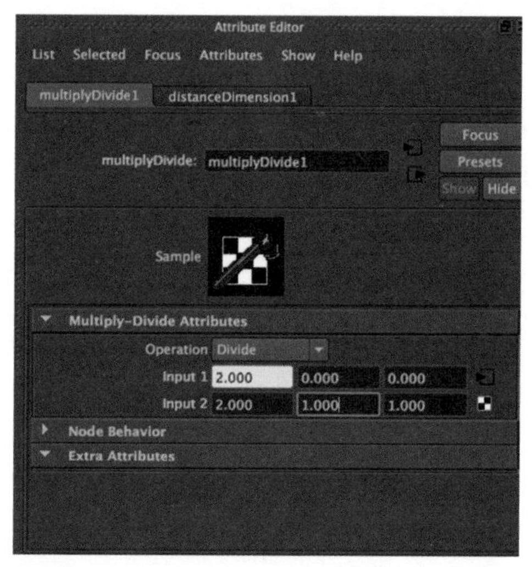

图 2-92

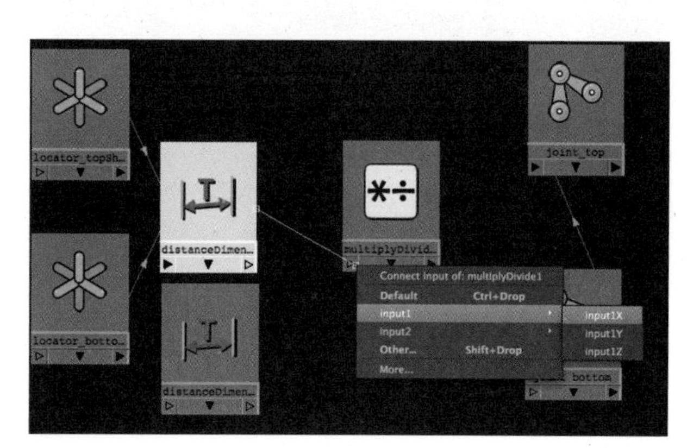
图 2-91

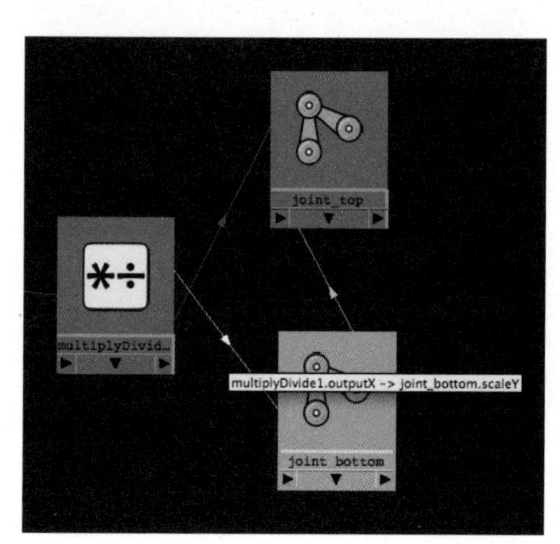

图 2-93

着发生了变化，如何能维持球体体积不变呢？我们想象一下，把一个皮球拉长的话，皮球是不是变得细长了，也就是说，在 Y 轴拉伸的同时，X 与 Z 轴都要进行等比例的缩放，这样才能使球的体积保持不变。其他轴向的伸缩的倍率 = 小球初始距离的值 ÷loc 测量出的值，所以运用同样的方法，我们在同一个乘除节点上，把 Input1Y 的值设为小球初始距离的值（图 2–95），将 loc 测量的数值赋予 Input2Y 中（图 2–96、图 2–97），再把得到的 OutputY 的值分别赋予两个骨骼的 ScaleX 和 ScaleZ（图 2–98 ~ 图 2–101），这一步做好

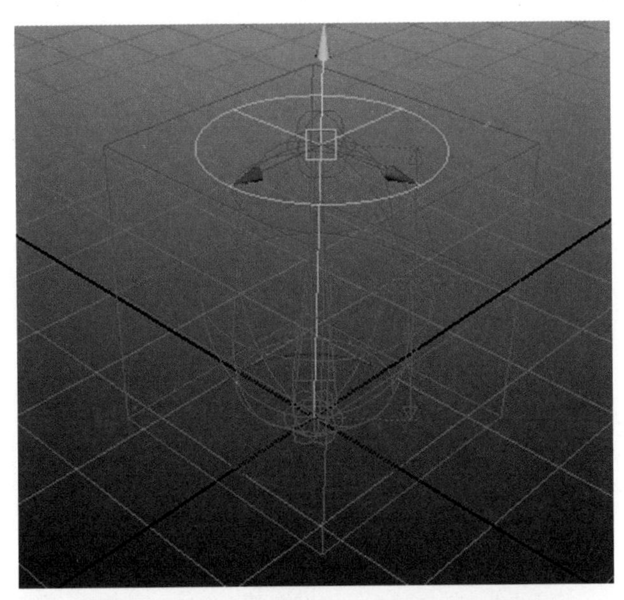

图 2–94

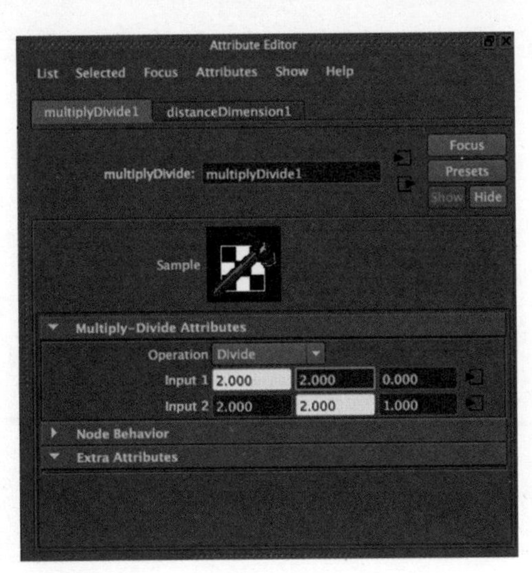


图 2–95

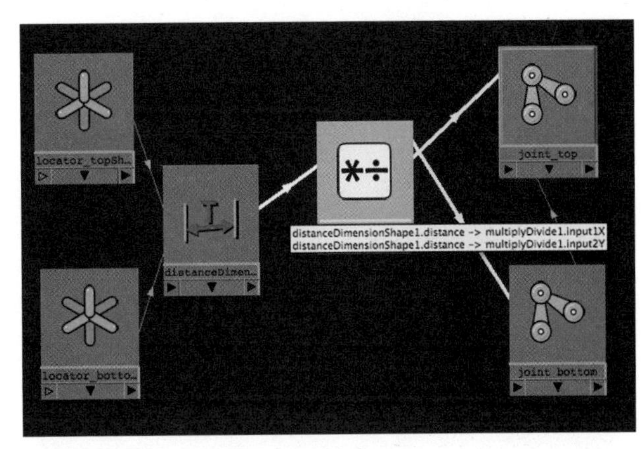


图 2–96

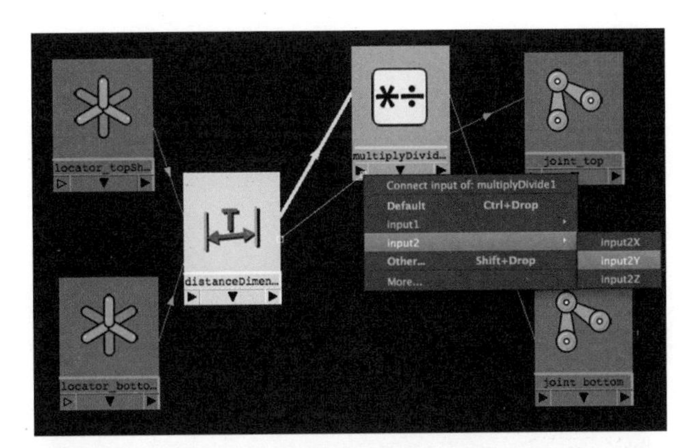


图 2–97

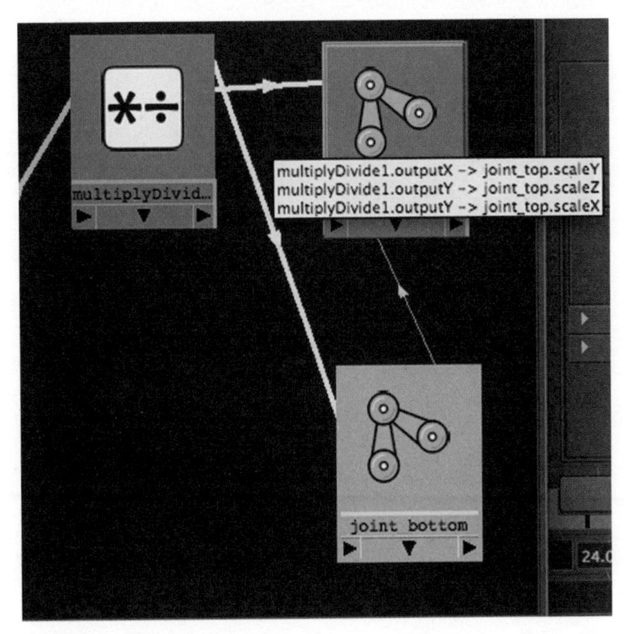


图 2–98

后，小球就可以通过骨骼的缩放实现伸缩了（图2–102、图2–103）。

（13）下面我们来整理两个控制器。因为控制器之间是要互相关联、共同移动的，所以我们对两个控制器分别进行目标约束。目标约束的方法是先选择约束物体，再选择被约束物体（图2–104），执行 Constrain → Aim（图2–105）。需要注意的一点是，cc_down 目标约束 cc_up 时，Aim Vector 的值应改为 –1（图2–106），因为 cc_up 的负方向要指向 cc_down。cc_up 目标约束 cc_down 时 Aim VectorY 的值为 1（图2–107），

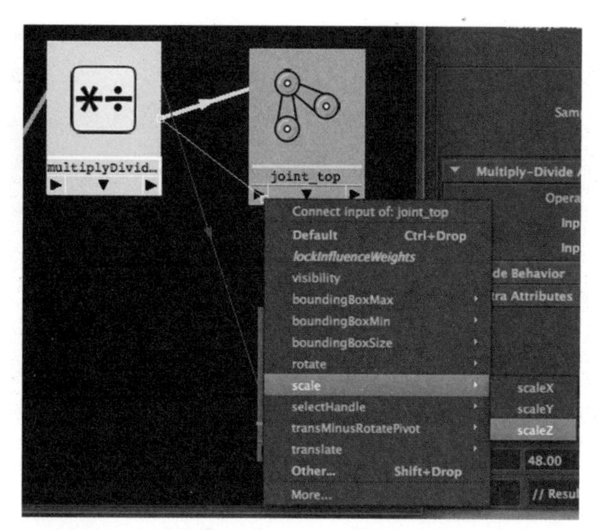


图2–99

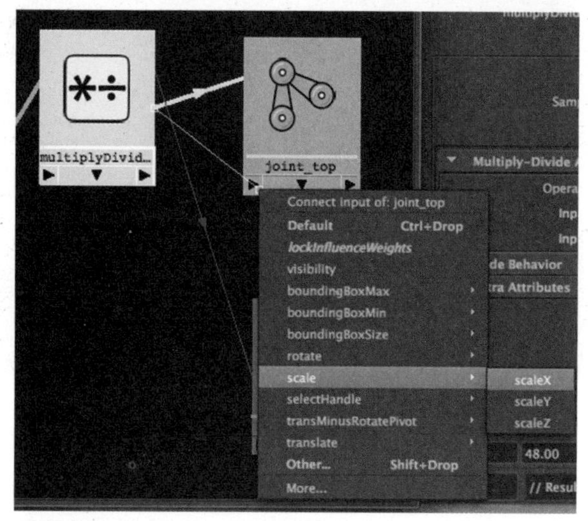


图2–100

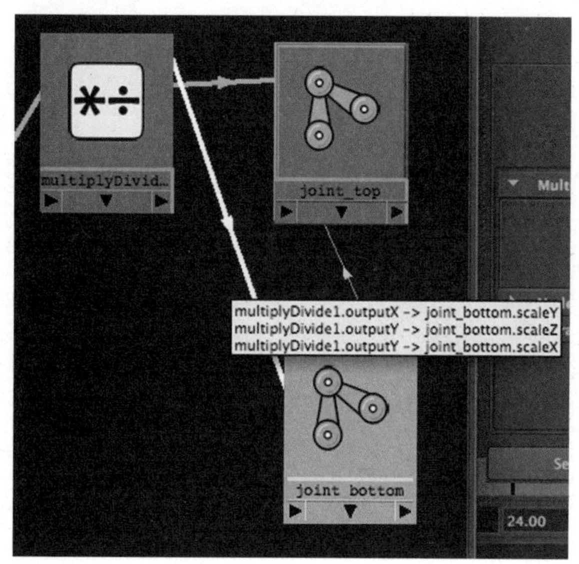


图2–101

图2–102

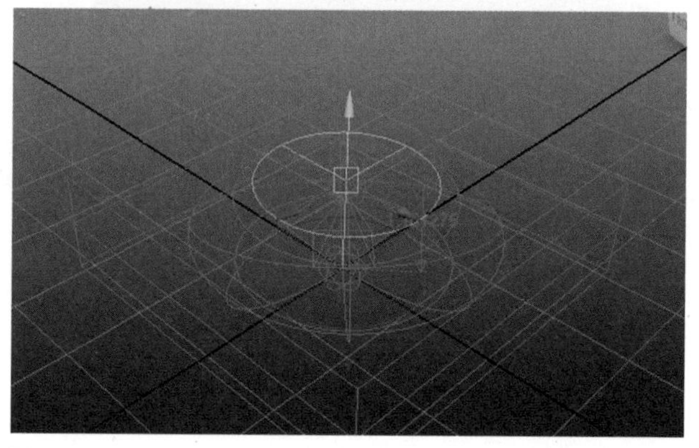

图2–103

也就是 cc_down 的正方向要指向 cc_up。

（14）现在我们已经基本完成了小球的位移及伸缩的绑定工作，但我们还是希望小球可以完成更加丰富的变形动作，希望可以通过绑定使得小球的中段也可以变形，那么，这时候，我们就要再增加一个控制器，命名为 cc_mid（图 2–108），把它放在小球的中部，同时为了使控制器可以直接控制小球中段，我们要为晶格建立一个簇，选择晶格的中间四个点（图 2–109、图 2–110），执行 Create Deformers → Cluster（图 2–111、图 2–112）。

（15）下一步就是使 cc_mid 可以对簇进行控制。因为簇是一种特殊的节点，并不能直接和控制器作父子约束，所以我们要做的是寻找一个其他的办法来实现这一约束（图 2–113）。首先，我

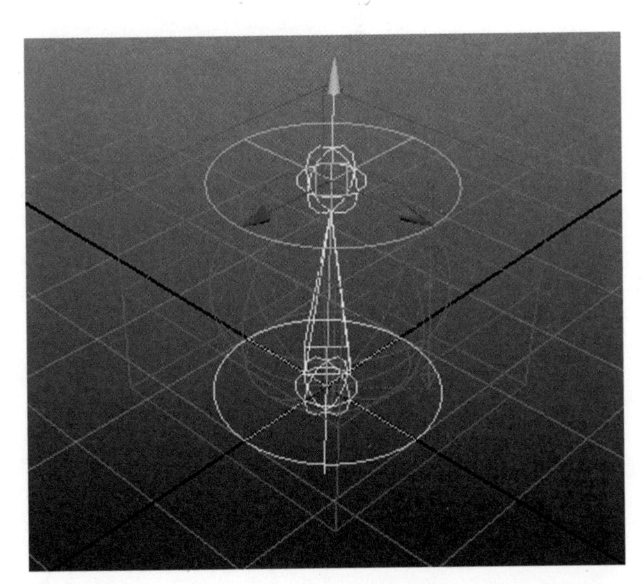

图 2–104

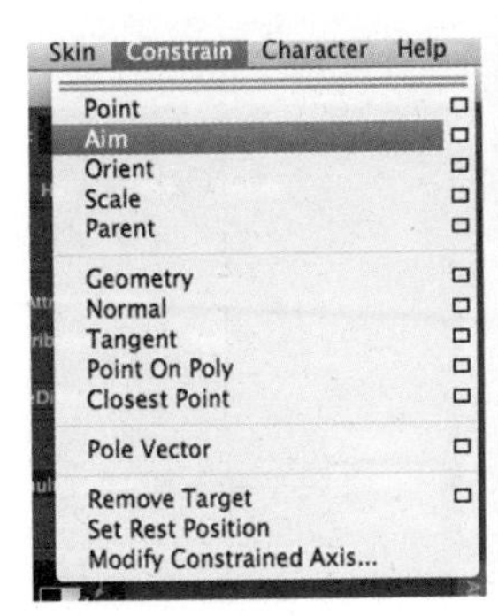


图 2–105

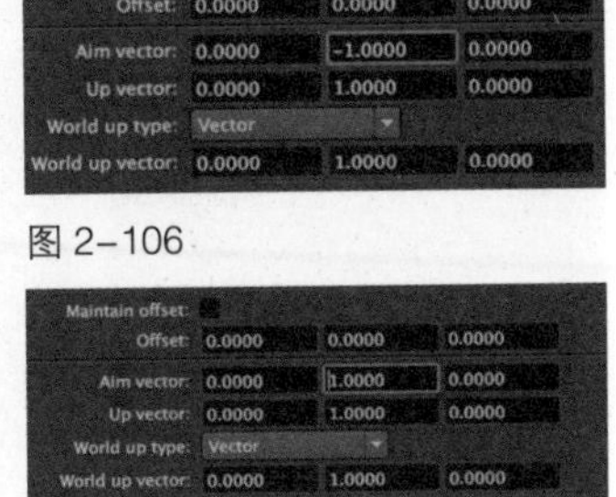


图 2–106

图 2–107

图 2–108

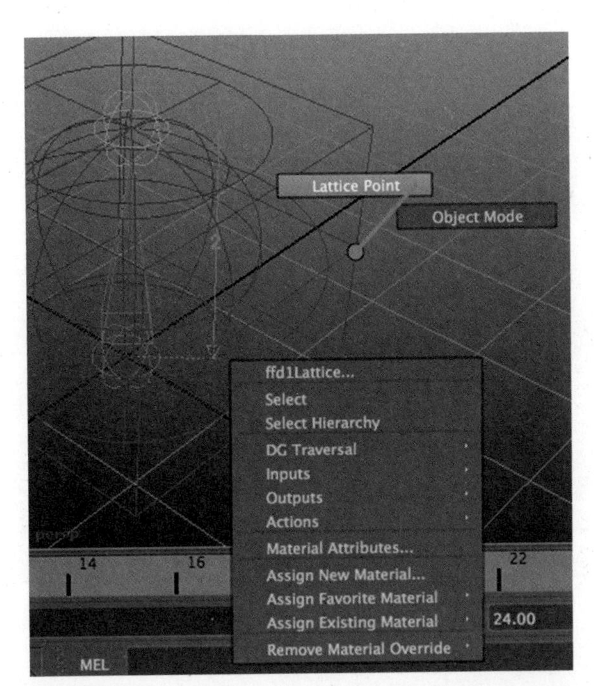


图 2–109

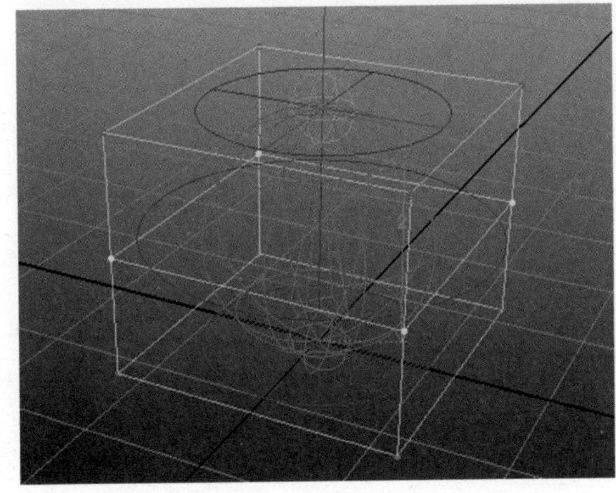

图 2–110

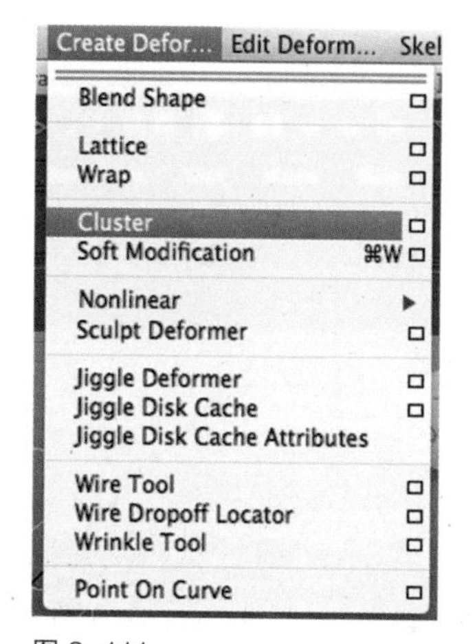


图 2-111

们对 cc_mid 打组，命名为 cc_mid_grp，执行 Edit → Group（图 2-114、图 2-115），再对 cc_mid_grp 和骨骼进行父子约束（图 2-116），簇对骨骼也进行父子约束，而这样操作之后，我们发现由于骨骼和簇都对晶格产生影响，这便产生了错误，这时，把簇的属性编辑器打开，勾选其中的 Relative 选项（图 2-117），继承了父物体的控制，也就是骨骼控制了簇和晶格，簇控制了晶格。右键点击晶格，选择 Inputs → All Inputs（图 2-118），中键点击交换簇与蒙皮的位置（图 2-119、图 2-120）。

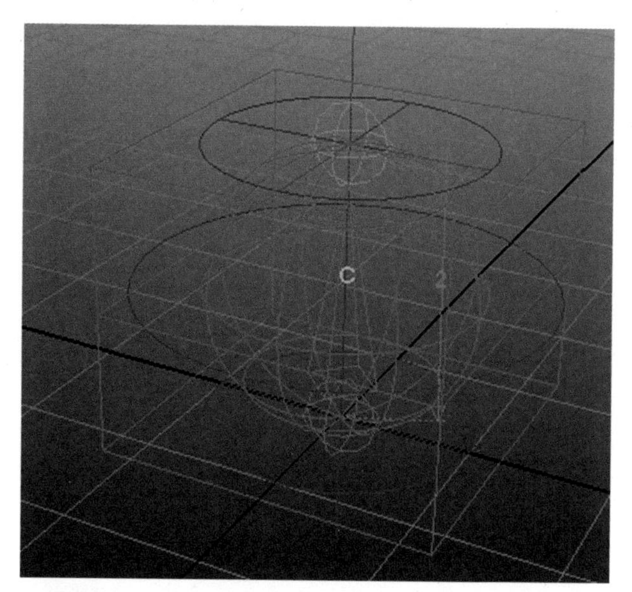

图 2-112

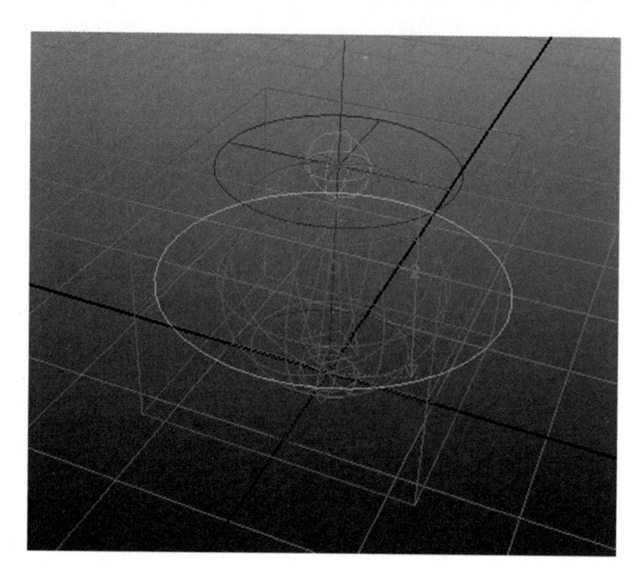

图 2-113

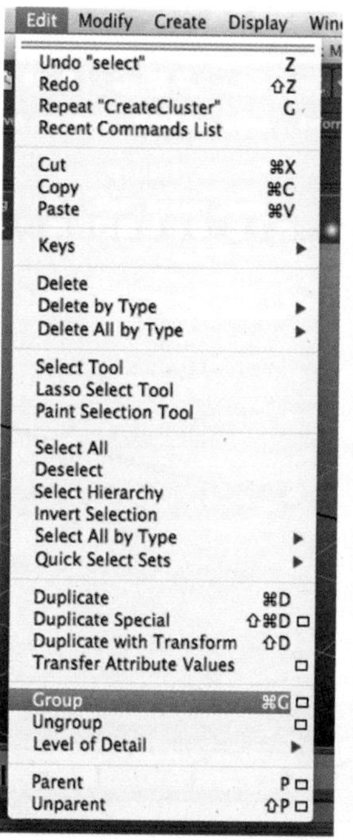


图 2-114

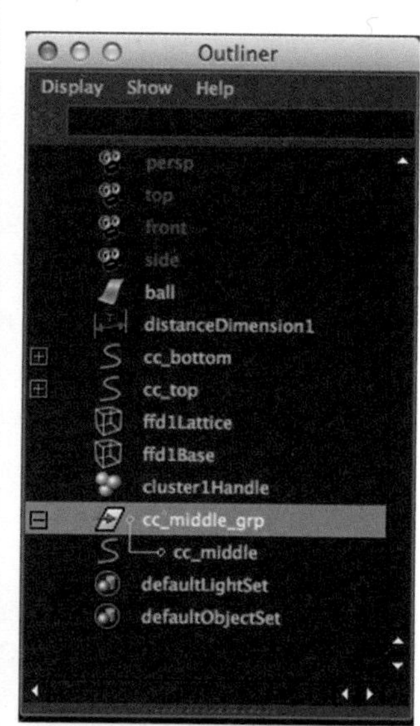


图 2-116

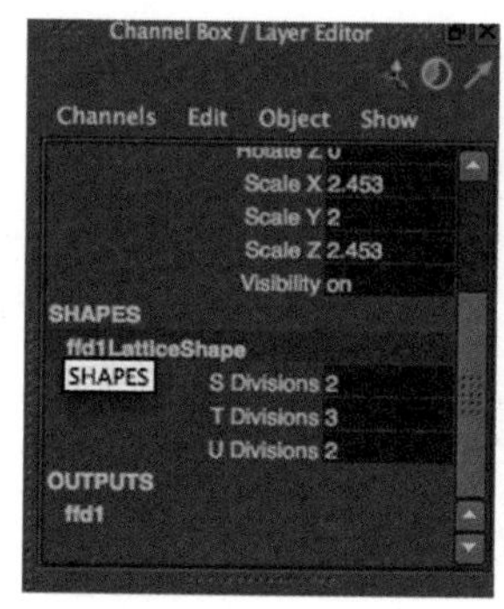


图 2-115

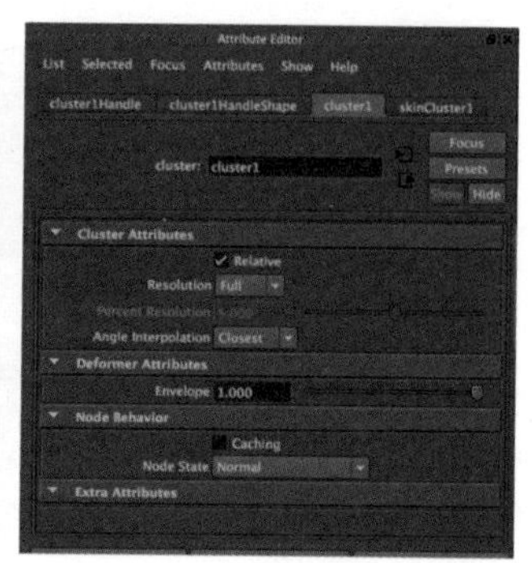

图 2-117

（16）接下来我们要为小球创建一个总控制器，来实现小球整体的位移及缩放。创建总控制器 cc_all（图 2–121），将 cc_up 与 cc_down 分别与 cc_all 进行父子约束，先选择 cc_up，再选择 cc_all，快捷键 P（图 2–122），这时就可以进行小球整体的位移了，但缩放总控制器时，小球会发生变形，因为骨骼的缩放也被影响了，这时候，我们就要重新对控制器及骨骼的缩放倍率进行定义。

（17）我们想一下，一个物体如果放大到原来的两倍，应该是这个物体在 X，Y，Z 三个轴向上同时放大到原来的两倍。缩放的数值 = 缩放的倍率 × 原始的骨骼间距数值，选择总控制器和骨骼到 Hypershade 面板（图 2–123），新建一个乘除节点，运算方式改为 Multiply 乘法（图 2–124），将总控制器的任意一个缩放倍率值赋予到乘除节点的 Input1X，Input2X 为原始的骨骼间距数值，也就是 2（图 2–125、图 2–126），再将运算

图 2–121

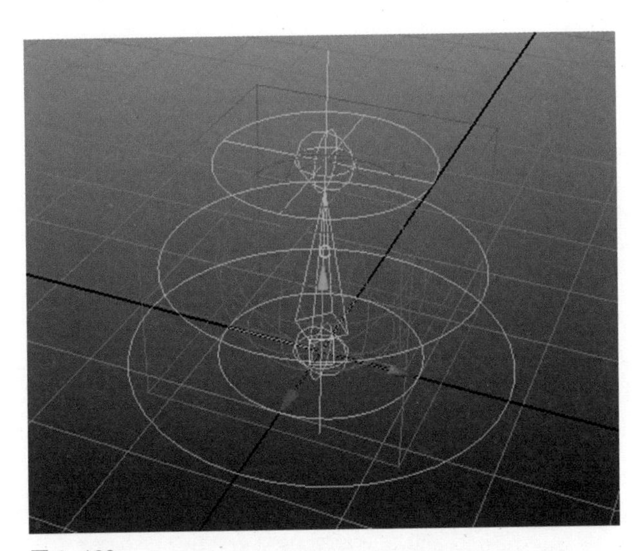

图 2–122

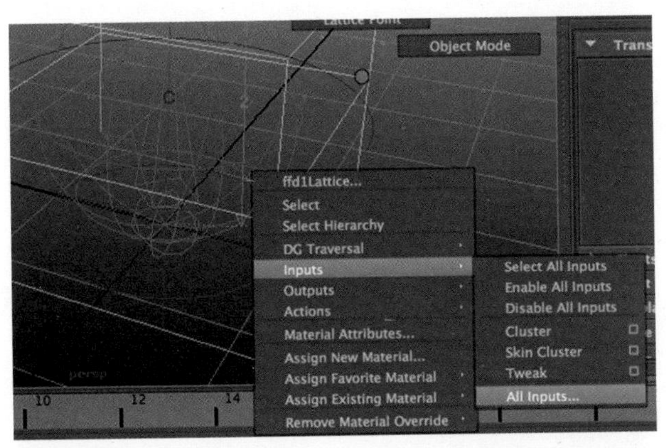


图 2–118

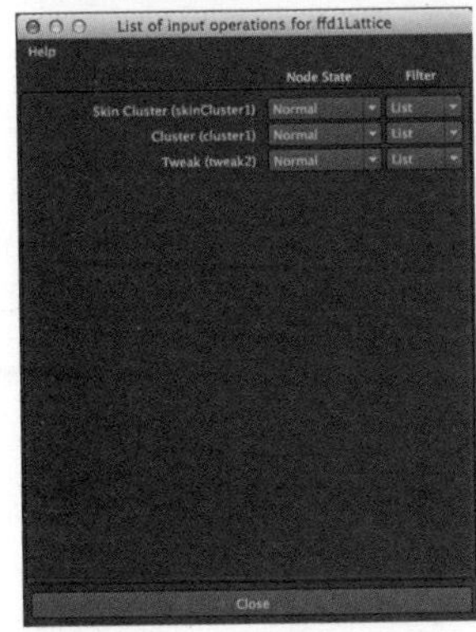


图 2–119

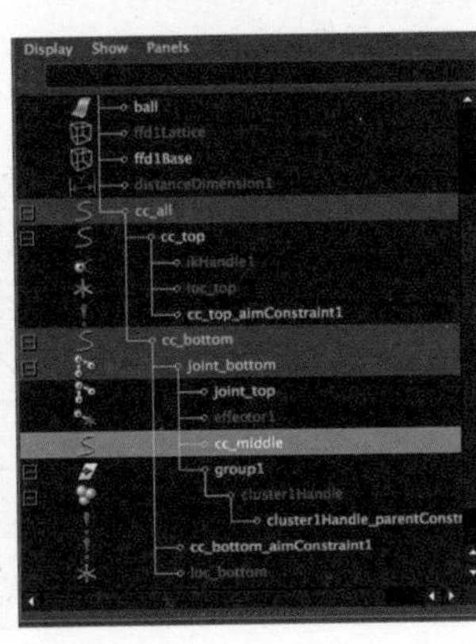


图 2–120

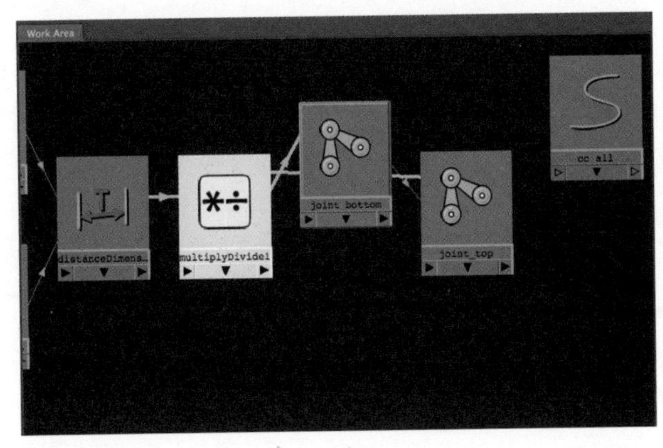


图 2–123

出的结果直接赋予之前的乘除节点的 Input2X，Input1Y（图 2–127、图 2–128），从而实现控制骨骼数值的功能，达到通过 cc_all 实现小球的整体缩放这一效果（图 2–129）。

（18）在完成所有的绑定后，我们要整理大纲，并且整理显示内容，方便以后调整角色动画。给变形器打组，命名为 deformers_grp（图 2–130），同时锁定并隐藏这组的通道栏属性。隐藏晶格、IK 等，只保留小球模型、骨骼和控制器。选择控制器，锁定及隐藏通道栏中不需要的属性。最后，在大纲中选中 Ball，defoemers_grp 和 cc_all 打组为 ball_rigging（图 2–131），将小球模型属性锁定并隐藏（图 2–132、图 2–133），并放入层中，将模式改为 R（图 2–134），完成全部绑定工作。

（19）优化绑定。为了以后调整动画的方便，在调整动画时，如果控制器和骨骼离得很近，在选择时经常会选到骨骼上，为了避免这样的误操作，我们还可以调出控制器的手柄，在属性编辑器中勾选 display handle（图 2–135）。我们可以

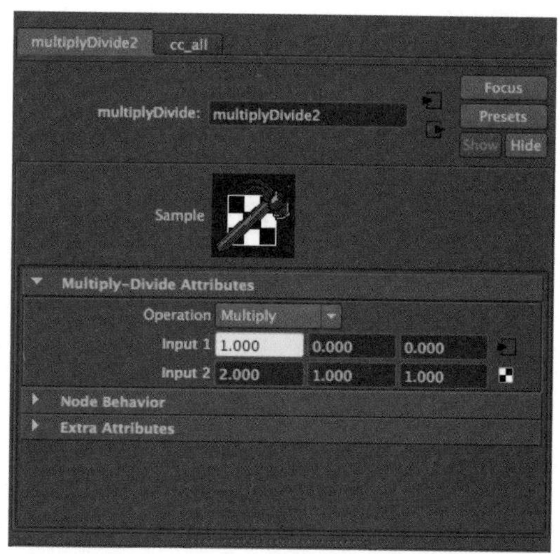


图 2–126

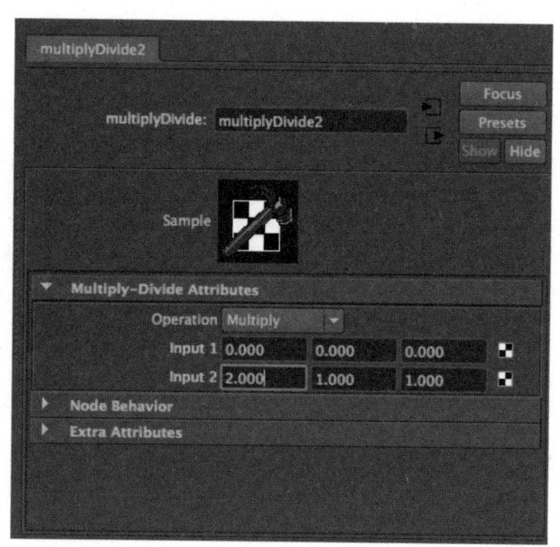


图 2–124

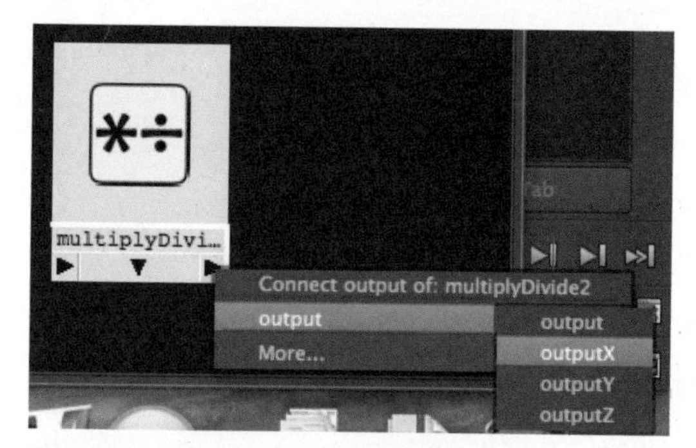


图 2–127

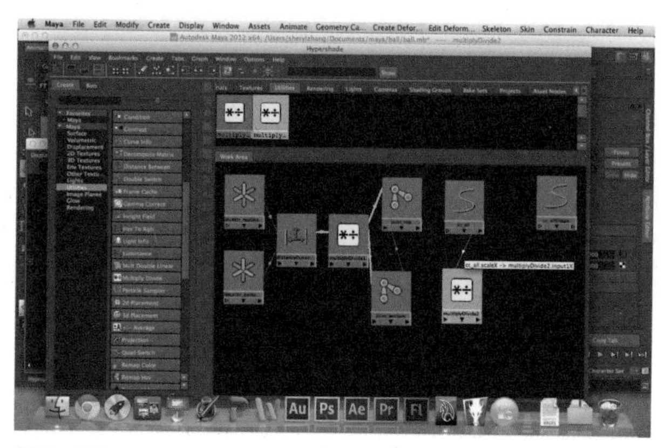

图 2–125

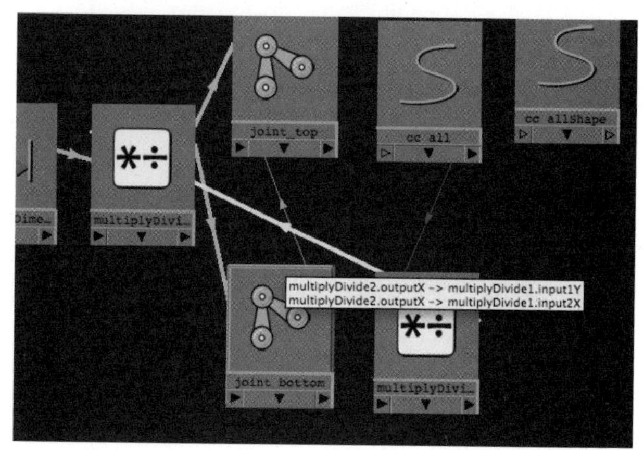


图 2–128

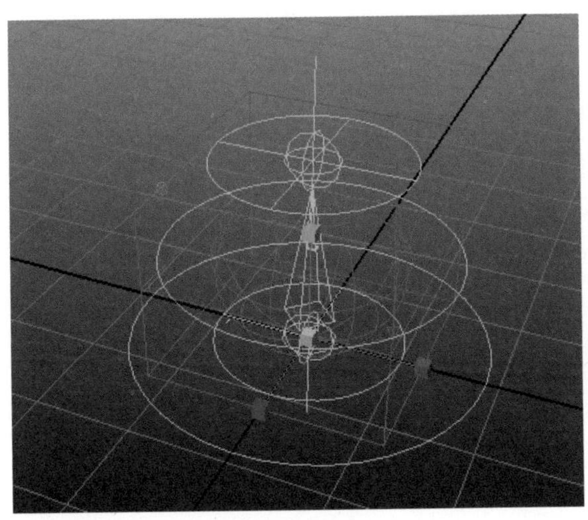

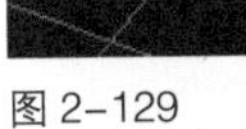

图 2–129

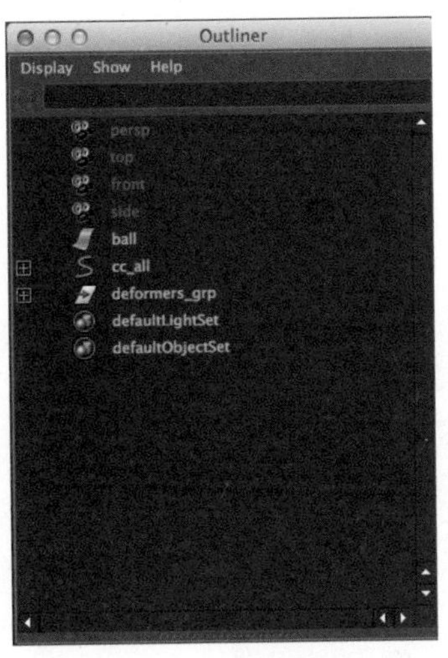


图 2–130

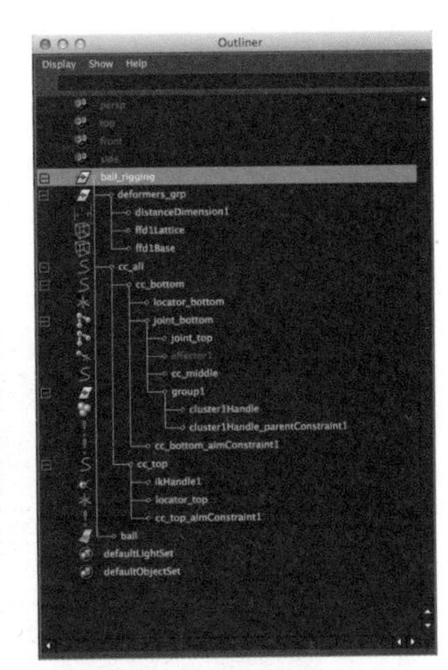


图 2–131

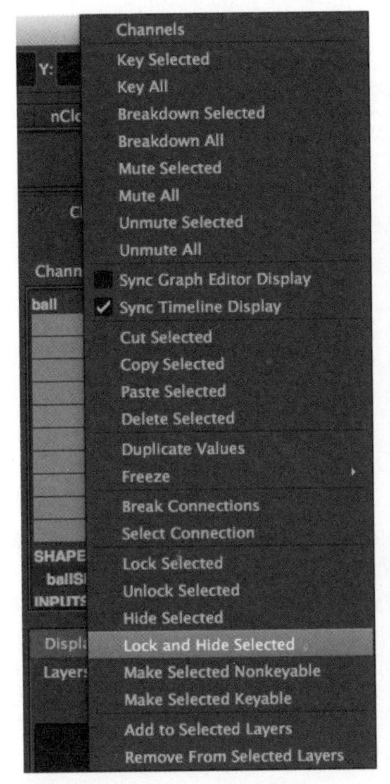


图 2–132

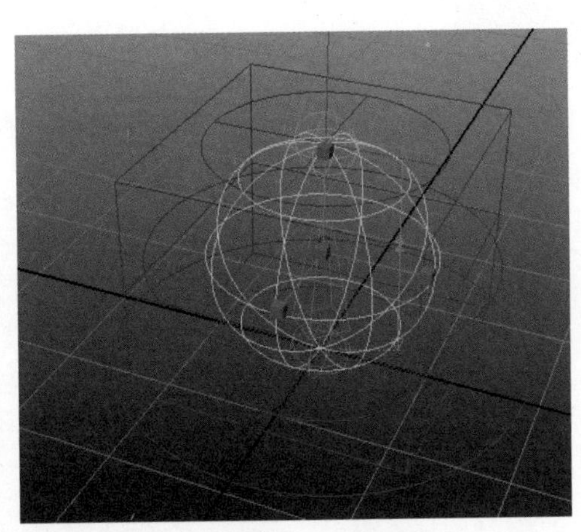

图 2–133

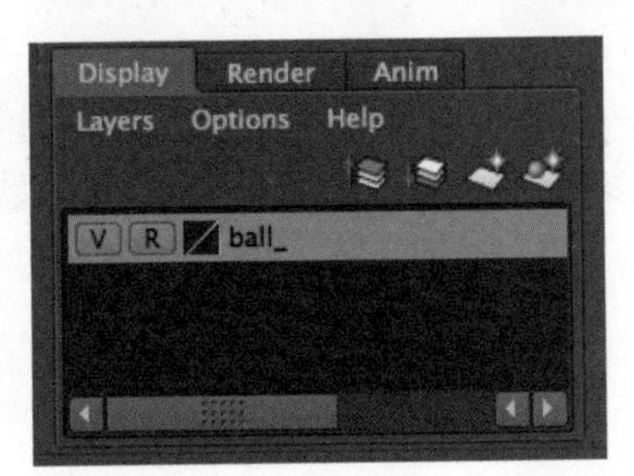


图 2–134

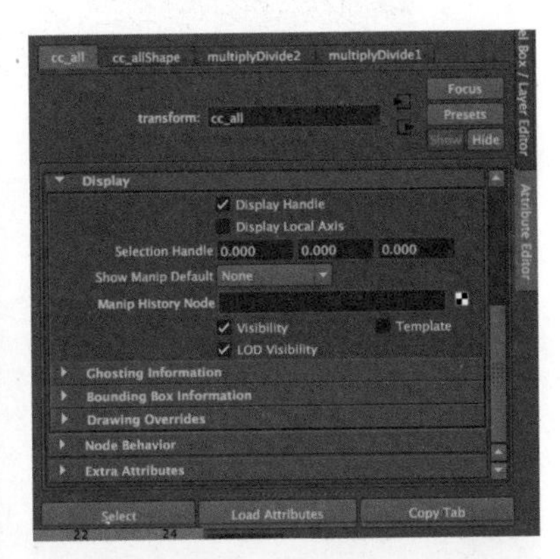


图 2–135

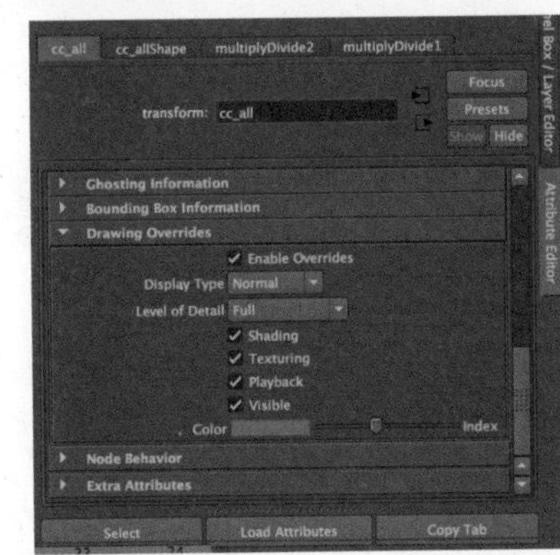


图 2–136

通过改变控制器的颜色来使之更加醒目，在属性编辑器里控制器的名称栏中的 Drawing Overrides 菜单下勾选 enable overrides 就可以调整控制器的颜色了（图 2–136）。

到现在，我们已经完成了一个小球绑定的所有的步骤。下面，为了给我们的动画增添更多趣味性，我们就来学习一下如何为小球添加耳朵和尾巴，并通过学习一个动力学插件，来简单地了解一下动力学相关的知识。

（20）我们先来认识一下本次要使用到的一个动力学解算的 MEL 插件：cgTkDynChain，Windows 下 MEL 插件应放在（位置）下，MAC

下 MEL 插件应放在（位置）下。放好后，我们在 Maya 的 MEL 语言栏下输入 cgTkDynChain 这条命令，出现相应的窗口即说明插件放置正确了（图 2–137）。

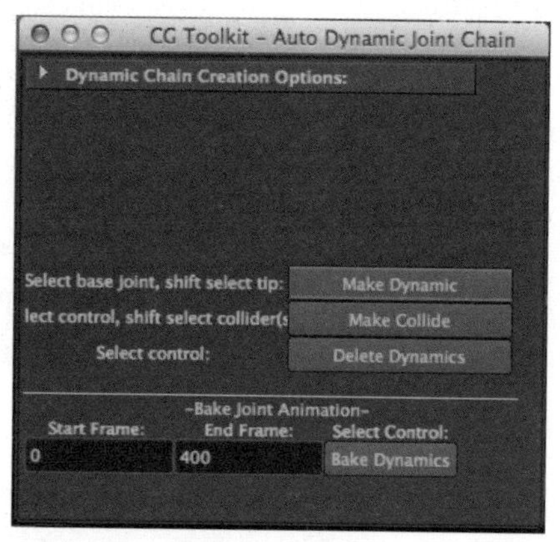


图 2–137

（21）我们来看一下这个插件窗口，它上面有 3 个命令：第一个是创建动力学，其说明为需要选中根骨骼，然后按住 shift 同时选中末端骨骼。第二个是创建碰撞，其说明为选中控制器，然后按住 Shift 同时选中碰撞物体。第三个是删除动力学。最下面的一栏是烘焙动画选项。

（22）首先我们来为小球创建一个耳朵，采用各种建模的方法，来完成耳朵的模型（图 2–138）。然后，我们为耳朵添加骨骼（图 2–139），并与小球的顶部骨骼相连（图 2–144）。镜像完成两边耳朵的骨骼后与模型进行蒙皮（图 2–141）。然后我们要调整角色的动画，在制作完整个角色动画之后再来完成耳朵和尾巴的动力学解算动画。

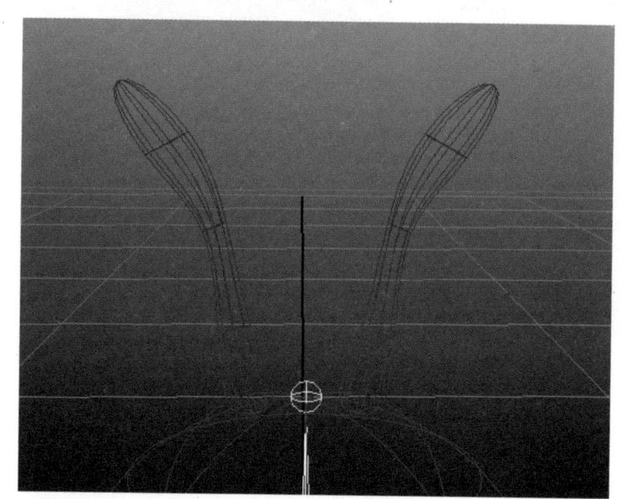

图 2–138

图 2–140

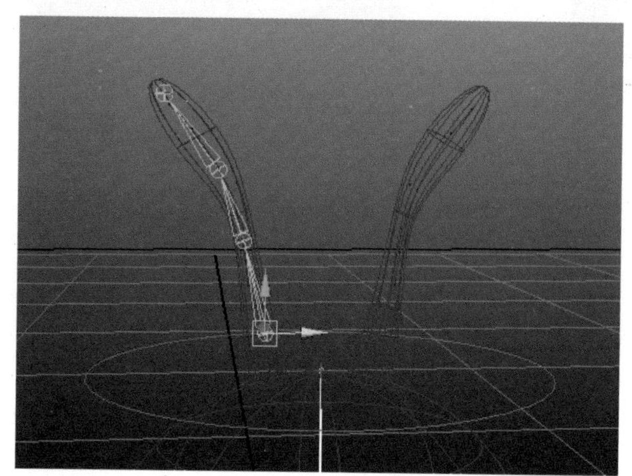

图 2–139

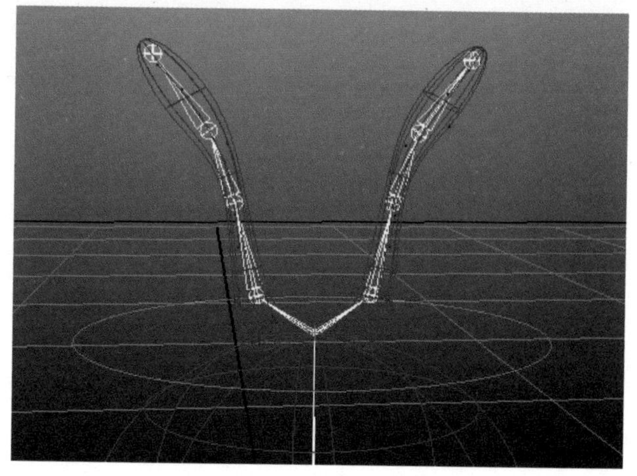

图 2–141

（23）在调整完全部角色动画之后，接下来我们就可以用动力学插件来完成耳朵和尾巴的动画了。

首先，选中耳朵的根骨骼（图 2–142），然后按住 shift 选中末端骨骼（图 2–143），打开 CG Toolkit → Auto Dynamic Joint Chain 窗口，点击 Make Dynamic 选项，我们看到骨骼上自动生成了控制柄（图 2–140）。播放动画，这个时候我们发现，两个本应该竖直的耳朵受动力学的影响像绳子一样垂了下来（图 2–145），我们必须通过修改动力学控制器的参数来进行调整。

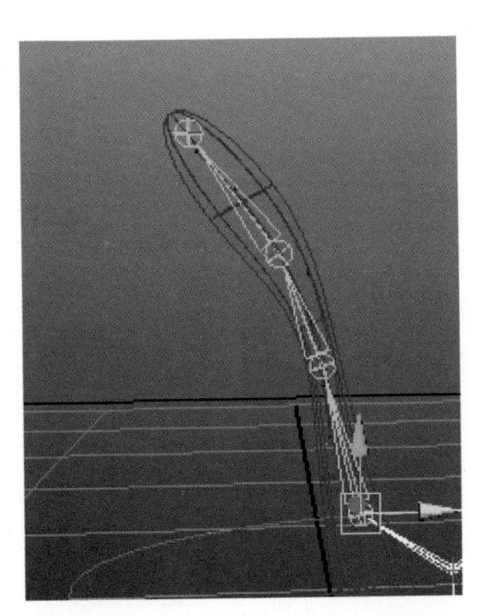

图 2–142

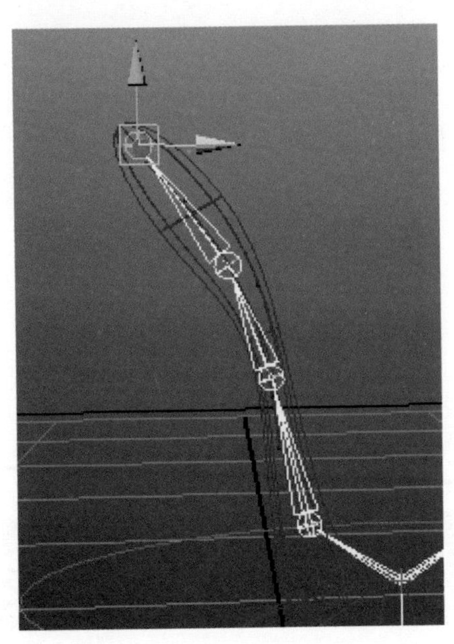

图 2–143

（24）选中动力学控制器，在通道栏中我们可以看到很多参数，这里我们为大家介绍一些常用的参数（图 2–146）。Stiffness 为硬度，数值越大，物体越硬；Damping 为阻尼，数值越大，骨骼间的阻尼就越大；Drag 为牵引力，数值越大，骨骼间受到的牵引力越大；Friction 为摩擦力，数值越大，摩擦力就越大；Gravity 为重力，数值越大，重力就越大。在这个例子里，把硬度设为 0.5，重力设置为 0，并把阻尼设置为 30，再来播放动画，我们发现耳朵的运动变得真实了（图 2–147、图 2–148）。

（25）播放动画并调整参数，直到符合动画需求为止。因为这样的动力学控制器的动画非常占用电脑资源，在调整完后，我们就可以将动作烘焙到骨骼上。

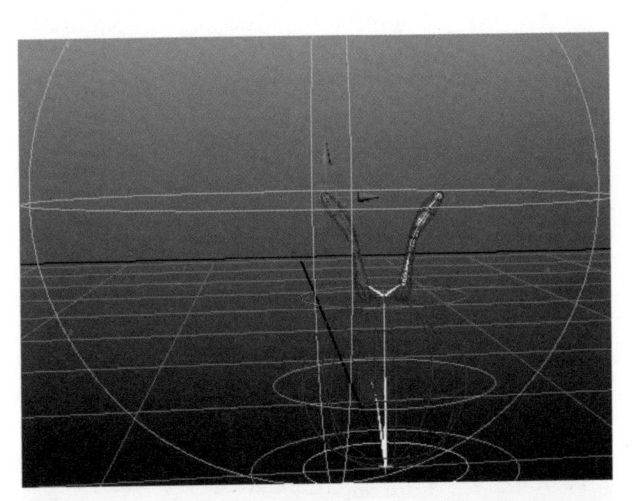

图 2–144

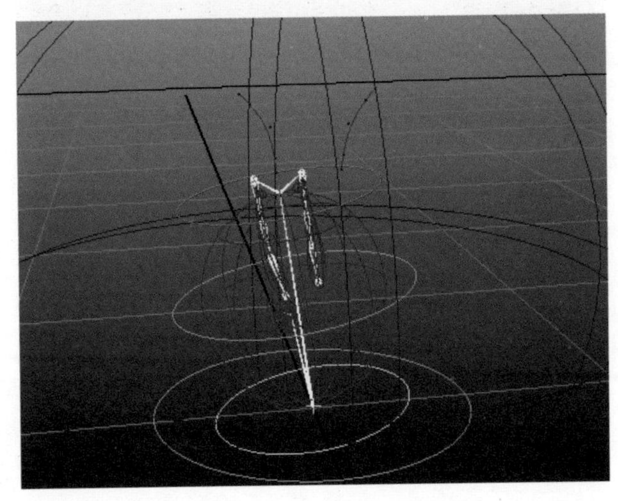

图 2–145

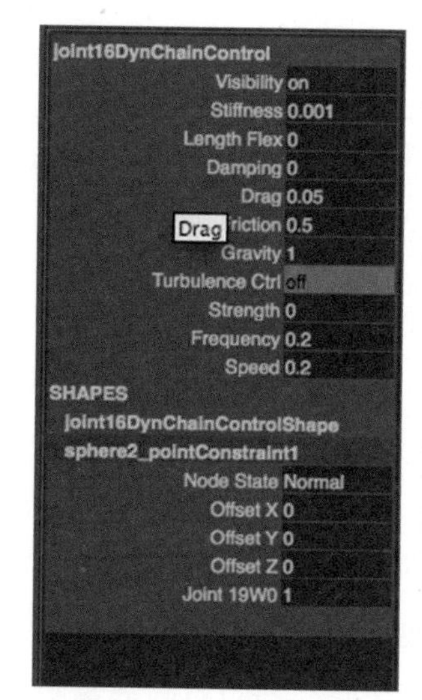


图 2-146

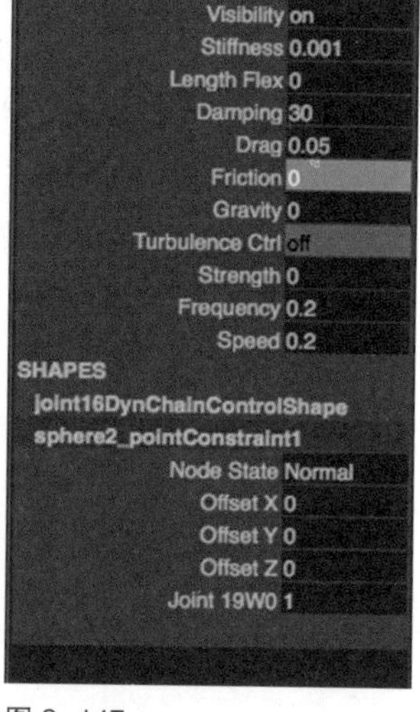


图 2-147

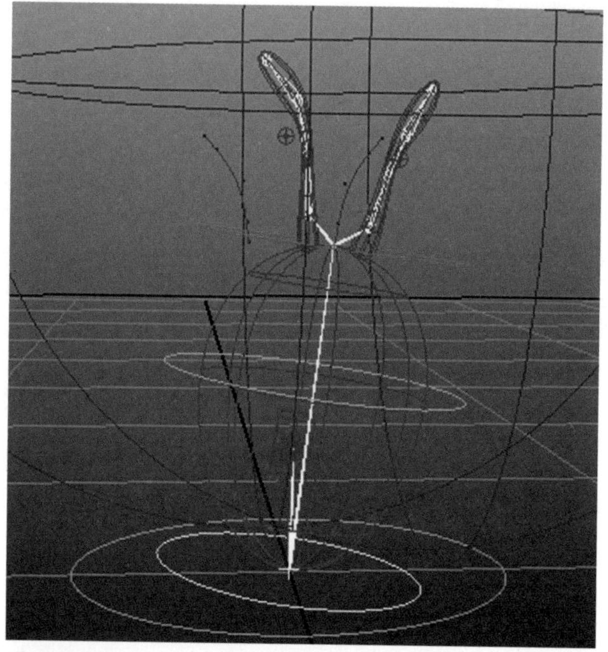

图 2-148

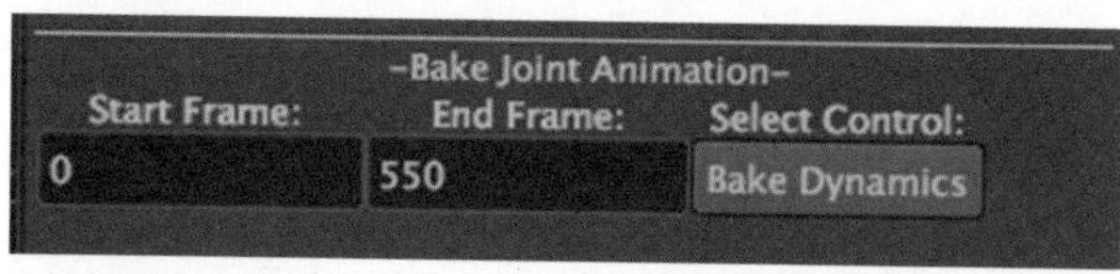


图 2-149

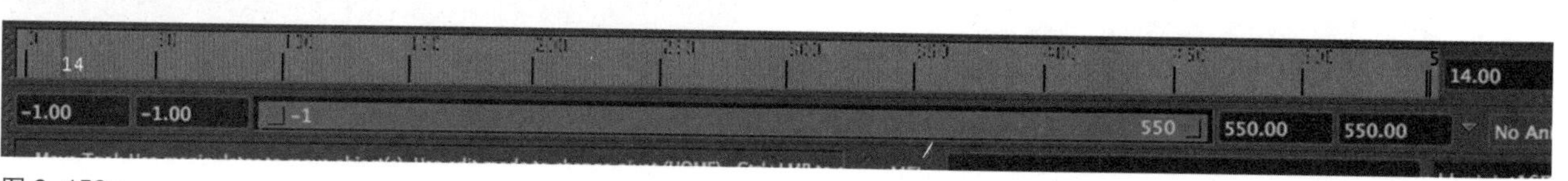


图 2-150

选择动力学控制器，在 CG Toolkit 窗口内设定好开始和结束的帧，点击 Bake Dynamics（图 2-149），这样结束后，我们发现时间轴上显示出现在生成的逐帧的动画（图 2-150），这样就可以删掉控制器了。选中控制器，点击 Delete Dynamics 即可。

通过同样的方法，我们可以把角色的尾巴也做出来。这期间，有时会出现穿帮的问题，比如角色的尾巴在运动时会穿过地面，这样的话，我们就需要为他设置碰撞。建立一个地平面，选中尾巴的控制器用 shift 选中避免，点击 Make Collide 即可。烘焙完动作后删掉地平面。

### 2.3.2 实训训练题

完成一个小球的绑定，并制作一段小动画。

# 第3章　两足角色动作设计与制作

通过学习前一章节“小球动画”，了解了在Maya中实现角色动画的基本原理，本章节将深入地探讨两足角色动作的要领，学习如何将运动规律运用到Maya当中去，完成一个具有。两足角色行走是一个动画师踏入门槛的第一个难点，如果小球动画引起了我们学习三维动画的兴趣，那么两足角色行走动画则是考验了我们是否具有成为动画师的耐心。

## 3.1　两足角色动作设计概述

两足角色动作设计是动画中最主要的表演部分之一，它的动作特征一一体现了角色的体态、心态、情绪以及人格魅力等。两足角色动作设计的要点在于围绕角色重心运动展开一系列的肢体运动，优先设计好角色重心的运动轨迹，再进行其他部件的动作设计，一步步有条不紊地设计动作，调出流畅连贯的动作是本章继续创作动画的基础。

行走的动作设计是两足角色动作设计的基础技能，两足角色大大地增加了运动部件的数目，也就是增加了同样多的动作。学习行走动作，初学者往往会手忙脚乱，即使按照我们所学的动作规律的知识制作出来，也经常会产生生硬、机械的动作，导致失去制作动画的耐心。本章将介绍如何循序渐进地学习行走动作的技术，把两足角色行走动作分解，由重心，即腰部引领全身运动，轻松地制作行走动作。另外，我们还将修正一些常见的小问题，如膝盖抖动、脚部打滑等。接下来，我们将学习标准行走以及带有情绪表现的行走动画，下面我们开始上路吧！

### 3.1.1　课程要求

本章学习走路动作和跑步动作，分为两个部分。第一部分为腰部和腿部的运动，要求关键姿势设计准确，掌握重心位置，保持动作平衡、协调。在此基础上找到运动的节奏，即通过反复播放将关键姿势调至合适的帧数上。第二部分为躯干和手臂的运动，在熟练制作下身动作的基础上制作全身行走动画，增加上身肢体运动。

### 3.1.2　设计相关的知识

#### 3.1.2.1　工作空间布局

在开始工作之前，映入眼帘的良好的工作布局可以给我们带来快捷方便的操作方式和舒适的心情。我们首先要做的就是移除界面中我们不需要的和创建我们所需的内容布局，可能每个人的布局习惯有所不同，但是动画师所需的基本界面信息是大致相同的，最重要的三项就是透视图、摄像机预览视图以及曲线编辑视图(图3-1)。下面，介绍一个经典的动画界面布局。

(1)首先选择菜单栏Display → UI Elements，取消勾选Help Line（帮助栏）和Tool Box（工具盒）复选框，隐藏不需要的界面来释放更多的视觉空间（图3-2）。

(2) 在视窗菜单中，选择Panels → Layouts → Three Panes Split Top（三视窗上部分割）命令，工作区域被分解为三个视窗（图3-3）。

(3) 我们将左方视窗定为设置关键帧工作区域，即透视图，编辑动作、设置关键帧等都是在此视窗中完成的，此视窗为主要工作视窗，可以拖动视窗之间的边框扩大该区域，选

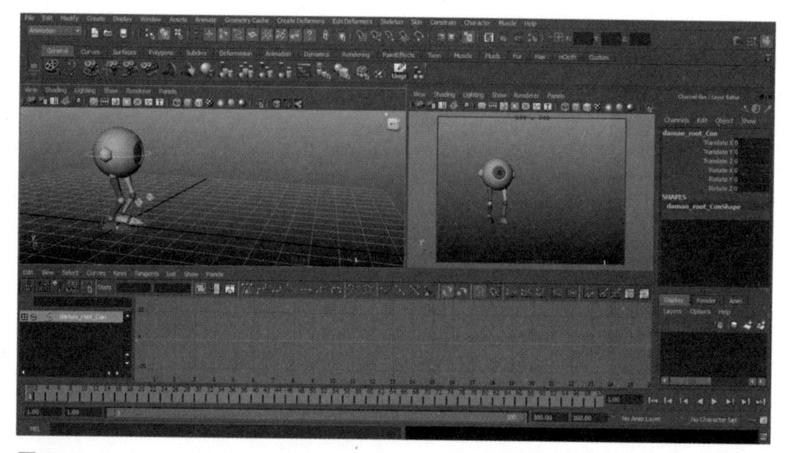

图 3-1

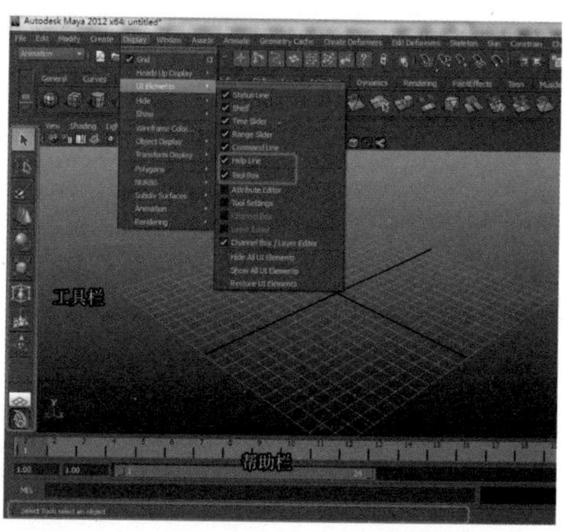


图 3-2

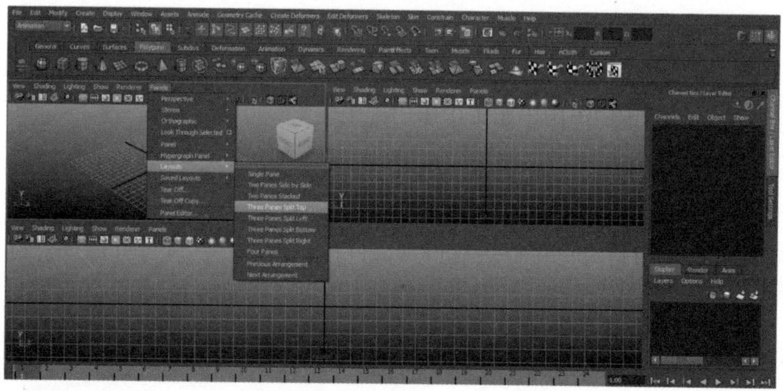

图 3-3

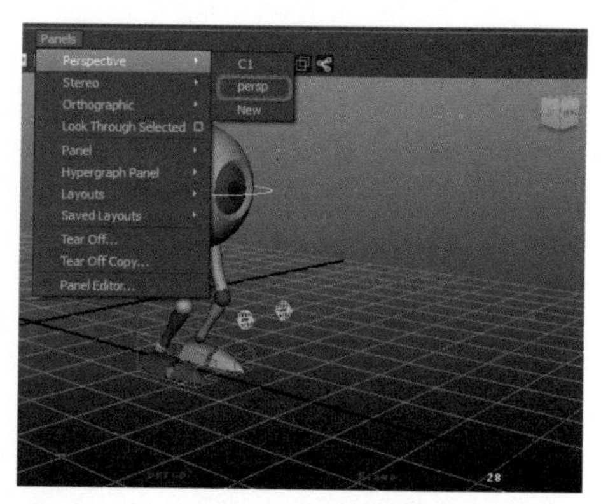


图 3-4

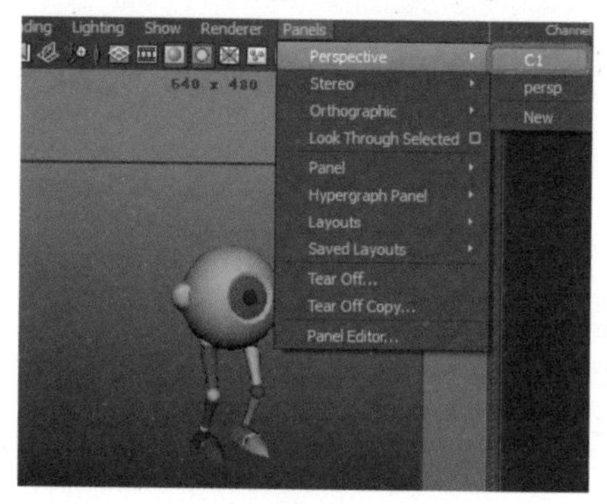


图 3-5

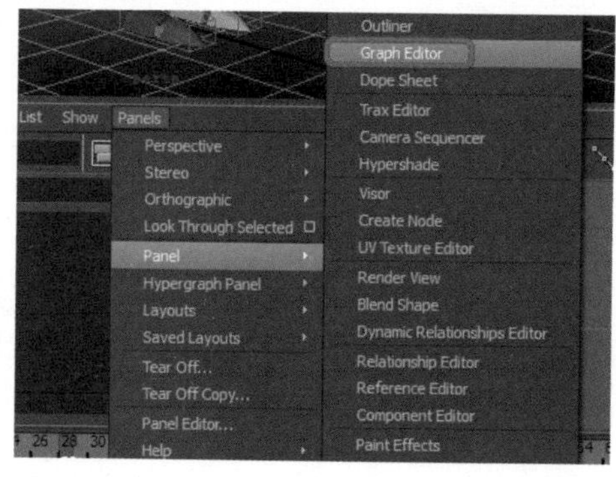


图 3-6

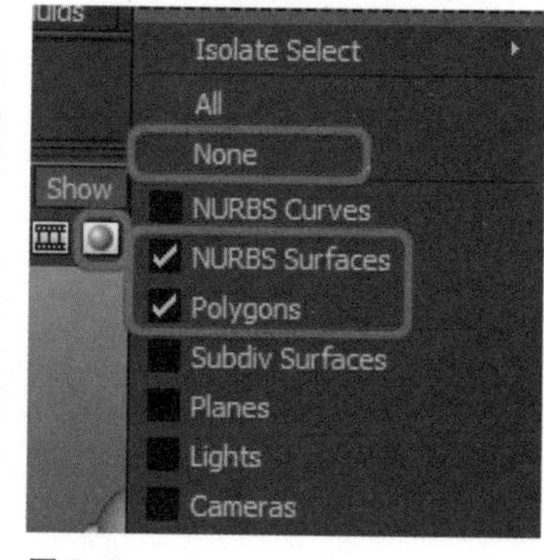


图 3-7

择 Panels → Perspective → Persp（透视图）(图 3–4)。

(4) 将右方视窗定为分镜视窗，先创建一个新的摄像机，命名为 C1，播放镜头动画效果主要通过这个视窗来呈现。此视窗可以略小一点，仅供观看大概即可，选择 Panels → Perspective → C1(图 3–5)。

(5) 下方视窗为曲线编辑视窗，扁长的形状比较适合样条线的编辑，选择 Panels → Panel → Graph Editor（曲线编辑器）(图 3–6)。

(6) 在分镜视窗菜单中，单击视窗上方的蓝色圆球按钮（Resolution Gate）打开分辨率显示框，可以确保呈现出镜头的所有物体。选择 Show → None，再次选择 Show，勾选 NURBS Surfaces 和 Polygons，并且点击可以将模型之外的隐藏，方便观察模型动作（图 3–7)。

技巧：在透视图中设置关键帧动作，我们在分镜视窗中设置镜头动画，并且检查动画，为了防止镜头移动的误操作，可以在第一帧位置对 C1 设置一个关键帧。另外，调动作之前一定要先设置好帧速率，否则，之后更改会打乱关键帧位置。

3.1.2.2　**创建文件引用**

在三维动画创作中，保持文件井井有条的管理，使得我们能够同时进行工作以及轻松调整修改。Maya 的文件引用功能可以大大提高工作效率，当我们引用文件时，所操作的只不过是将该文件加载到内存当中，而不是完全成为当前文件的一部分。当前场景中引用的各个文件是相互独立的，也可以将一个角色文件引用到多个场景中使用，如果角色的装配、模型需要修改，那么更新一下角色文件，引用了该角色的文件便会自动更新该角色。

在团队制作中，不需要等建模师完全做完细节，绑定师就可以开始做绑定，动画师可以调动作。引用是专业制作公司资源共享、共同制作的基础，是轻松管理文件，保存文件体积小和轻松全局修改的方法。

3.1.2.3　**创建快速选择集**

当我们在调动作的时候，总是要反复选择控制器来设置动作，这就需要一个方便的选择控件来提高我们的工作效率。一般在大的制作团队中会有绑定师专门来制作一个选择控件界面，但是，个人或者一小组人参与创作的时候，并不需要在编写控件上花费大量精力，毕竟，在绑定设置上优先级比较靠后。所幸，Maya 的快速选择集可以为我们创造快速地选择按钮（图 3–8）。

（1）首先创建一个工具架来存放选择集控件，点击工具架旁边的下拉菜单，选择 New Shelf（图 3–9），命名为 ConSets，注意命名中不可使用空格。

（2）点击工具架旁边的下拉菜单，选择 Shelf Editor，单击上、下箭头可以调整工具架的前后位置，适宜的布局会带来良好的制作心情（图 3–10）。

（3）选择所有的控件，然后选择 Create → Sets → Quick Select Set，将其命名为 All，点击 Add to Shelf，这时就会自动添加至当前工具架上（图 3–11）。

（4）打开大纲视图 Window → Outliner，我们可以查看选择集的控件，单击选择集名称，按 Delete 键可直接删除（图 3–12）。若要删除此工具命令，在工具架上右键点击工具图标，选择 Delete（删除）命令即可删除。

（5）如果角色装配控件较多，我们可以继续分组来创建选择集，工具架上的图标可以鼠标中键拖动来调整前后位置。注意选择时一定要仔细，避免不必要的麻烦（图 3–13）。

技巧：Quick Select Sets 的另外一个好处是动画师常常使用 anim 格式文件来复制动画，应用到其他角色上去。他们包含在 anim 格式文件中，导入动画数据时可以方便地一起导入新文件当中，而不用重新设置选择集。

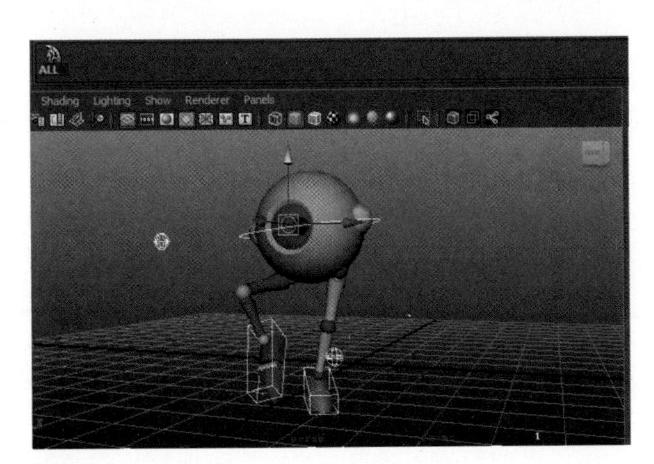

图 3–8

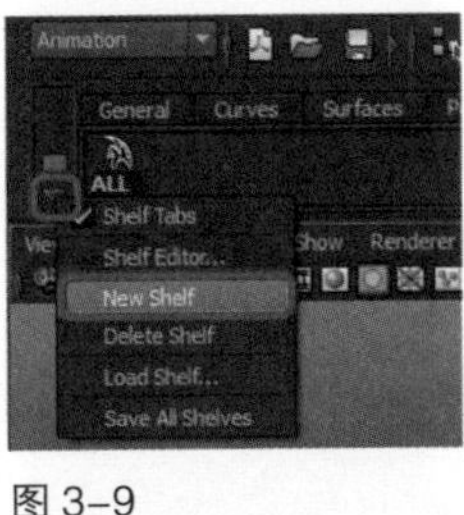

图 3–9

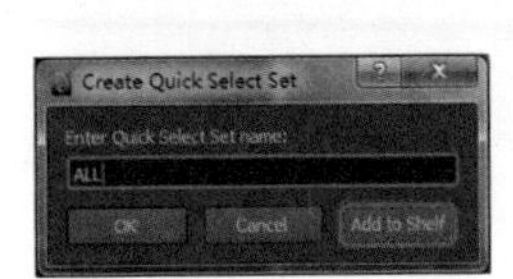

图 3–11

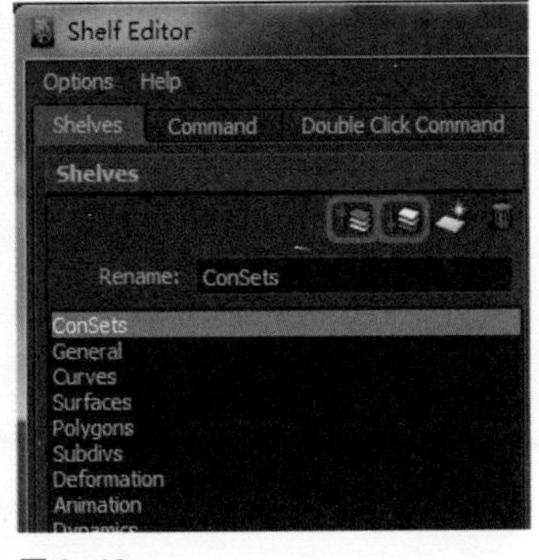

图 3–10

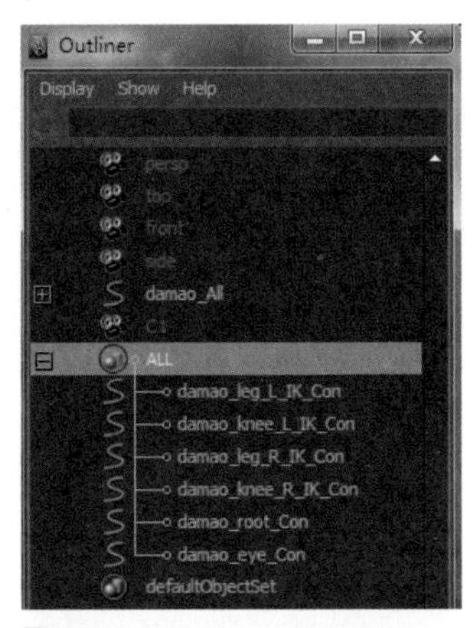


图 3-12

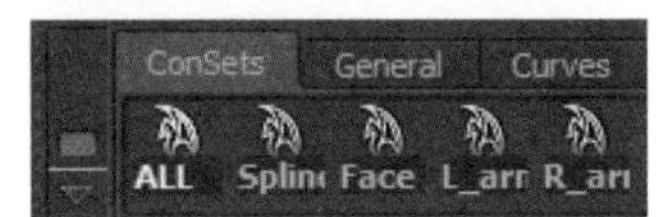


图 3-13

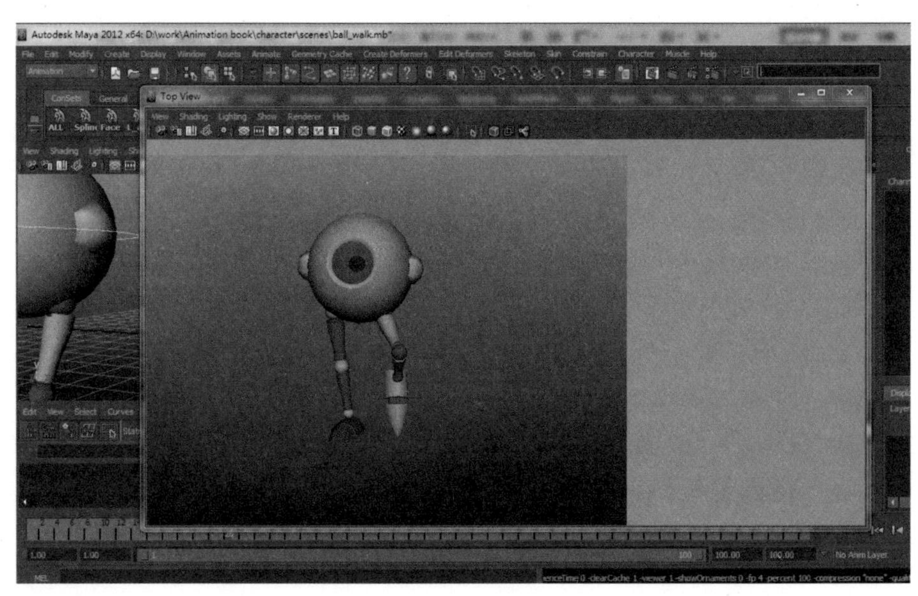


图 3-14

3.1.2.4 **动画预览（拍屏）**

在完成一段动作之后，想要观察最终输出的运动效果，光靠时间滑块上的动画播放是不够的，因为在 Maya 视窗中的播放依靠的是显卡的实时渲染能力，并不是每个人都具有专业级显卡的条件，会出现或快或慢的误差，尤其是场景中资源较大时，会出现跳帧状况。

拍屏会导出拍摄的每一帧截图，建立一个视频文件，然后发送至视频播放器。这样就可以实际的动画速度。它是镜头动画修改、确立最终动画效果必需的步骤（图 3-14）。

打开拍屏有两种方法：一是选择 Window → Playblast（快速演示），二是在时间滑块上右键点击选择 Playblast。我们通常使用第二种方法，更直观一些（图 3-15）。

打开 Playblast（快速演示）的选项设置，我们看一下参数设置（图 3-16）。

Show Ornaments（显示饰物）：一般会取消勾选 Show Ornaments 复选框，只保持分辨率指示框之内的内容，否则会连同分辨率指示框之外的一同拍摄下来。

Quality（质量）：滑动 Quality 右侧滑块可以设置画面质量，初始，我们可以采用低质量检测动作，在确定最终版本时再选择高质量拍屏，但文件会变得很大，不过在镜头连接时可以用后期软件进行压缩。

Display Size（显示尺寸）：输出视频的尺寸，有 3 种方式，即 From Window（当前视窗尺寸），From Render Setting（渲染设置尺寸）以及 Custom（自定义尺寸）。若已经做好摄像机动画，通常设置为 From Render Setting，使用实际渲染尺寸。

Scale（缩放）：是否缩放拍屏尺寸。

Save to File（保存文件）：勾选 Save to File 可自动保存至项目文件目录中，在下面 Movie File 中输入保存文件名称。

如果只对特定的范围拍屏，在时间滑块上按住 Shift 拖拽以红色高亮显示区域，右击选择 Playblast 即可对此区域拍屏导出（图 3-17）。

注意：

拍屏时，将视窗最大化显示，动画预览采用显卡实时渲染的方式，因此，如果视窗小于 Playblast 设置中的 Display size（显示尺寸）的话，则拍屏画面不完整。

3.1.2.5 **Preferences 预设**

设置 Preferences（预设）是每个动画师工作之前应有的习惯，相当于工作开始之前的准备工

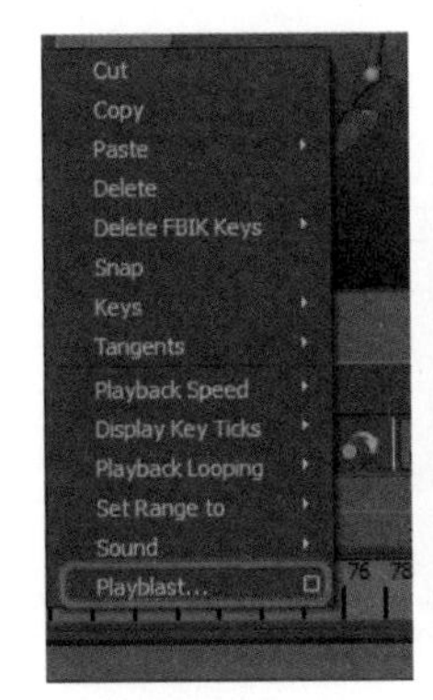

图 3-15

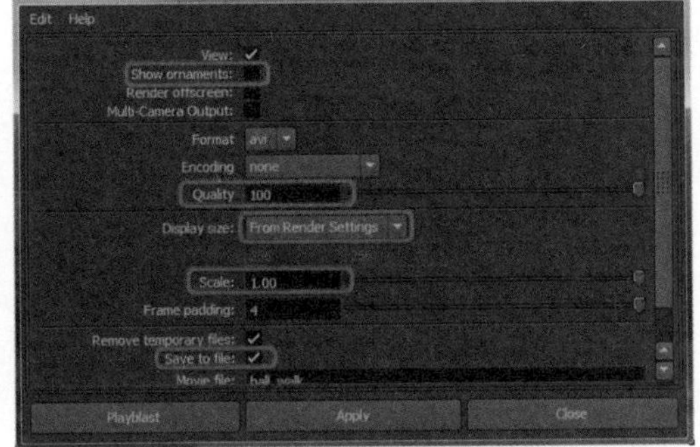

图 3-16

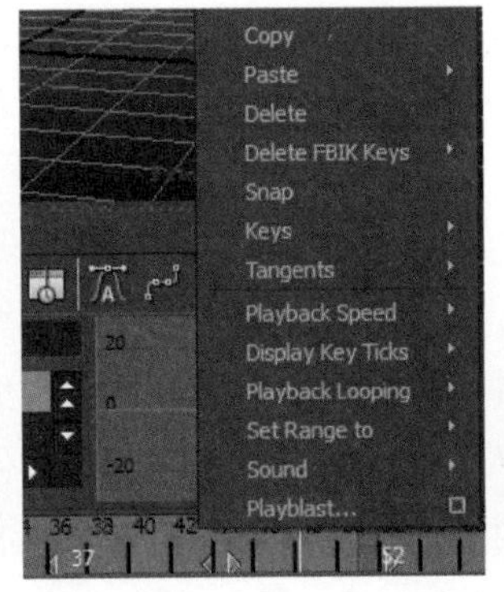

图 3-17

图 3-18

作，帧速率、操作手柄显示大小、时间滑块显示大小、关键帧显示大小等都在这里设置。

(1) 执行 Window → Setting → Preferences（预设）或者单击 Maya 界面右下角的红色小人方框打开，通常使用第二种方法（图 3-18）。

(2) 选择左侧 Settings 选项，在右边出现的 Time 下拉菜单中，选择我们要使用的时间制式。常用的有：电影制式（24 帧／秒），电视 PAL 制式（25 帧／秒）（中国大陆常用），电视 NTSC 制式（帧／秒）（欧美以及日韩等国家常用）（图 3-19）。

(3) 选择左侧 Time Slider 选项，单击 Playback Speed 下拉菜单，选择 Real-time [25fps]（真实时间制式），每次在时间滑块上点击播放时便会按照这个帧速率播放。当然，这里的帧速率是根据我们上面选择的时间制式决定的（图 3-20）。

(4) 修改动作时，需要反复地播放动画，默认的显示播放视窗为当前激活视窗，为了避免反复激活视窗的麻烦，可以勾选 Update view 中的 All，这样，每次播放时所有视窗都能看到动画了。

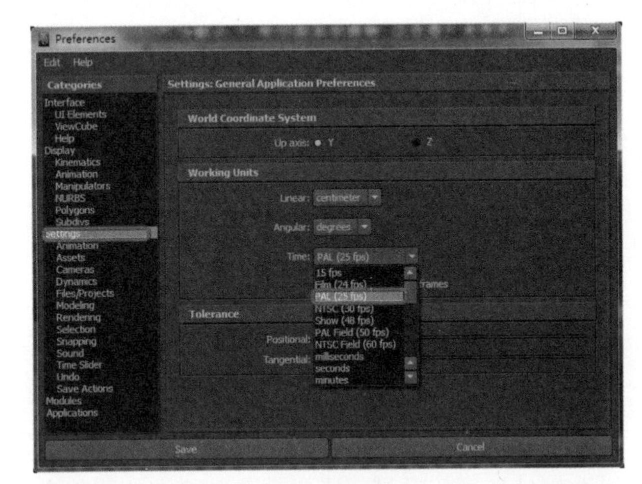

图 3-19

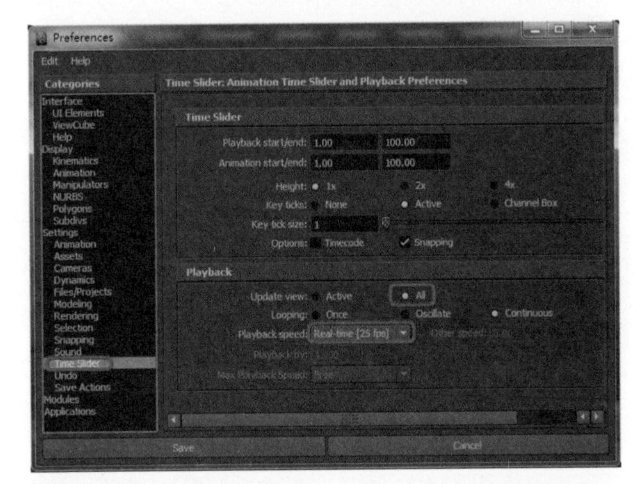

图 3-20

### 3.1.3　两足角色动作设计要点

两足角色动作一直是一个不断协调与运动的过程，因为角色的每个部分都是相互影响的，而且就算是站着不动也并不是完全静止的，因为时刻为下一个动作预备着，否则会显得呆板，没有生命感。

关键姿势永远都是角色动作设计的首要任务，相当于原画设计，有最直接地描述动作的意义。在整个制作动画的过程中，要不断地回头调整以前的动作，幸运的是在 Maya 中随意修改并不麻烦。如何摆好关键姿势，除了学习运动规律基础知识以外，还要经常观摩节奏感觉好的动画视频，把你觉得动作优秀的段子截取出来，学习研究。总之量变引起质变，大量的积累会创作出更多有趣的动作。

动画具有了大体躯壳，那么中间帧就是丰富角色动画的血肉。能不能使观者心中产生共鸣，全靠中间帧姿势的设定。此时，我们需要细心地为每一个部件调整姿势，并且确定每个部件极限值放在第几帧位置最舒服。通过增加微小的动作来增添动画的细致度，通过添加预备动作、夸张动作挤压与拉伸来获得肢体语言的变现方式。最后对动作作慢入慢出的调整，放慢动作的起始状态，加快中间动作的速度，突然开始与停止会带来突兀的感觉。

## 3.2 两足角色走路动作设计与制作

走路有四个核心姿势：触地、落脚、过渡和蹬地。掌握好这四个姿势，通过变更这四个核心姿势可以表现不同性格及性别的角色。正常走路动画中，核心姿势的各部位具有正常的位移位置以及旋转角度，通过夸张或者改变姿势，可以获得不同趣味的动画感觉（图 3–21）。

调动画一般分为三大步骤：

第一，用几个关键动作描述动画的剧情。用几个姿势表达控件的运动，尽可能感觉到动作的来龙去脉。在这一步，一定要在关键动作上为所有控制器设置关键帧，一是容易整体调整关键动作的时间，二是防止漏掉某个部件关键点而产生前后关键动作错误的过渡。在设置动作的过程中，可以使用线性动画曲线的方式，这样，在两个动作之间添加关键帧时，可以参考中间位置快速的摆出动作。

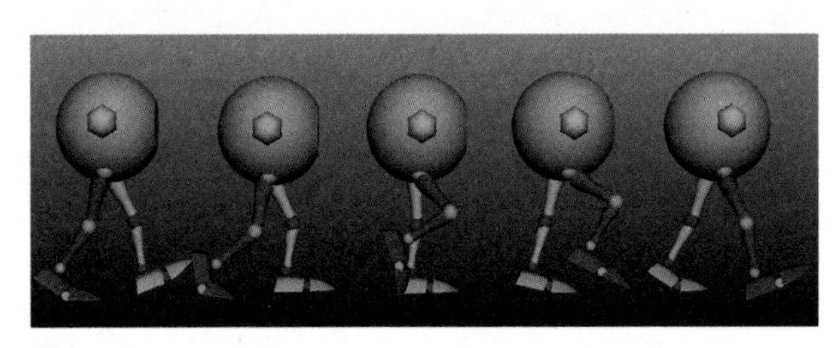

图 3–21

第二，确定动画基本节奏。更改为阶梯式动画曲线调整关键动作的时间。这有点像传统手绘动画的动检这一步，经过反复的播放修改，将关键动作的基本节奏确定下来。这一步是不可逆的，因为如果我们对动作进行了细调，增加了很多的过渡帧，再想回头调整大节奏是很难的。

第三，细化动作，添加细小的动作，调整每个部件的运动节奏，完成流畅的曲线运动，发挥你的想象吧。将所有控制器改为 Auto（自动式）曲线，Maya 2012 版本增加的 Auto（自动式）曲线融合了样条线式与平坦式曲线的优点，在极限点时为平坦切线，而在非极限点时为平滑过渡，给我们带来了很大的方便。此时，大量的工作进入到曲线编辑器中完成，不断地播放，找到相应的部件进行挫帧，编辑关键点手柄，添加关键点，向前或者向后拉动关键点等制作出细润的节奏。我们不需要每次都用 S 键来设置关键帧，可以打开自动关键帧记录单个属性的关键点。最后修正腿部抖动、滑步等小问题。

动作设计优先完成重心以及落脚的位移动画，再完成其他部位的动画。初始使用阶梯式动画曲线来直观地摆出关键姿势，第二步改成线性的动画曲线来添加中间过渡姿势，经过这一步的操作，动画的感觉已大部分体现出来了，动作已经定型。这是最为重要的一步，因此，这部分没完成好的话最好不要进行下一步，否则很难再回头调整姿态。最后使用样条线类型的动画曲线以及挫帧处理加以润色，使其动作更加流畅。

接下来，我们便制作一个完整的行走循环来理解行走的运动规律以及如何调整多个复杂的控制器。

### 3.2.1 不带任何情绪的走路动作的制作

面对突然多出的一堆控制器，再加上复杂的动作，经过一阵手忙脚乱的动作设置，却得不到流畅的动画感觉，往往会有一种挫败感。没关系，接下来我们循序渐进地理解如何处理愈加复杂的动作。为了更容易学会走路动画，我们将两足角色行走分解为下肢运动和上肢运动，再把下肢运动分解为腰部与双脚的运动，把它分成几步，以化整为零的方法来解决它。

3.2.1.1 关键姿势

工作开始的第一个步骤是找出关键姿势。我们摆出关键姿势创建动画的基本节奏，就像是连环画那样，用简单关键的动态描述这段故事。首先，将一段动画构思成两三个姿势传达动画的内容，之后在动作之间添加细分动作。这是关键帧动画的基本法则。

(1) 打开 Ball_walk 角色，将时间轴跨度改为 25 帧，即一个走路循环长度定为 25 帧。这也是每次工作开始之前第一个要确定的设置。

(2) 在 Preferences（动画预设）中，选择 Setting 下 Animation，将 Default Out Tangent（默认曲线类型）更改为 Auto，这样，在设置关键帧以及自动关键帧时，会自动适配当前曲线类型。打开 Auto Key（自动关键帧）（图 3–22）。

(3) 在摆出关键姿势阶段，我们暂时不需要设置动画曲线，所以，点击灰色虚线区域将曲线编辑视窗向下拖拽隐藏，使用时再向上拉出来即可（图 3–23）。

(4) 首先设置初始姿势，左脚向前迈出，脚掌向上，并向外略微分开，这里，脚尖稍向上翘起，会使得动作富有弹性。选择左脚控制器，Translate X 属性设定为 –0.1，Translate Z 属性设定为 2，Rotate X 属性设定为 –20，Rotate Y 属性设定为 10，Toe Bend 属性设定为 –15，不要忘记调整腿部极向量控制器防止膝盖翻转（图 3–24）。

*技巧：初始设定控制器的属性为整数，方便记录准确的数据，避免循环走路时产生不必要的拉伸错误。*

(5) 胯部移至两脚中央，由于双脚前后分开，向侧面略微扭动，调整上下位置使双腿接近伸直状态。选择腰部控制器，Translate Y 属性设定为 0.17，Translate Z 属性设定为 1，Rotate Y 属性设定为 –10，更改眼球控制器 Glo 的属性为 1，保持眼睛看向前方（图 3–25）。

(6) 右脚踮起，Roll 属性为 –2.5，并且向外微分，选择所有控制器设置一个关键帧。触地姿势设置完毕（图 3–26）。

*技巧：按住 W 键，并按住鼠标左键弹出快捷菜单，可以快速地切换移动工具坐标方式，由于通道盒中的位移属性与 World 坐标方式是相同的，因此选择 World 更方便调节动画数据。同样地，按住 E 键*

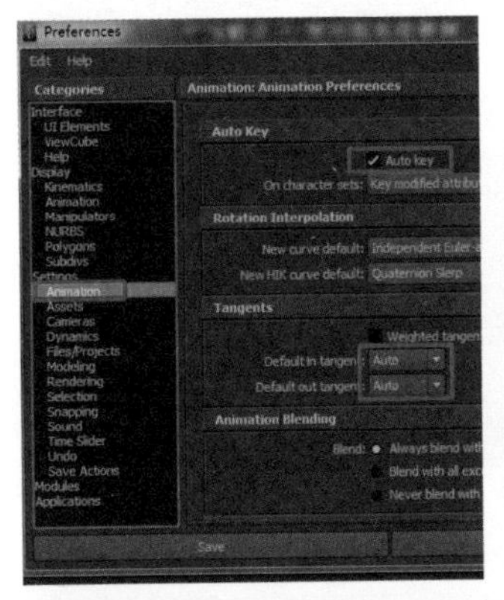


图 3–22

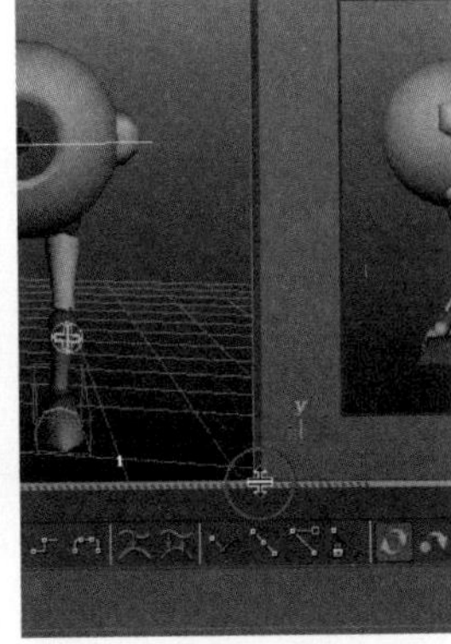

图 3–23

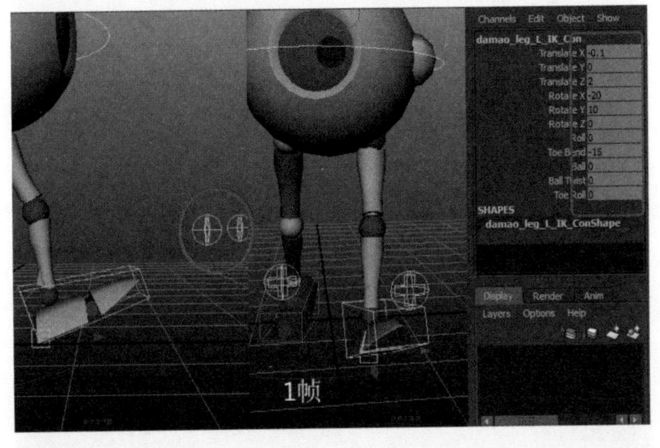


图 3–24

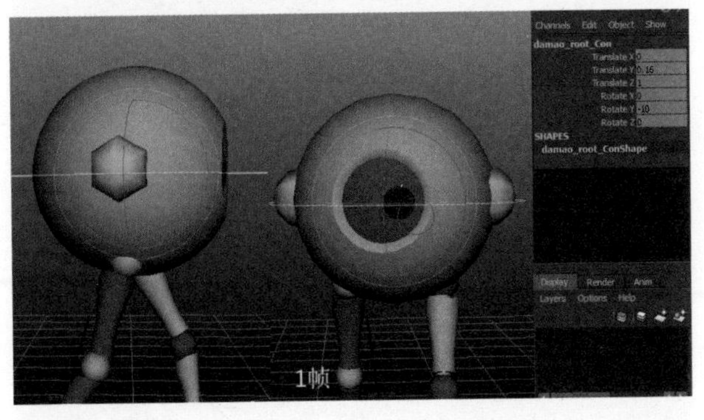


图 3–25

与鼠标左键可以快速切换旋转工具坐标方式，Gimbal坐标即是物体旋转属性，但是因为Gimbal方式有旋转层级的制约，所以我们通常选用Local，可进行更直观的操作（图3–27）。

（7）在寻找关键姿势时，首先摆出极限姿势，然后再于极限姿势中间添加关键姿势，这样更容易把握整体的运动规律。时间线拖至第13帧，右脚向前迈出，Translate Z属性设定为4。脚掌向上，Rotate X属性设置为−20，Roll属性归零。脚尖略微抬起，Toe Bend属性设定为−15，其姿势与第1帧左右相反。另外，不要忘记将膝盖的两个方向约束向前拉（图3–28）。

（8）左脚与第1帧右脚姿势相同，Rotate X归零，Toe Bend属性归零，Roll属性设置为−2.5（图3–29）。

（9）胯部向前移至两腿中间，Translate Z属性设定为3，并且向左旋转胯部，Rotate Y属性设定为10，选择所有控制器，设置关键帧（图3–30）。

（10）前进至第25帧，其姿势与第1帧相同，只是位置不同，左脚向前迈一步，调整脚部控制器与第1帧相同，并且调整胯部控制器至合适位置，然后选择所有控制器设置一个关键帧。

（11）时间线拖至第7帧，此时，重心落在左脚上。胯部继续向前移动，并且胯部略微向下旋转，我还将胯部向外拉动了一点，使身体产生一点晃动，然后调整胯部上下位置来保持腿部的伸直状态。胯部的旋转与移动可以使得动作更有活力（图3–31）。

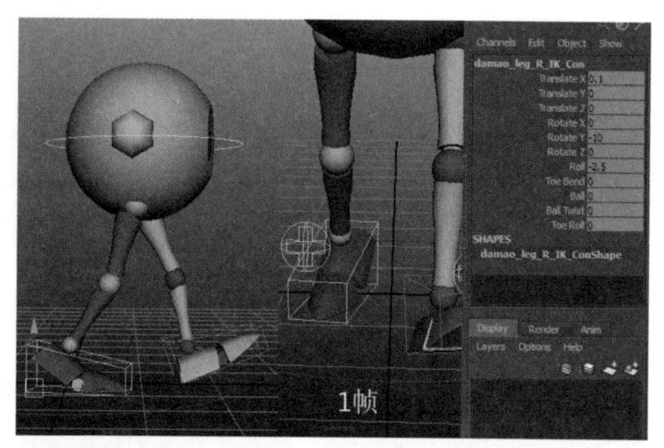


图3–26

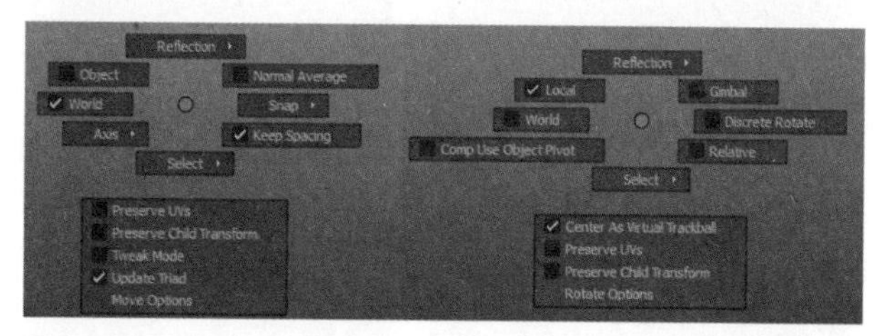


图3–27

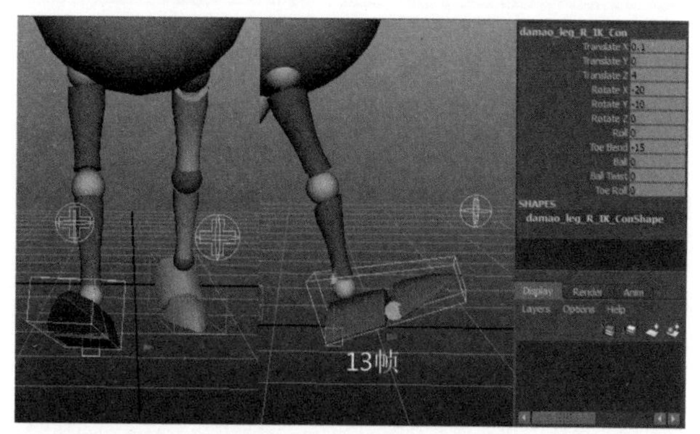


图3–28

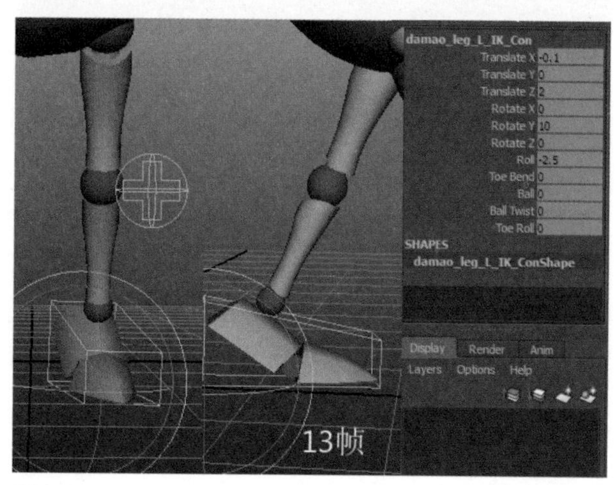


图3–29

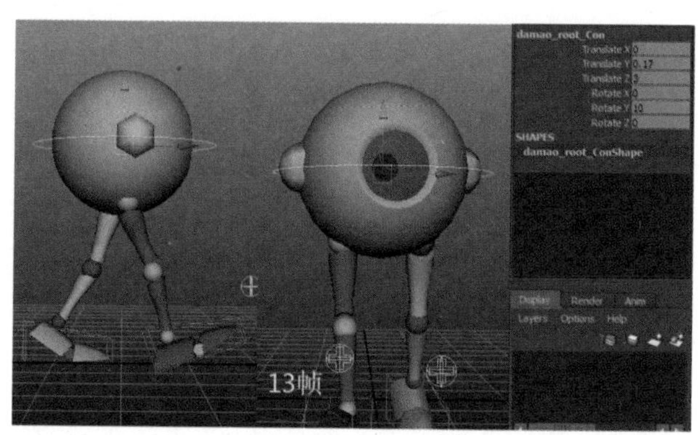


图3–30

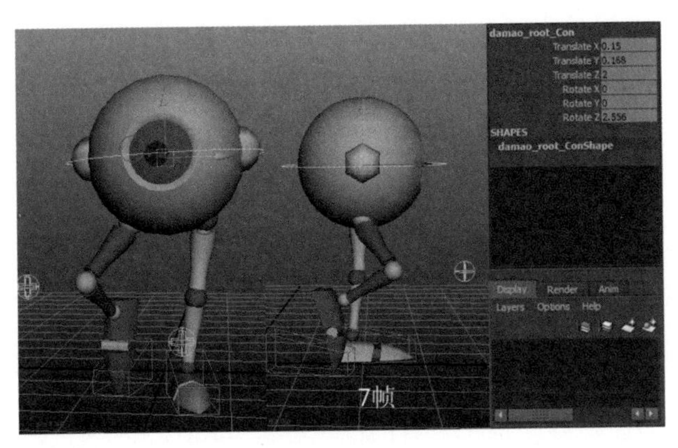

图 3-31

（12）右脚脚跟在过渡姿势中抬起来，因此应向前、向上移动，设置 Toe Roll 属性旋转脚踝至图 3-32 所示角度。脚尖向下旋转一个角度，增加脚尖的缓冲，Toe Bend 属性设置为 15，脚部更有活力。参数如图 3-32 所示。

左脚脚掌踩地，脚踝旋转归零。调整完成后，选择所有控制器设置关键帧。参数如图 3-33 所示。

（13）前进至第 19 帧，其姿势与第 7 帧左右脚相反，参考第 7 帧调整脚部以及腰部控制器属性。

*技巧：在操作中，如果控制器位置或旋转属性较乱，可以在通道盒中先将属性归零，再重新操作。在时间线上用鼠标中键拖拽可以复制当前帧的属性，先选择控制器，在时间线上按住鼠标中键拖拽至目标帧上，设置一个关键帧，即可复制一个关键点。*

（14）时间线拖动至第 4 帧，由于是落脚姿势，身体处于最低点，右脚 Roll 属性旋转至最大，左脚则完全落地（图 3-33）。

（15）同时，此帧为胯部低点极限帧，调整胯部向前、向下移动的位置。胯部根据左腿踮起的姿势向左略微回转，Rotate Y 属性设置为 −5，此时，重心位于左腿上，右腿呈放松状态，我们将右胯下降，产生一个胯部缓冲，Rotate Z 设置为 5（图 3-34）。

（16）前进至第 16 帧，同样为落脚姿势，参考第 4 帧参数摆出左右相反的姿势。

（17）时间线拖动至第 10 帧，蹬地姿势，胯部向上到达最高点，并且由于右腿向前迈出，旋转方向逐渐返回。

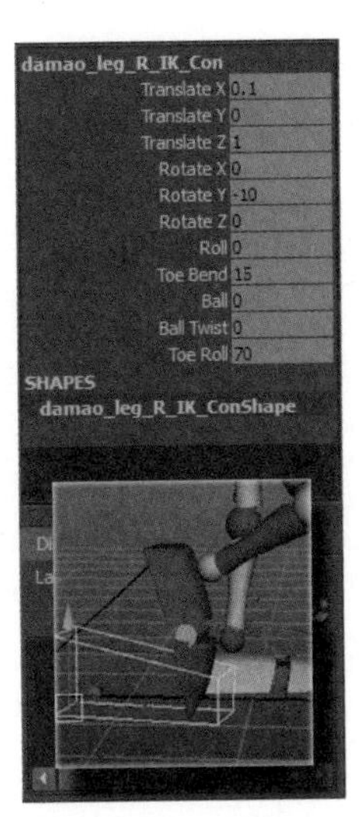

图 3-32

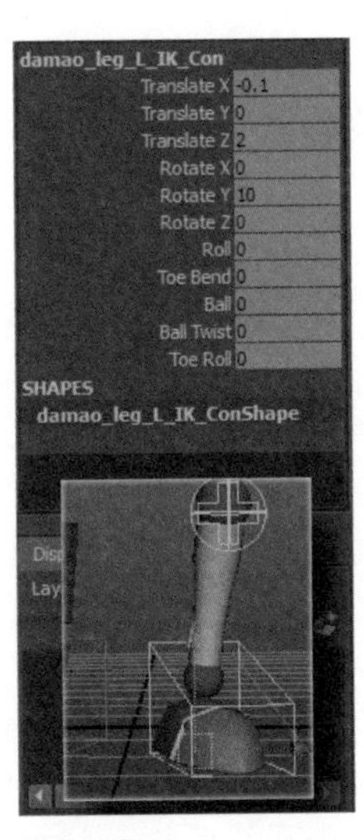

图 3-33

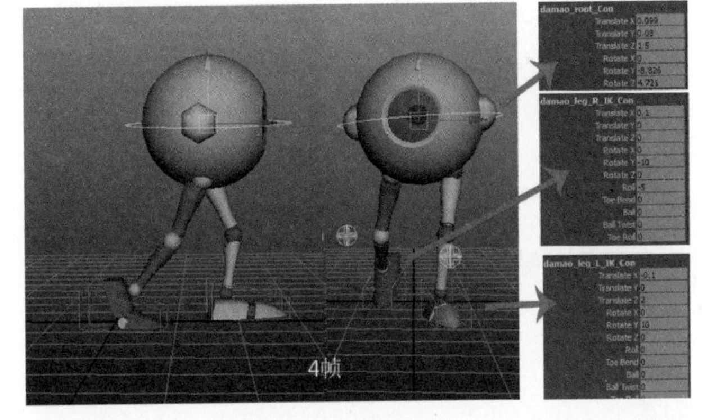

图 3-34

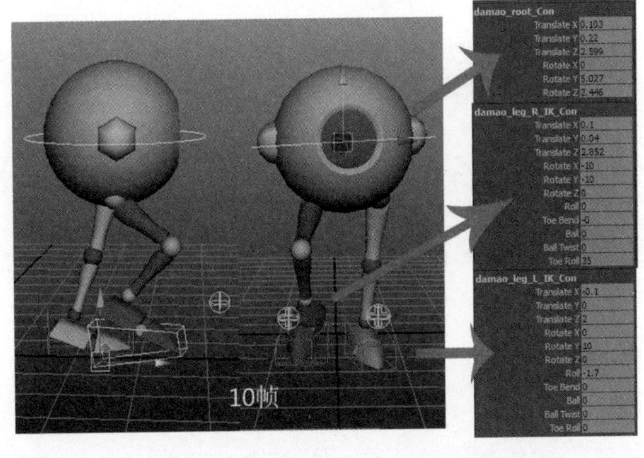

图 3-35

（18）此时，左腿蹬直，调整 Roll 属性，将脚跟继续向上拉。右脚向前向上提起，通过旋转 X 轴与 Toe Roll 的属性来抬起右脚，而不必向上拉动 Y 轴，因为抬脚的高度并不是很大（图 3-35）。

（19）前进至第 22 帧，左右对称的落脚姿势，参考第 4 帧参数摆出左右相反的姿势。

小结：

经过以上步骤的设置，关键姿势基本设置完毕。接下来，检查动作的节奏感。选择所有控制器，点击 Graph Editor 视窗上部面板中的 Step Tangents 按钮将动画曲线改成阶梯式（图 3–36）。反复播放动画，检查动作是否准确，使用“<”键与“>”键可以后退或者前进至下一关键帧查看。按住 Shift 键在时间线上选中关键帧移动帧位，确定基本动画节奏。使用阶梯式曲线的好处是能够让我们快速地把握住大致姿势与运动时间，根据不同动画的节奏将关键姿势调整到合适的帧位上。之前标准走路时间已经确立，这里不需要再作调整。

3.2.1.2 **动作细化**

可能大多数动画师的关键姿势大概相似，但是细分动作却有 n 种变化，每个动画师对同一个动作有不同的理解，最后带给大家的感觉也是大不相同的。下面我们开始调整每一个部件，一个一个地分析它们的节奏，在合适的位置添加新的关键点，删除多余的关键点，让它形成流线型的运动曲线。

在转变成样条曲线时，Maya 则会根据两个关键点的差值自动完成中间过渡。因此，为了防止遗漏某个关键点而产生错误的过渡动作，通常应该选择所有控制器为每个关键姿势设置一次关键帧。

（1）将阶梯曲线更改为样条式曲线。选择所有控制器，点击 Graph Editor 视窗上部面板中的 Auto Tangents 自动切线方式。自动切线是 Maya 后来加入的一种，是综合了其他切线模式优点的一种，处于极值关键点的切线是平坦的，即缓入缓出，极值之间的关键点则是顺应前后的，接近于我们最终想要的效果（图 3–37）。

（2）现在我们从关键部位开始细调，选择腰部控制器，首先来看向前位移的 Translate Z，在 Graph Editor 视窗左侧面板中选择 Translate Z，因为是匀速向前运动，并不需要先慢再快，将中间的过渡关键点全部删除，然后将曲线改为 Linear Tangents（图 3–38）。

（3）再查看腰部的上下运动，在 Graph Editor 视窗左侧面板中选择 Translate Y，在标准走路中，腰部的上下浮动还是比较均匀的，因此，调整第 1、7、13、19 帧关键点的切线手柄形成平滑过渡的曲线（图 3–39）。极限点缓入缓出的幅度可以大一点，动作会更柔软。

技巧：在调整关键点时，可以在选择关键点之后按住 shift 键拖动鼠标中键左右或者上下移动，可以自动锁定横向或者纵向，方便调节数值，这是很常用的快捷方式。注意打开 Time Snap（时间捕捉），因为我们不需要小数点的帧数。

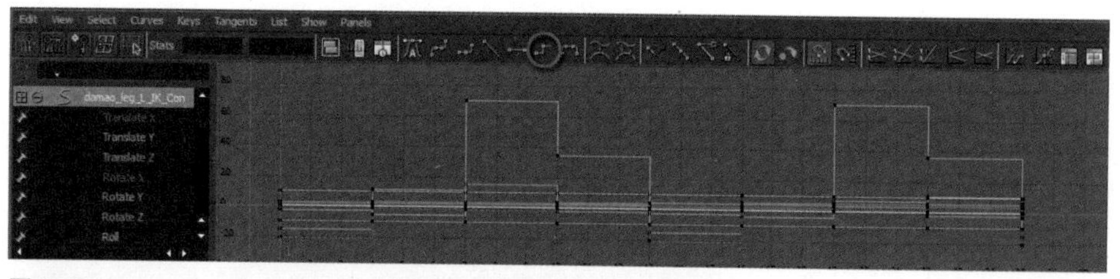

图 3–36

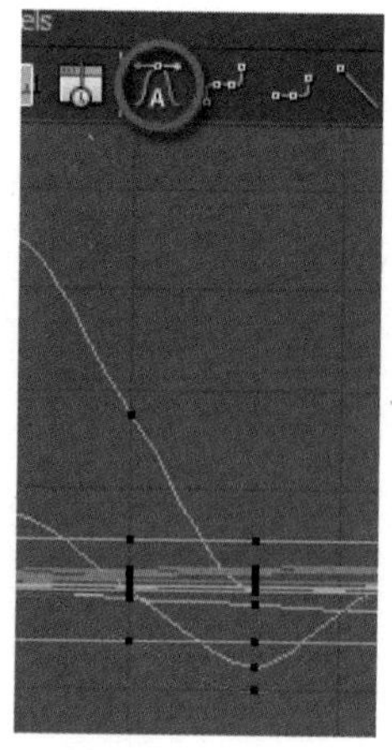

图 3–37

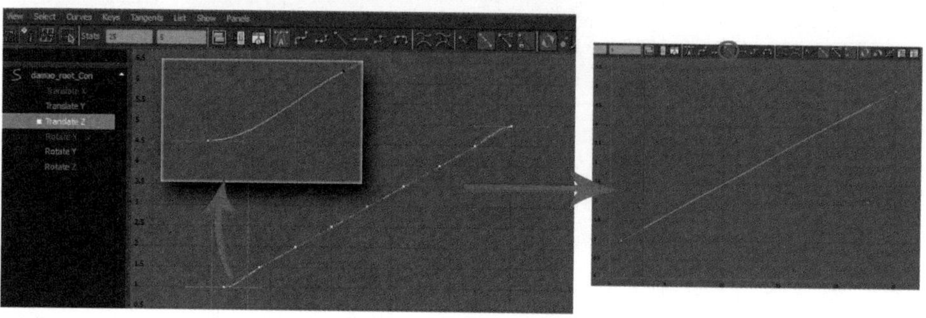

图 3–38

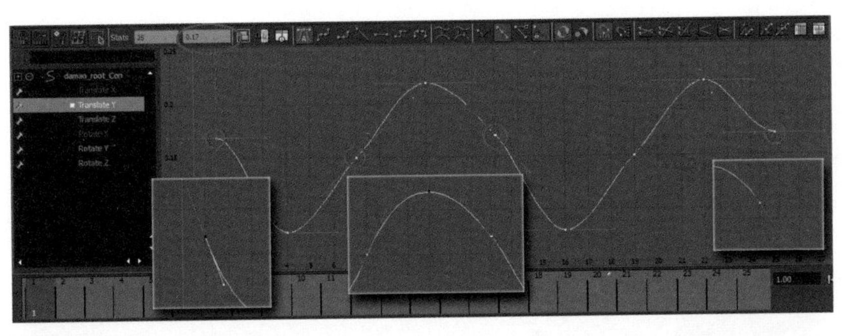

图 3-39

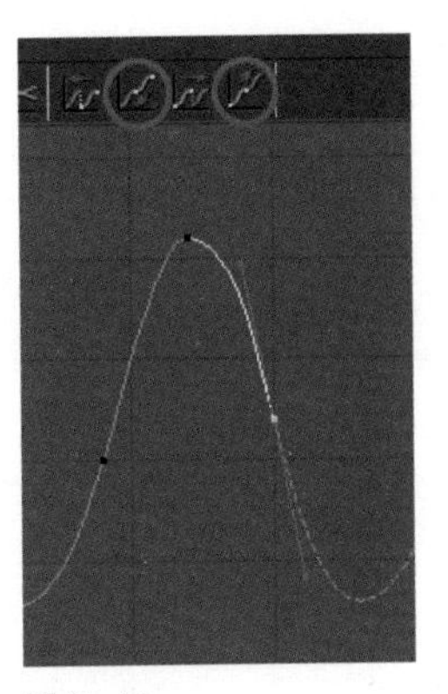

图 3-40

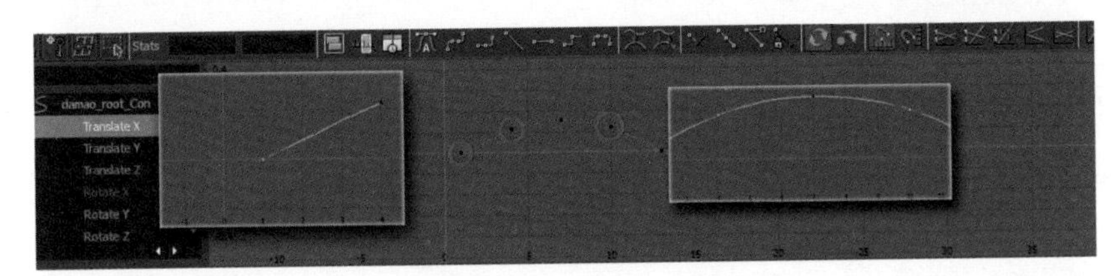

图 3-41

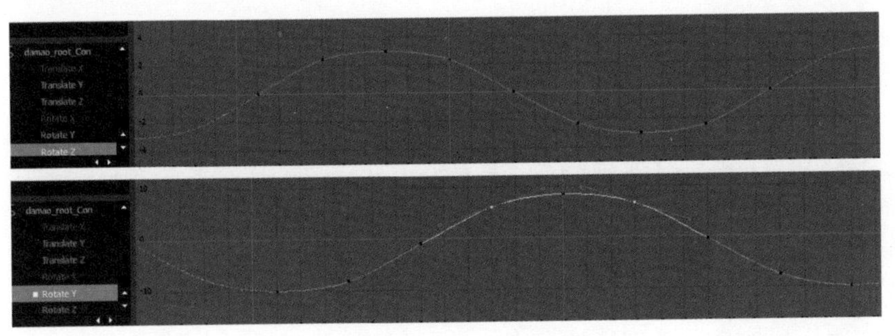

图 3-42

(4) 第 1 帧与第 25 帧虽然是起始帧，但是打开曲线循环后应该看到前后延伸的虚线。在 Graph Editor 视窗菜单中打开 View → Infinity，显示无限循环的虚线，并且打开 Pre-infinity Cycle with Offset 和 Post-infinity Cycle with Offset 前后保持偏移无限循环。起始关键点并不是极限值，所以，应作为过渡帧，调整为平滑过渡（图 3-40）。

(5) 走路时，为了保持身体平衡，避免不了左右晃动，接着再调整走路时的左右摇摆。选择左侧面板的 Translate X，与上下移动的曲线类似，起始帧的关键点根据前后帧调整为平滑过渡。在左右极限位置，将第 4 帧与第 10 帧的关键点更接近于第 7 帧的值，让腰部在极限位置停留更久一点，而中间过渡加快，动作更有力度感（图 3-41）。

(6) 同样，胯部的 Y 轴旋转与 Z 轴旋转手动调整曲线如图 3-42 所示。在极限位置，动作变缓慢，而中间过渡加快。

技巧：在调整过程中，我们必须反复地播放，查看动画的节奏，一帧一帧地拖动观察也是常用的手段。数值并不是固定的，你可以尝试增大数值，夸张动作幅度，并尝试更改中间帧得到不同感觉的动画节奏。

(7) 在时间上回到第 1 帧，反复拖动播放，查看第 1 至第 7 帧，我们发现左脚的脚掌落地是第 1 帧至第 4 帧，动作稍显柔软，重量感不足。选择脚部控制器，在曲线编辑视窗中选择第 4 帧所有关键点移至第 3 帧（图 3-43）。

我们可以将脚尖弯度再转大一点，Toe Bend 属性设为 −30 左右，但是因为脚尖弯曲惯性缓冲，第 2 帧的弯度要略大于第 1 帧，选择 Toe Bend 属性，同时将第 1 帧与第 25 帧关键点向后移动 1 帧，并且将第 4 帧的关键点向前移至第 3 帧，让脚掌

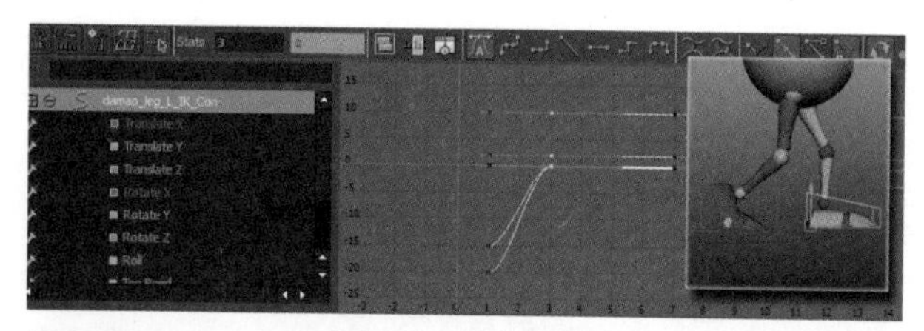

图 3-43

与脚尖同时落地，落地干脆利落。注意第 1 帧与第 25 帧的属性值相同，应同时选择第 1 帧与第 25 帧关键点后移 1 帧（图 3-44）。同样，在第 13 帧位置对右脚同理设置。

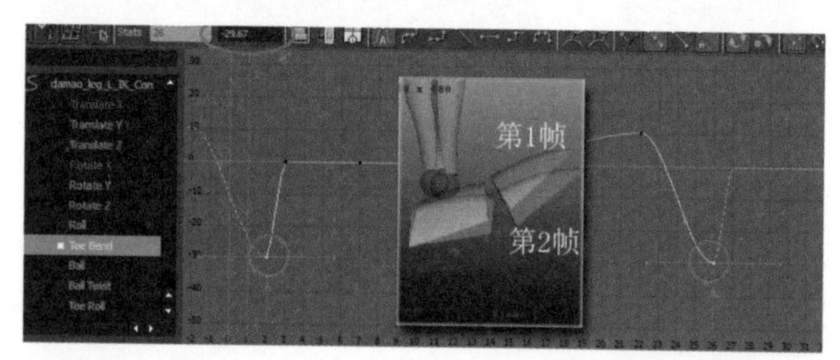


图 3-44

（8）我们再观察右脚的蹬地至迈步的动作，从第 1 帧至第 4 帧，身体处于下落姿势，必须保持右腿膝盖是越来越弯曲的，否则就会出现膝盖抖动的现象。在第 4 帧，将 Toe Roll 的属性稍微增加一点旋转，并调整曲线如图 3-45 所示。

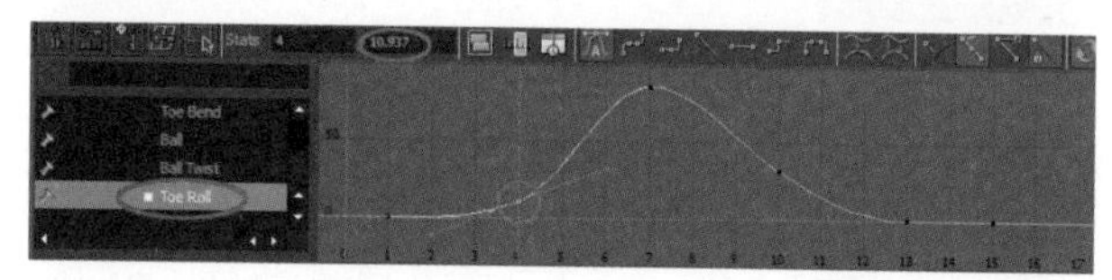

图 3-45

（9）右脚向前移动的速度设置为缓入缓出，将 Translate Z 的曲线修改如图 3-46 所示。同时，我们将脚踝弯曲得更大一些，并且使脚尖向后弯曲至极限，调整 Toe Bend 与 Toe Roll 属性如图 3-46 所示。

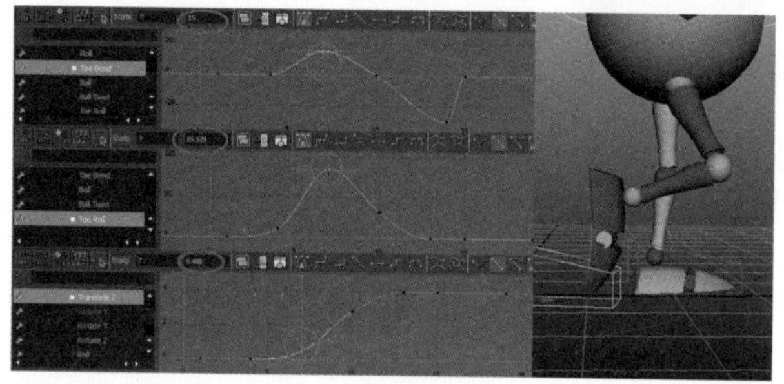

图 3-46

技巧：脚踝的前后弯曲是由 Rotate X 属性和 Toe Roll 属性共同协调完成的，而且抬脚的高度也是这两个属性同时增加产生的。因此，在迈步这个动作过程中，一定要协调好这两个属性。参考曲线如图 3-47 所示。

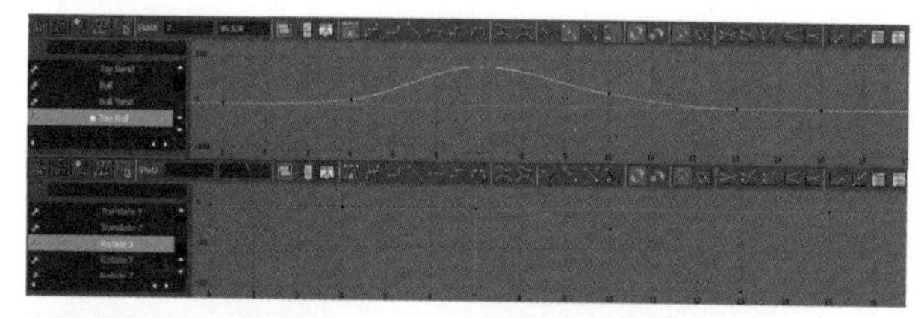

图 3-47

（10）最后，调整膝盖的抖动。膝盖抖动是使用 IK 的副作用，IK 是根据脚部与胯部之间的距离计算膝盖位置的，如果其中某一帧腿是完全笔直的，除非这个距离变化是完全均匀的，否则膝盖就会发生抖动。膝盖抖动往往出现在蹬地姿势前后几帧上，我们通过调整脚部控制器 Roll 的属性，一帧一帧地来调节膝盖的位置，当然，Roll 的动画曲线可能会变得难看，但是在播放时看不出任何问题（图 3-48）。

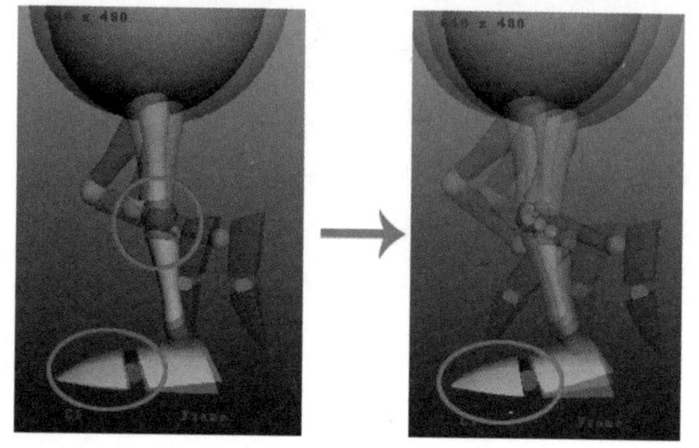

图 3-48

（11）我们以左脚为例，在第 7、第 8 帧时，因为身体上升，Roll 属性的旋转属性不够，所以整个脚部向上拉伸（图 3-49）。

（12）选择 Roll 属性，在曲线视窗中选择曲线，在第 8 帧右键点击选择 Insert Key，在当前帧插入一个关键点，调整曲线，让膝盖产生平滑过渡（图 3-50）。

（13）再前进至第 16 帧左右，也有一个抖动问题。我们发现左腿已经拉直了，但是调整 Roll 至极限也不能获得好的膝盖平滑过渡，因此，还需要调整 Toe Roll 属性让膝盖弯曲。

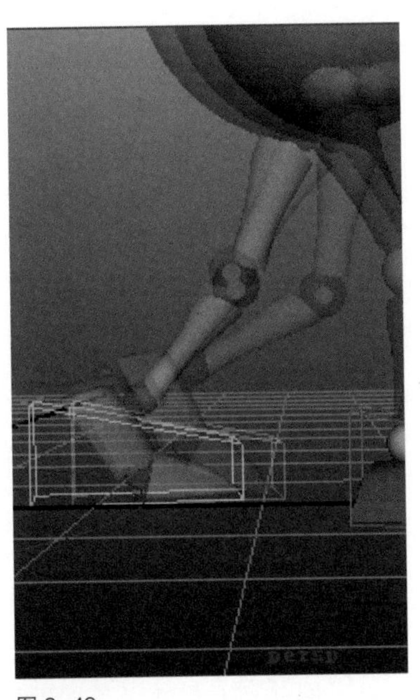

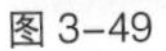

图 3-49

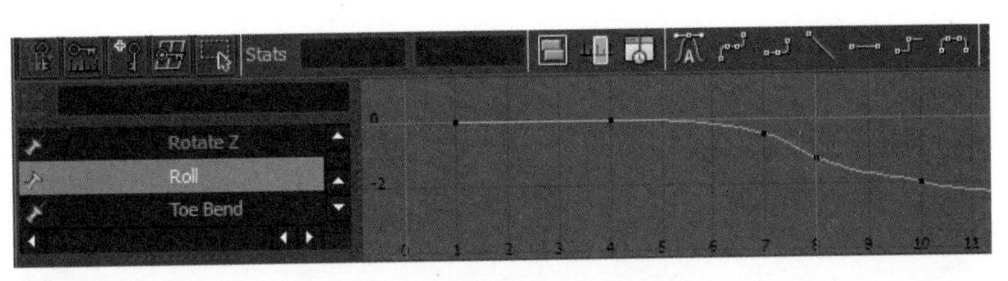


图 3-50

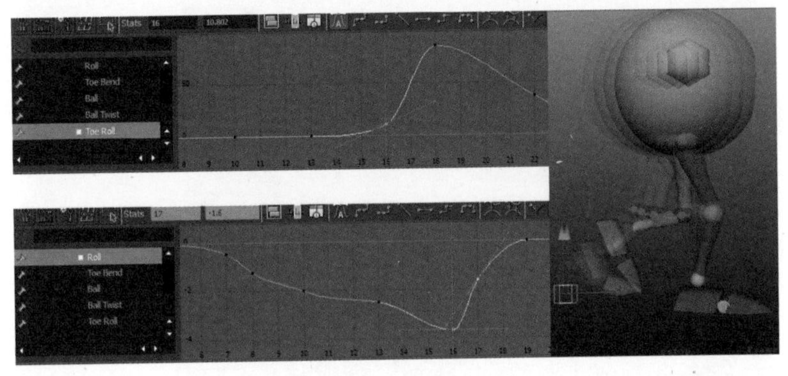


图 3-51

(14) 选择 Toe Roll 属性，在第 16 帧稍微增加一点角度，然后选择 Roll 属性，根据膝盖前后弯曲角度适当调整（图 3-51）。

(15) 最后，设置动画循环，将时间滑块增大至 200 帧，执行 Curves → Post Infinity → Cycle with Offset，再执行 Curves → Pre Infinity → Cycle with Offset，角色按照曲线偏移自动循环。但是要注意首尾关键帧的相接，若是在后面的行走循环中发生偏移，则应该调整首尾关键帧。

小结：

细分动作才是动画真正的灵魂，它描述了动作发生的过程，从一个关键动作如何到达另一个关键动作，对于它的快慢节奏，每个动画师都有不同的理解。同样都是行走动画，不同的中间动作会产生多样的生命感。中间动画很奇妙，稍微增加一些不同，就会使整个角色的感觉发生变化。因此，对于动作节奏的把握是一条很漫长的路，反复地尝试不同的中间动作，放置于不同的时间上，或许会得到不同凡响的效果。

### 3.2.2　兴奋地走

标准走路动作让我们很好的了解了完成两足行走的整个流程，这一节，要更深入地学习改变节奏，创作另外的走路方式。每个人的走路节奏与感觉都不相同，如何把握这些节奏，在何时做什么动作，运动的轨迹是怎样的，接下来将通过制作兴奋的走路来学习细分动画的节奏。

走路永远都是脚部与腰部协调的过程，当你看到一个模糊的走路的背影，你就能辨认出他是谁，一个小小的走路就能透露出他的状态，例如年龄、身体健康状态、喜怒悲欢、精神状态等，无非就是腰部的扭动以及脚部运动的节奏决定了某个人的特点，所有人的走路都是唯一的。简单地分析一下，腰部上下移动的幅度能够表现动作的重量感，如果走路时身体几乎没有上下移动，我们会觉得轻飘飘的，如性格内向的女生，闷闷不乐的、没有活力的走路就是这样的。相反，上下移动幅度大显得有重量感，有力度，有活力。腰部的左右扭动往往能够体现角色的情绪姿态，如性感女性的走路，臀部的左右扭动较大，站不稳的婴儿、喝醉酒的人也是如此。反之，则是重心平稳的姿态。脚抬得高显示出心气高昂，反之则心态平缓或者低落。迈步速度的变化也体现了心态的变化，起落快，过渡慢，显得干脆利落，信心满满。起落慢，过渡快，则好像是蹑手蹑脚地感觉。因此，每个部件的微小变化都可能带来不同的情绪变化，大胆地尝试，改变部件运动的时间以及幅度，得到不同感觉的走路动画。

关键姿势：

（1）首先还是做出关键姿势。我把走路过程中上下移动的最高点和最低点作了调整，将最高点放在了接触姿势，最低点放在了中间的过渡姿势，并且上下运动幅度比较大（图 3–52）。

（2）第 1 帧，接触姿势，在接触位置上，将腰部向后腿方转动较大幅度，做一个快乐的扭臀动作，扭臀的同时后脚跟向内侧做一个俏皮的转动，选择所有控制器设置关键帧（图 3–53）。

（3）第 4 帧，落地姿势，腰部略微向前向下移动，同时，重心向中间偏移，此时，是腰部向上转动的极限点，后脚跟抬起来，选择所有控制器设置关键帧（图 3–54）。

（4）第 7 帧，过渡姿势，腰部下移至最低点，重心向踩地脚方向移动，腰部开始向下转动，左脚略向外伸一点，选择所有控制器设置关键帧（图 3–55）。

（5）第 10 帧，蹬地姿势，身体继续向前移动，此时，腰部向下转至极限点，选择所有控制器设置关键帧（图 3–56）。

（6）下一个动作又是触地姿势，与第 1 帧左右相反，以此类推做出第二步的关键姿势（图 3–57）。

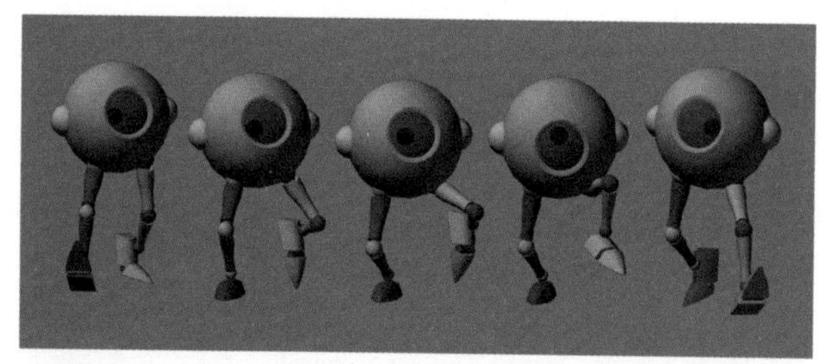

图 3–52

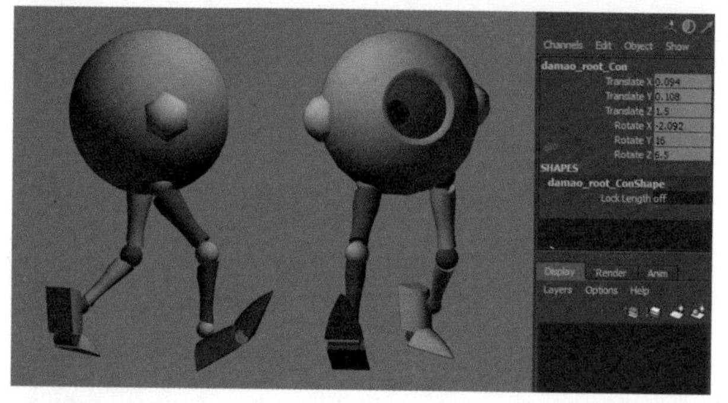

图 3–53

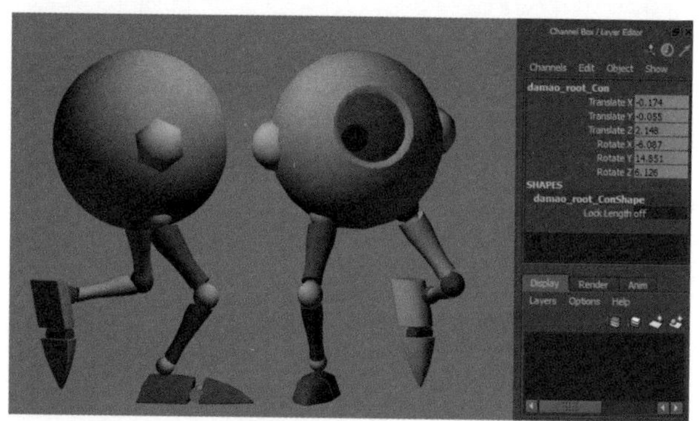

图 3–54

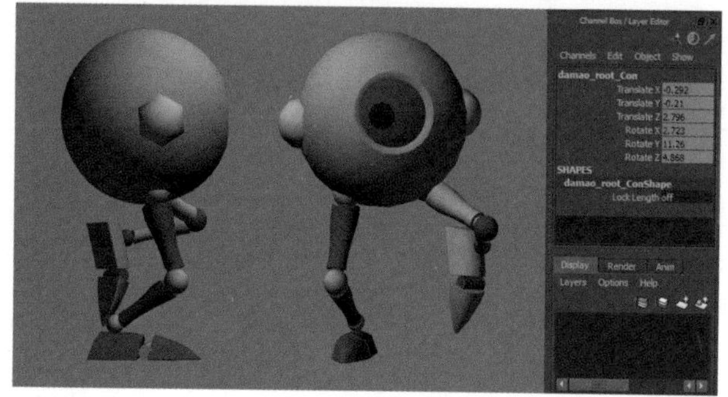

图 3–55

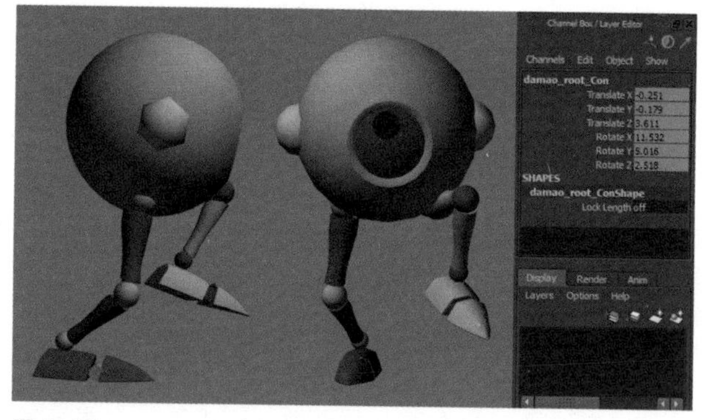

图 3–56

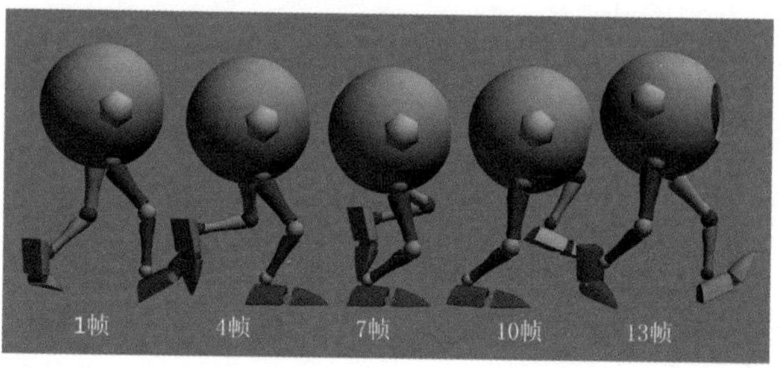


图 3–57

(7) 确定基本节奏，选择所有控制器，在曲线编辑器中更改为阶梯式切线，对关键动作进行动检。不同的年龄或者情绪有不同的节奏，如正常、自然的走路为 12 帧一步，悠闲的步伐为 16 帧一步，年长或者疲惫的步伐为 20 帧一步，很慢的步子为 24 帧一步，对于高兴的走路，我们采用 12 帧一步的轻快的节奏。

(8) 接下来，细化中间动作，将曲线改为 Auto（自动）切线，即曲线极限点手柄打平，中间过渡关键点手柄则平滑过渡。

(9) 首先看腰部控制器，第 1 帧至第 10 帧的动作为缓入缓出的平滑过渡，但在第 10 帧蹬地姿势过渡至触地姿势时，我设定了一个快速的扭臀动作，因此，第 10 帧至第 13 帧的运动是相对较快的，我们将腰部控制器此区间的数值变化拉大，就实现了蹬地扭臀的快速节奏。同理，第 22 帧至第 25 帧也如此操作。修改 Translate Y，Rotate X，Rotate Y，Rotate Z 的曲线形状如图 3–58 所示。

(10) 后脚离地的过程往往是由 Roll 与 Toe Roll 属性协调完成的，选择脚部控制器，在曲线编辑器中选择 Roll 与 Toe Roll 属性。离地的过程用了 3 帧完成，Toe Roll 逐渐增至极限值，而 Roll 逐渐减小为 0。在 Roll 属性第 2 帧位置添加一个关键点，让脚掌刚离地时保持较大的弯曲度。另外，后脚前移的动作提前了 2 帧，使脚步更轻盈，将 Translate Z 第 4 帧的关键点拉至第 2 帧。前脚的落地用了 2 帧，将脚掌落地的动作向前拉至第 3 帧，或者更干脆一些拉至第 2 帧也是可以的（图 3–59）（上面的曲线是 Toe Roll，下面是 Roll）。

(11) 增加由于惯性引起的脚尖滞留动作，让动作更有弹性与活力，选择 Toe Bend 属性，从第 3 帧开始向后弯曲，在第 5 帧到达极限点。落脚时，注意将第 13 帧极限点向后移至第 14 帧，使落脚更有重力感，第 15 帧设置为 0（图 3–60）。

(12) 最后检查是否有滑步和膝盖抖动现象。这组动作中，腰线大部分较低，并不容易出现抖动现象，如有抖动，调节脚部控制器 Roll 的属性即可。

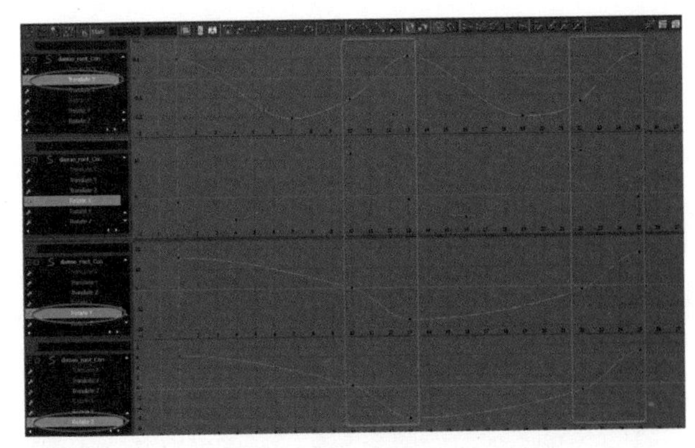

图 3–58

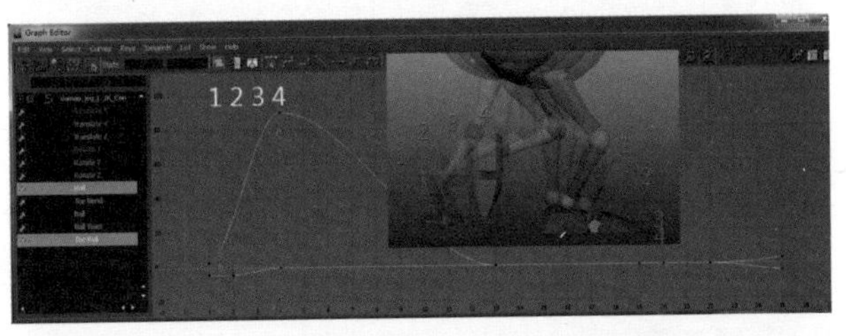


图 3–59

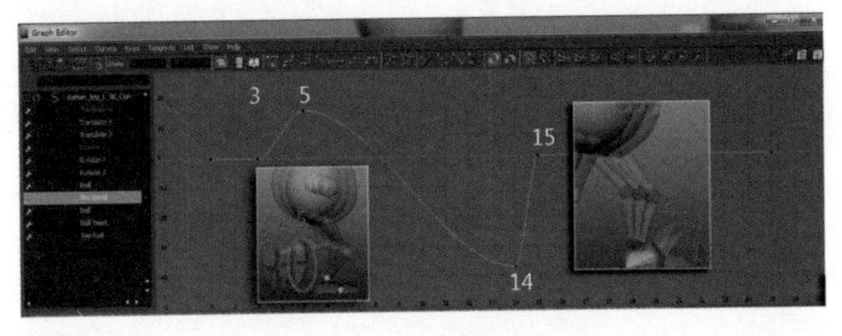


图 3–60

### 3.2.3　实时训练题

运用运动规律，想想婴儿走路重心不稳的关键动作是怎么样的，并思考过渡动作怎样才有生命感。

## 3.3　两足角色跑步动作设计与制作

经过走路动画的训练，是不是已经对关键帧有了比较深刻地理解了呢？是的，关键帧动画就是找准部件的位移变化，在位移的基础上再添加旋转变化。因此，确定整体的位移关系是最重要的。一般先确定腰部的运动轨迹，然后根据腰部的节奏确定脚部的运动轨迹，直至调整好其他部件的运动。

跑步与走路其实是相似的，走路的过程中，总是有一只脚是踩在地上的，只要没有双脚离地就跑不起来，速度再快也只能是疾走，这就是跑和走的本质区别。

如果在蹬地姿势之后，双脚离地了，下落时再由单脚触地，那么走路就演变成跑步了（图3–61）。

图 3–61

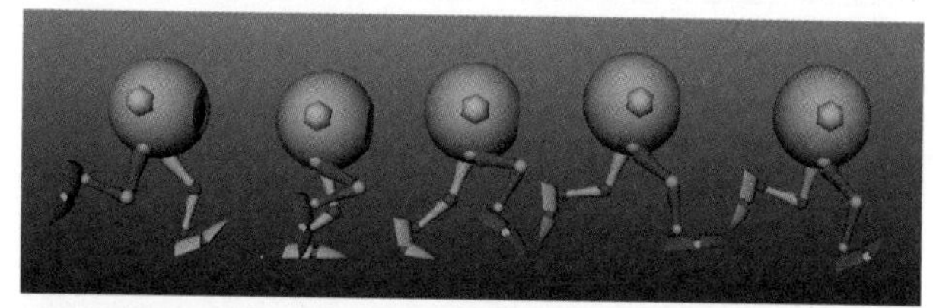

图 3–62

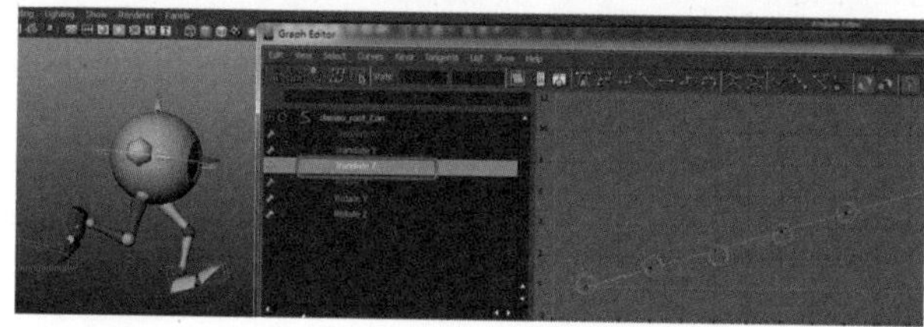

图 3–63

图 3–64

### 3.3.1 不带任何情绪的跑步动作制作

（1）关键姿势，对于普通跑步，我们一般用8帧一步的速度，仍然从前脚接触地面的姿势开始，从高处落下，后脚处于高位。第3帧过渡姿势，身体处于最低位，做缓冲准备。第5帧蹬地姿势，身体上升，并且向前倾斜较大角度。第7帧腾空姿势，双脚离地，双腿张开至最大，身体处于最高位。第9帧身体下落，与第一帧左右相反（图3–62）。

（2）摆完姿势之后，相比走路，比较难控制的是迈出的步子距离。走路时两脚接触地面的跨度就是步子的大小，但是跑步时却无法直接观察一步的距离，因此，我经常先将腰部位移的运动轨迹确定，那么其他部件根据腰部位置再摆出关键姿势就可以得到一个流畅的跑步动画了。将腰部的前移属性 Translate Z 改为匀速的曲线，调整5个关键姿势的关键点保持在一条直线上就可得到一个匀速向前的位移（图3–63）。

（3）细化动作，与走路相似，在奔跑过程中，腰部也会根据重心的转移而偏移或者旋转，否则会感觉动作机械、呆板（图3–64）。

（4）跑步时脚部运动的调整，先从位移开始，脚部从接触姿势下来是一个迅速的过程，首先要超过身体的运动速度，从身体后面追赶到前面，落地，然后等身体向前靠拢，否则就会失重而跌倒。因此，脚部的位移是减速落地然后再加速抬起来的，或者说，从脚离地到落地是起始慢、中间快的（图3–65）。脚部曲线参考图3–66所示。

（5）根据脚部的运动调整脚部转动的方向，由 Toe Roll 与 Roll 属性协调完成（图3–67）。曲线参考图3–68所示。

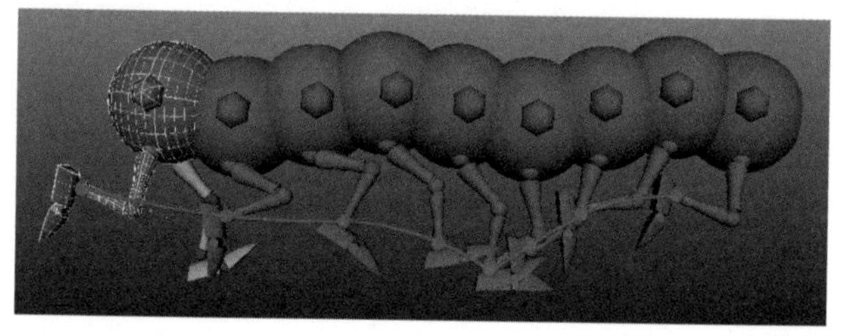

图 3–65

图 3-66

图 3-67

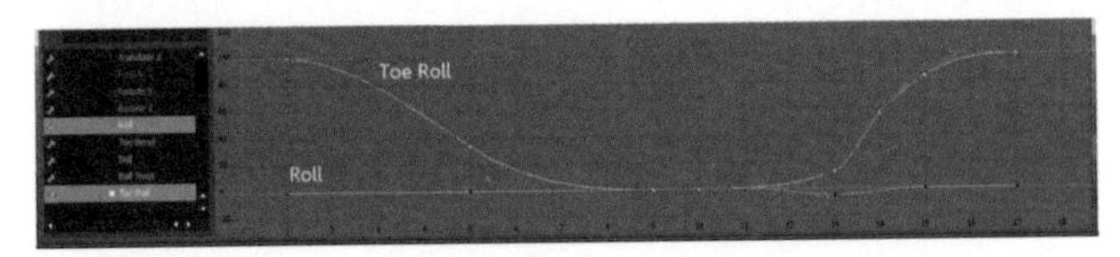


图 3-68

### 3.3.2　腿部受伤角色跑步动作制作

经过走路与跑步动画的练习，相信可以掌握在 Maya 中设置 key 动画的技术。通过前面的学习，三维动画初学者容易迷惑的现象，如运动节奏错乱、动作卡顿、运动速度忽快忽慢、抖动、滑步等已经逐一解释明白。至此，我们可以在 Maya 中完成流畅的动画了，但是，距离创作精彩的、动作饱满的动画还有一段漫长的路要走，所幸的是我们已经掌握了学习的方法，剩下的工作就是增加关键动作设计的积累，这里推荐参考迪士尼著名动画导演理查德 · 威廉姆斯编著的《动画师生存手册》积累更多的运动规律知识，一步一步走下去，相信你的动画创作会取得巨大的收益。

接下来，加入两足角色的上肢运动，完成一个全身的腿部受伤跑步动画。虽然增加了大量上身的控件，但相比下身要容易得多，因为上肢的运动是依托于下肢运动的，在腰部运动的基础上添加。当然，要注意脊柱的运动法则，在设置关键动作的时候可以参考迪士尼十条动画法则：

压缩与伸展（Squash and Stretch）

预期性（Anticipation）

夸张表现（Exaggeration）

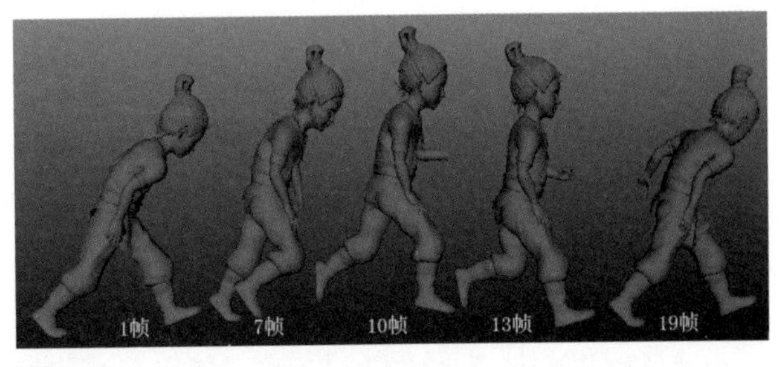


图 3-69

连续动作与重点动作（Straight Ahead and Pose to Pose）

跟随动作与重叠动作（Follow Through and Overlapping）

平滑开始与结束（Slow In and Slow Out）

圆弧动作（Arcs）

第二动作（Secondary Action）

时间控制与量感（Timing and Weight）

演出（布局）（Staging）

（1）关键动作分析。脚受伤的角色在跑步时，一步是跑的，而另一步由于受伤腿部不能发力，是跑不起来的，因此，腿部受伤的角色往往是以一步走一步跑的方式向前跑的。做出大致的关键动作，分别是触地姿势，蹬地姿势，腾空姿势，触地姿势，换脚触地姿势，选择所有控制器在关键动作上设置关键帧（图 3-69）。

（2）确定大致节奏。我们把一只手放在受伤的腿部，另外一只手用来协调动作平衡。我们知道，不管走路还是跑步，一个循环需要三个触地姿势。从第一个触地姿势到第二个触地姿势重心落在无伤的左腿上，有充分的发力时间，是比较缓慢的第一步，而从第二个触地姿势到第三个触地姿势重心转移到受伤的右腿，但是右腿不能承受重力，要迅速迈出第二步。经过反复播放，大概确定时间分别为 1 帧、7 帧、10 帧、13 帧、19 帧（图 3-69）。

（3）添加细分动作，并且继续调整关键动作。分别在第 4 帧与第 16 帧添加两个过渡动作，让动作连贯起来（图 3-70）。

（4）细化动作，打开曲线编辑器，通过曲线调整腰部以及脚部，做出流畅的位移。

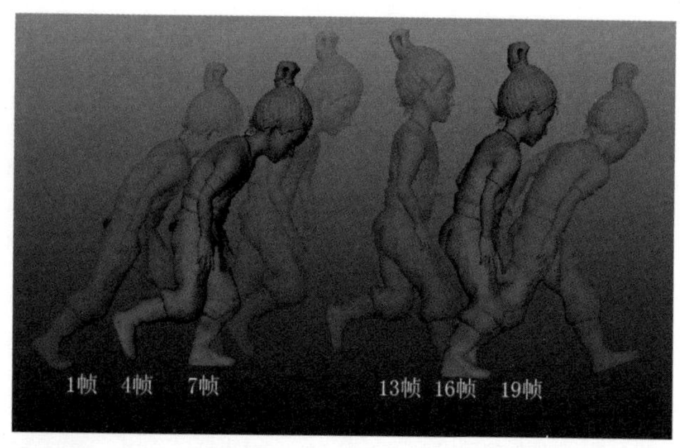

图 3-70

图 3-71

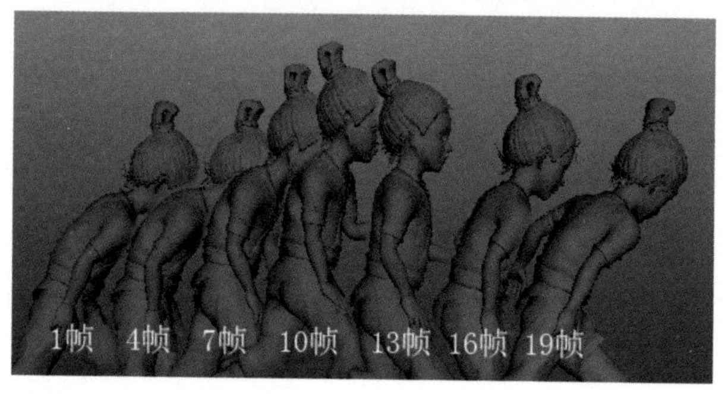

图 3-72

（5）调整重心转移，在受伤的右腿接触帧时，重心转到右腿，之后立刻回到左腿，调整腰部 Translate X 曲线参考如图 3-71 所示。

（6）最后调整脊椎的运动（图 3-72）。

注意：在做脊椎的关键动作时，运用跟随与重叠动作原理，可以想想尾巴的运动是怎样的，脊椎下部总要比上部先摆动。

### 3.3.3 实时训练题

综合运用所学关键帧技术，完成一小段带有故事情节的动画，例如情绪低落地走路时突然感到前方眼前一亮，迅速跑过去，然后又感觉情况不对，急刹脚步。

# 第 4 章　三维动作捕捉系统应用

随着数字时代的到来，动画的艺术实现的方式也在发生改变，尤其是动作捕捉技术不断完善和发展，将一种强大的制作手段充分地运用到游戏、影视和广告等相关行业中。由于计算机性能和技术的发展与三维动画软件的不断完善和提升，传统的人工调整关键帧的制作工艺被快速、高质量的动作捕捉技术配合人工调整关键帧的制作方法取代了。图 4-1 所示为光学式动作捕捉系统。

本章重点：

（1）了解动作捕捉的制作流程；

（2）熟知动作捕捉系统构成；

（3）掌握动作捕捉技术。

本章难点：

（1）掌握动作捕捉技术，并熟练地进行数据处理；

（2）动作表演者的动作编排。

## 4.1　三维动作捕捉系统概述

动作捕捉（Motion Capture）一般用于记录物体的移动轨迹，并将其应用到三维模型中。动作捕捉，就其技术而言，是非常复杂的技术，它不但涉及测量、物理定位、空间定位等多种计算方法，还涉及数据在计算机中的处理和通信等技术。

表演者根据剧情制作出动作与表情，运用动作捕捉系统将移动数据采集下来，通过 MotionBuilder 等动画软件对数据进行整理修复，将其动作与表情赋予到模型上，实现角色模型与表演者具有相同的动作和表情（图 4-2）。

与传统人工关键帧动画比较，传统的动画制作需要技术与经验丰富的动画师逐帧地校对动作的平衡与节奏，往往需要大量的动画师花费大量的时间。动捕技术具有高效的工作效率，能够轻松地实现复杂而精细的动作，其效果也非常逼真自然。随着计算机技术的快速发展，动捕技术越来越流行，虽然在大多数电影中取得了优秀的效果，如《贝奥武夫》、《怪兽屋》、《阿凡达》等，但动捕技术并不是

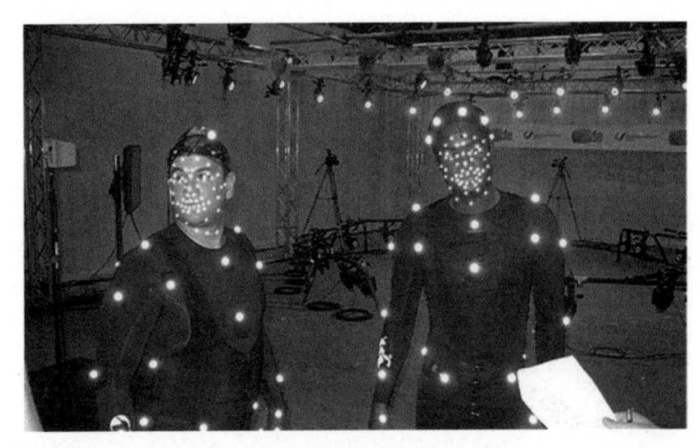

图 4-1

图 4-2

能够应用于所有的影视动画的，如2004年日本上映的自称第一部“3D真实动画”的《苹果核战记》，导演认为整部动画完全采用了动捕技术，因此动作应该是生动的、栩栩如生的，但忽略了角色内心的活动，失去了角色的个性，失去了动画角色具有的生命力。因此，在解脱了烦冗工作的同时，不要忘记动画赖以生存的根本——赋予生命力。

### 4.1.1 动作捕捉系统分类

从不同的角度，动作捕捉技术有几种不同的分类。

从应用角度来说，主要有全身运动捕捉和细节运动捕捉（脸部、手部等）；从实时应用来说，可以分为实时捕捉和非实时捕捉；从动作捕捉的原理来说，则有以下五种。这几种捕捉方式在定位精度、实时操控、便捷性、价格成本、多人捕捉性能等方面各有优缺点，相辅相成。

#### 4.1.1.1 机械式

早期的机械式动作捕捉装置用带传感器的模拟关节和连杆组成姿态可调的人体或物体模型，通过关节转动角度、连杆长度等参数的变化模拟出模型的姿态。通过这套装置，可以计算出任意点的运动轨迹，并且将模拟出的姿态数据传给动画软件。后期的机械式动作捕捉装置将运动物体与机械结构连接，通过运动传感器记录物体的运动，并精确记录运动的路线。其中，X-Ist的FullBodyTracker是一种颇具代表性的机械式动作捕捉产品。

机械式动作捕捉器目前在制作行业中的采用并不是非常广泛，它受到了捕捉精度、捕捉区域和可捕捉动作的很多局限。但它却有价格低廉、操作简单的优点，目前主要应用于捕捉手套这类产品领域。

#### 4.1.1.2 声学式

常用的声学式动作捕捉装置由发送器、接收器、处理单元组成。通过对声音从发送器到接收器的时间的测量，可以计算并确定接收器的位置和方向。这类装置成本低，但精度和实时性不高，运动捕捉时有较大的延迟和滞后，对声源和器材之间的遮挡物比较敏感，所以工作环境要求比较苛刻。

#### 4.1.1.3 电磁式

电磁式动作捕捉系统是目前常见的动作捕捉设备。电磁式动作捕捉系统一般由发射源、接收传感器和数据处理单元组成。发射源在空间中按一定时空规律分布；多个接收传感器安置在表演者的关节处等身体的关键位置。表演者表演时，遍布表演者全身的接收传感器把接收到的信号传送给处理器，计算出每个传感器的空间位置和方向。

电磁式动作捕捉系统的优点是多个接收传感器可以记录并由处理器计算出人物或物体的位置和运动方向，并且处理速度很快，另外，装置的标定简单，成本低廉。但是，对于高速的物体运动，电磁式动作捕捉系统无法跟踪到相应的动作。另外，由于电磁系统的特殊性，要求表演场所内不能出现干扰电磁场的金属物品。

#### 4.1.1.4 惯性导航式动作捕捉

工作原理是在人身上主要的关键点绑定惯性陀螺仪，分析陀螺仪的位移变差来判定人的动作幅度和距离。

惯性导航式动作捕捉的优点是不存在发射源，不受环境干扰，不怕遮挡，有无限大的工作空间。缺点是快速积累误差。

#### 4.1.1.5 光学式

光学式动作捕捉是目前比较先进的运动捕捉方式。本章主要讲解这种方式的动作捕捉系统。这种方式基于计算机视觉原理，通过对目标上特定光点的监视和跟踪来完成动作捕捉任务。典型的光学式动作捕捉系统（如美国魔神公司开发的动作捕捉系统）通常使用多个摄像头环绕表演场地排列，这些相机的视野重叠区域就是表演者的动作范围。通常要求表演者穿上单色的服装，在身体的关键部位（如关节处）贴上特制的发光点以便识别，这个过程称为“标定”。系统标定后，摄像头连续拍摄表演者的动作，并保存图像序列，再进行分析和处理，得到其运动轨迹。一般来说，摄像头要以比较高的拍摄速率进行拍摄，一般要达到每秒 60 帧以上。当然，也可以对更为精细的部位进行捕捉，如手脚、脸部等位置，但有时需要特殊的设备进行辅助。

目前，光学式动作捕捉主要分成两类：主动式动作捕捉技术和被动式动作捕捉技术。被动式动作捕捉系统使用一些特制的小球作为跟踪设备，在小球表面涂一层反光能力很强的物质，使得摄像机很容易捕捉到它的运动轨迹。主动式动作捕捉系统所采用的跟踪点是本身可以发光的二极管。

光学式动作捕捉的优点是给予了表演者充分的表演空间，摆脱了机械设备和电缆的限制，并且可以捕捉到高速的动作或物体（因为摄像头的采样速率高）。缺点是价格昂贵，一套设备少则几十万元，多则上百万元，同时后期处理工作量大。

### 4.1.2　动作捕捉系统应用范围

动作捕捉系统早期只被使用在医学等特定领域，并非以广泛应用为目的，其操作非常复杂且必须在特定的环境中作业。随着新技术的快速发展，动捕技术已经具有广泛的应用领域了。

#### 4.1.2.1　特效电影

目前大量的科幻电影都使用了动作捕捉技术，虚拟角色建立后，利用动作捕捉系统将真人演员的动作匹配到电影中的虚拟角色上，因此，只要演员动作表现到位，即可获得自然真实的动作。如电影《阿凡达》中大量运用了动作捕捉技术，旋转摄像机的屏幕能够转到任何角度，它是《阿凡达》拍摄中的一个突破性技术。

#### 4.1.2.2　游戏

互动式游戏可使用动作捕捉技术捕捉游戏者的各种动作，来驱动游戏中角色的动作，给体验者一种自身投入游戏当中的参与感，增强游戏的真实感和互动性。

#### 4.1.2.3　三维动画片

在 3D 动画片中，所有角色的动作都为纯手工制作，需要大量的动画师，耗费大量的时间。将动作捕捉技术运用到动画中，极大提高了动画制作的效率，降低了成本，而且使动画制作过程更为直观，效果更为生动。随着技术进一步成熟，表演动画技术将会得到越来越广泛的应用，而动捕技术作为表演动画中最关键的部分，必然占据更加重要的地位。

#### 4.1.2.4　体育领域

在体育训练中，动作捕捉技术可以捕捉运动员的动作，便于进行量化分析，结合人体生理学、物理学原理，研究改进方法，使体育训练摆脱纯粹的依靠经验的状态，进入理论化、数字化的时代。还可以把成绩差的运动员和优秀的运动员的动作捕捉下来，进行对比分析，从而帮助其训练改进。

动作捕捉技术还可应用于虚拟现实、数字广告、人体工程学研究、模拟训练、生物力学研究等领域。

### 4.1.3　动作捕捉系统硬件

动作捕捉技术主要是通过硬件对动作进行跟踪定位，获取位置信息，再由软件进行数据处理。不同公司的动作捕捉设备有相对不同的配置，一套动作捕捉系统的硬件设备主要由以下四部分组成：

（1）传感器：所谓传感器，是指固定在运动物体特定部位的跟踪装置。通过传感器提供的物理信息，动作捕捉设备可以获取运动物体的位置、速度等信息。不同的动作细致程度，需要的传感器数量不同，如肢体运动轨迹的捕捉，需要传感器数量较少，而局部信息如脸部、手部等细节部分较多，需要的传感器较多（图 4–3）。

（2）信号捕捉设备：由于现在广泛采用光学动作捕捉系统，因此往往用高分辨率的红外摄像机进行信号的捕捉和获取，而之前的机械动作捕捉系统，则是通过一块线路板收集电信号来完成的（图 4–4）。

（3）数据传输设备：动作捕捉系统需要将大量的运动数据从信号捕捉设备传输到计算机系统进行处理，而数据传输设备就是将获取的动作捕捉信息实时传入计算机，对信息进行实时处理分析（图 4–5）。

图 4-3

图 4-4

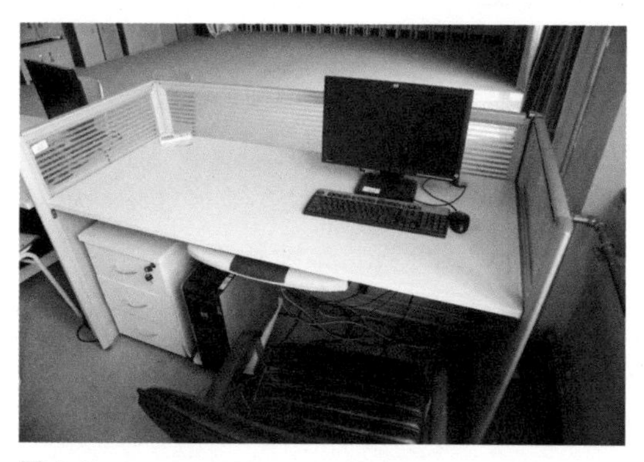
图 4-5

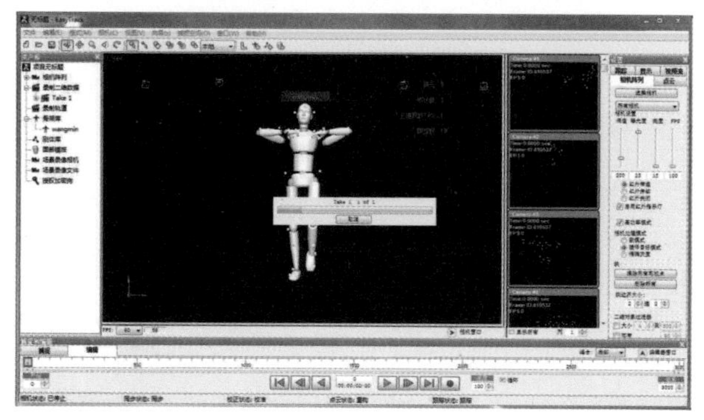
图 4-6

（4）数据处理设备：动作捕捉设备捕捉到的数据需要结合三维模型修正和加工才能自然地运动起来，借助计算机对数据的高速运算能力来完成数据的处理，完成相应的工作，这就需要我们借助数据处理软件或硬件来完成此项工作（图 4-6）。

### 4.1.4 动作捕捉系统软件

动作捕捉系统硬件的作用是获取人体动作的信息，那么动作捕捉系统的软件就主要负责将信息套用到三维模型上。不同的动作捕捉系统都有与之对应的软件系统，本书中将以“O Live”软件与“Motion Builder”结合，对摄像头捕捉到的角色身上的标记点的动态信息进行数据处理与转化。

“O Live”是本套动作捕捉系统的动作信息采集的软件。演员穿上专门粘贴标记点的衣服，按照“O Live”当中提示的人体标记点位置贴好，在规定的场地中进行表演动作即可捕捉标记点在空间中的三维坐标位置，获得原始动态数据。捕捉完成后，在“O Live”软件中将原始动态数据轨迹化处理转化为运动轨迹曲线，然后对曲线数据进行修正，将标记点信息缺少的进行差补，这是由于在运动过程中某些标记点被身体遮挡而丢失了数据。接下来导入“Motion Builder”中，转换到骨骼上。

在“Motion Builder”软件中，将轨迹数据转化至骨骼系统上，因为骨骼系统才是控制三维角色动画的工具。演员的身材比例与三维模型的比例并不相同，使用角色化“Character”骨骼系统将动画演员的骨骼动画转化到虚拟角色的骨骼上，最终实现将演员的动作同步到三维角色上，最后根据影视剧情的需要修正某些抖动、滑步以及动作穿插等问题。

## 4.2 三维动作捕捉系统应用实例

### 4.2.1 课程要求

（1）熟知动作捕捉系统构成，知道动作捕捉系统由哪些部分组成以及各个部分的作用。

（2）掌握跟踪点置于演员身体上的位置，能够在演员身上合适的位置放置传感器，即跟踪点，从而使信号捕捉设备获得正确的运动轨迹信息。

（3）熟知动画演员动作表演范围。

（4）熟练使用“O Live”动作捕捉软件录制动作轨迹，并简单填补修正轨迹。

（5）熟练使用“MotionBuilder”软件修整数据，并将运动轨迹匹配到三维模型上。

### 4.2.2　工作流程

（1）双击，打开“O live”（图 4–7）。

（2）右键单击相机阵列，在盘中找到 EasyTrack 文件夹（图 4–8）。

选择文件 CalibResult_12_5（图 4–9）。文件，单击“打开”选择需要的相机（默认全选），单击“确定”（图 4–10）。

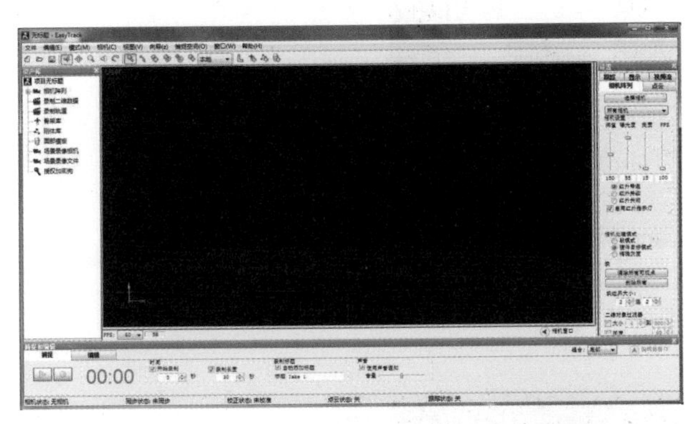


图 4–7

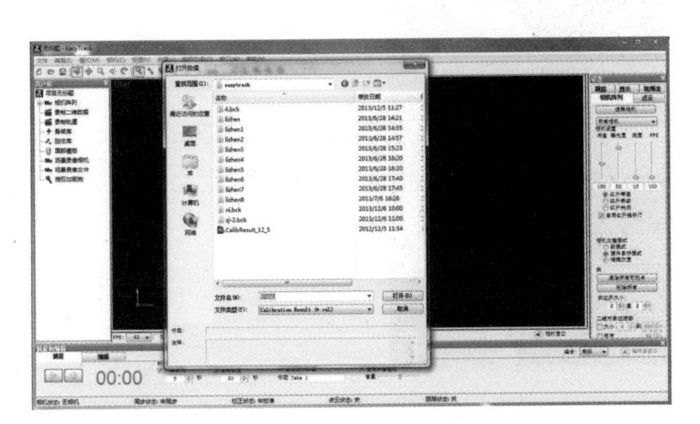


图 4–8

软件窗口中即可显示相机的位置（图 4–11）。

（3）相机打开之后，需要创建一个骨骼，右键单击骨架库，进入骨架安装向导（图 4–12）。

图 4–9

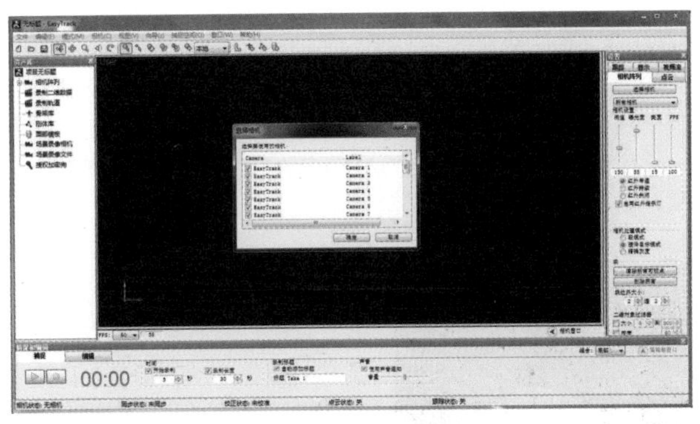


图 4–10

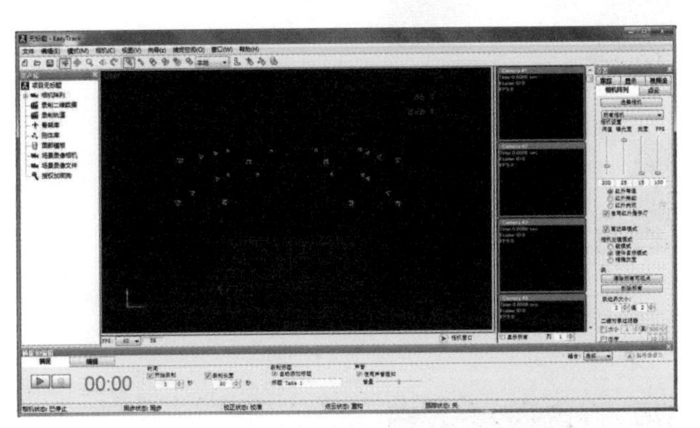


图 4–11

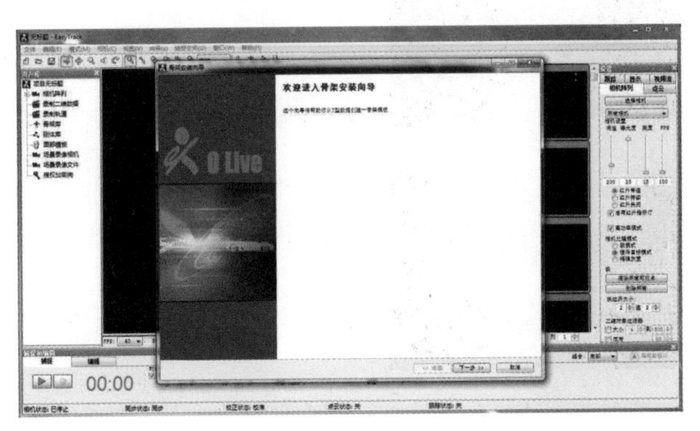


图 4–12

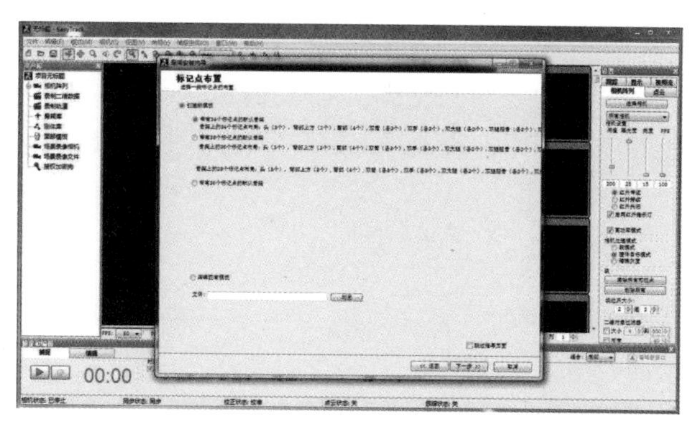


图 4-13

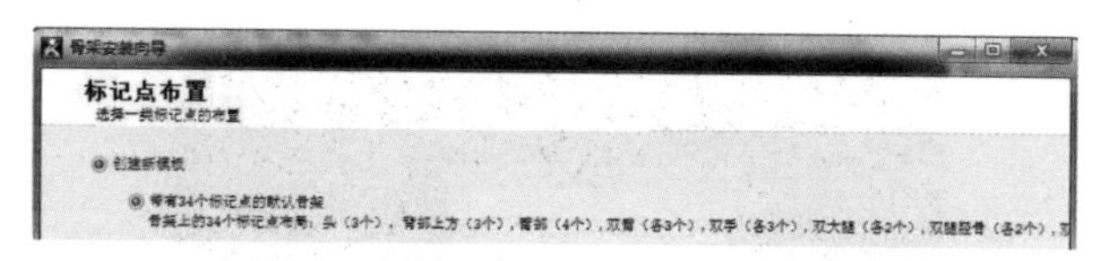


图 4-14

选择创建带有 34 个标记点的新模板（图 4-13、图 4-14）。

按照如下步骤将特殊的标记点粘在指定的位置（图 4-15 ~ 图 4-22）。

选择录制一个新的 T 型数据源（图 4-23、图 4-24）。

单击绿色按钮进入录制界面（图 4-25）。

左键单击红色按钮开始 / 结束录制（图 4-26）。

可以输入合适的骨架高度使骨架的高度与录制的标记的高度一致（图 4-27、图 4-28）。

移动时间轴上的滑块，找到与骨骼相匹配的标记点位置（如果没有需要重新录制）（图 4-29）。

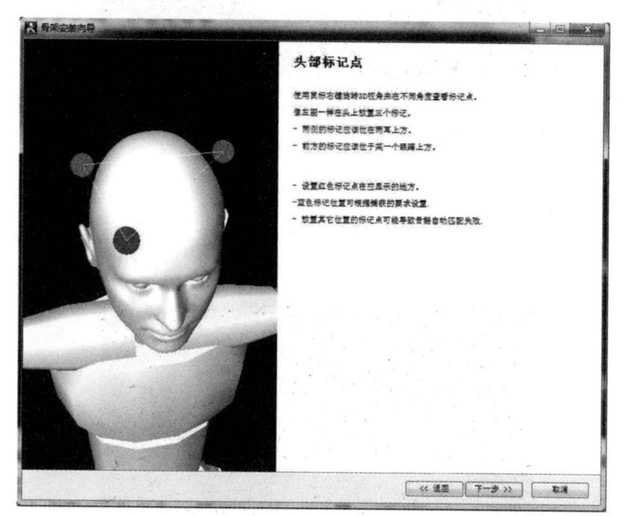


图 4-15

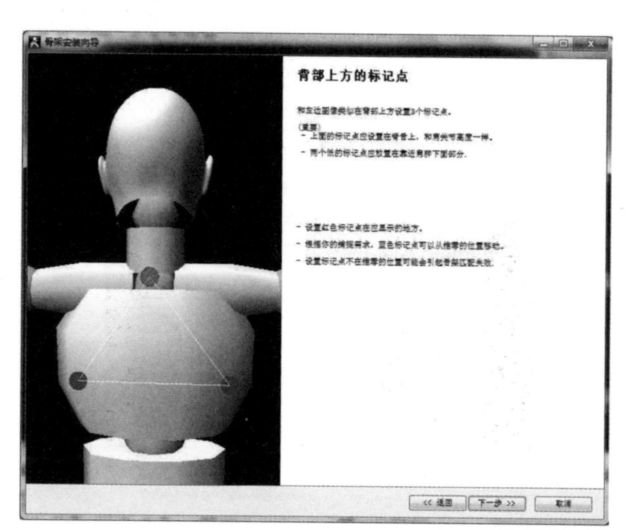


图 4-16

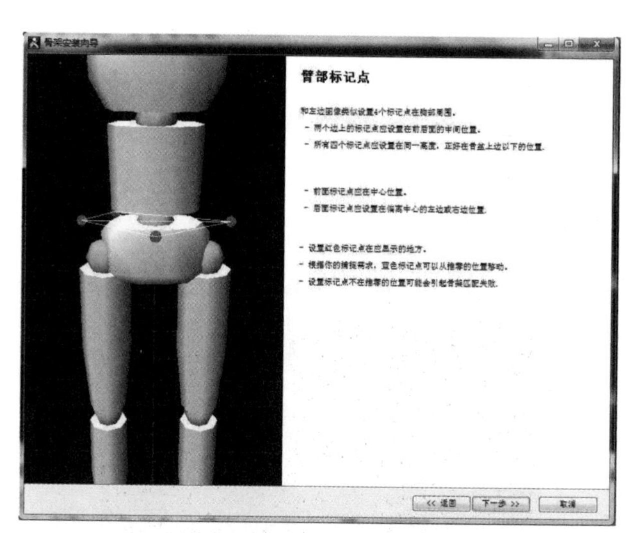


图 4-17

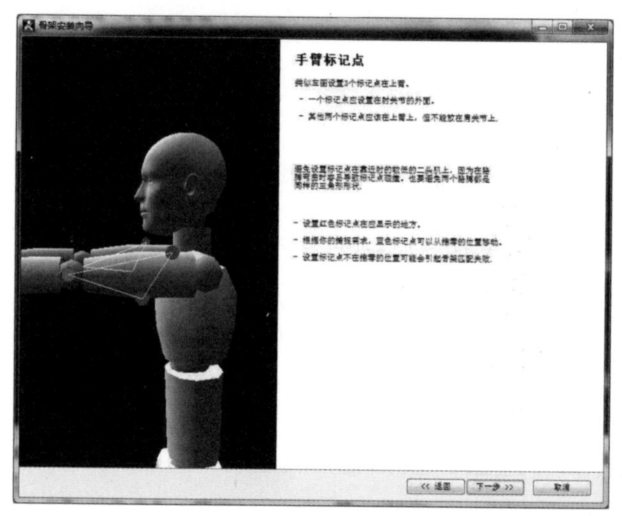


图 4-18

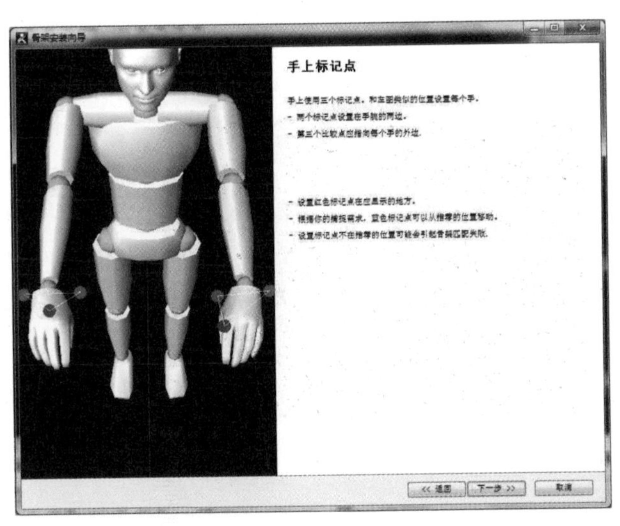


图 4-19

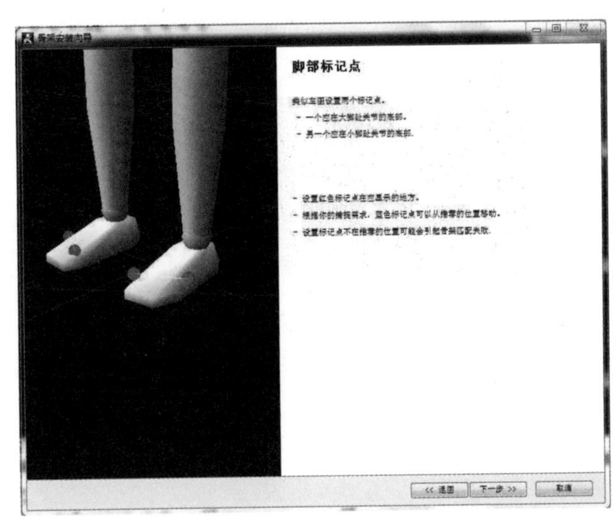


图 4-22

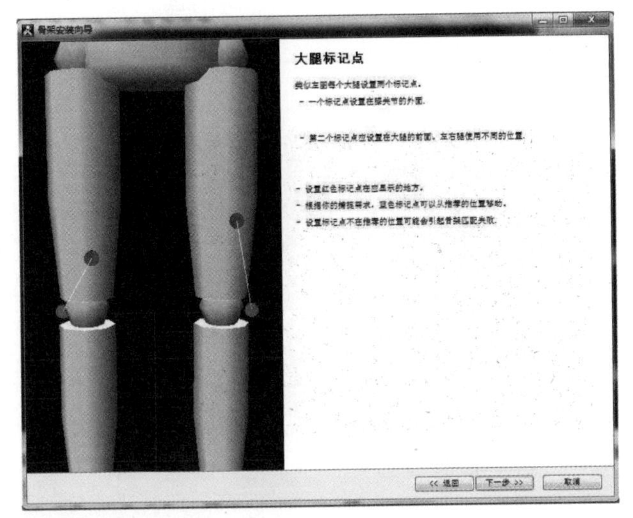


图 4-20

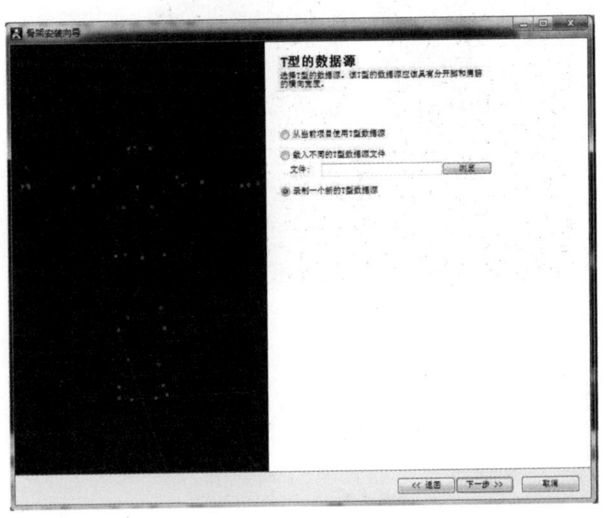


图 4-23

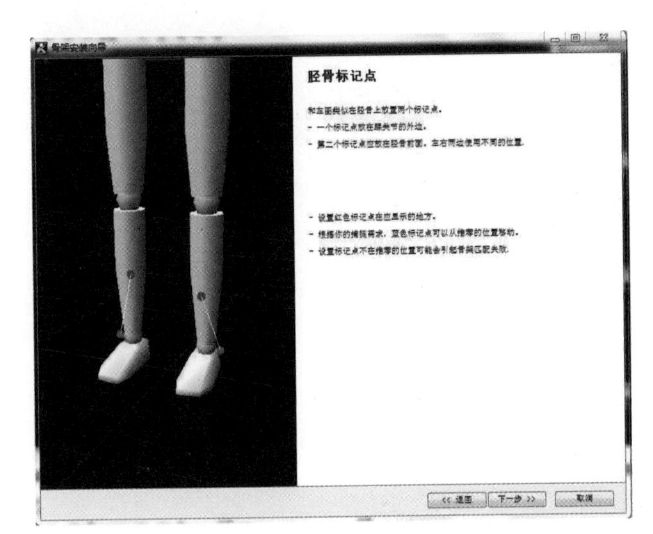


图 4-21

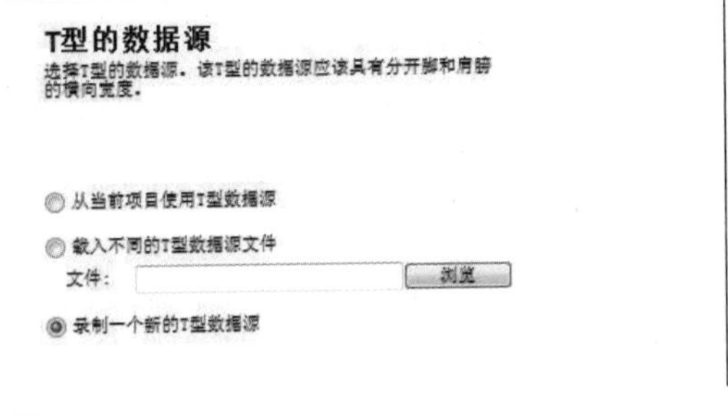


图 4-24

图 4-25

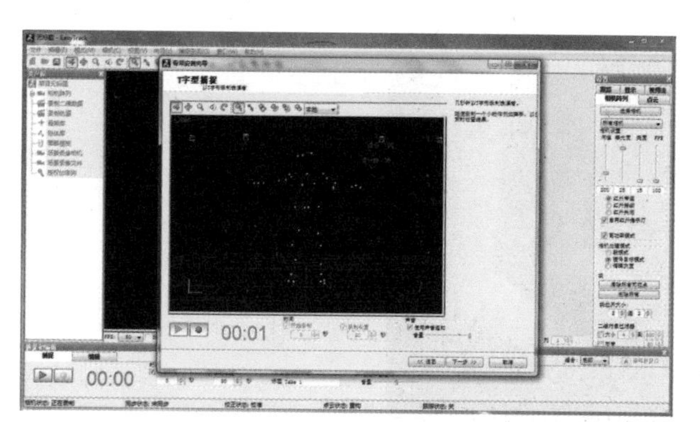

图 4-26

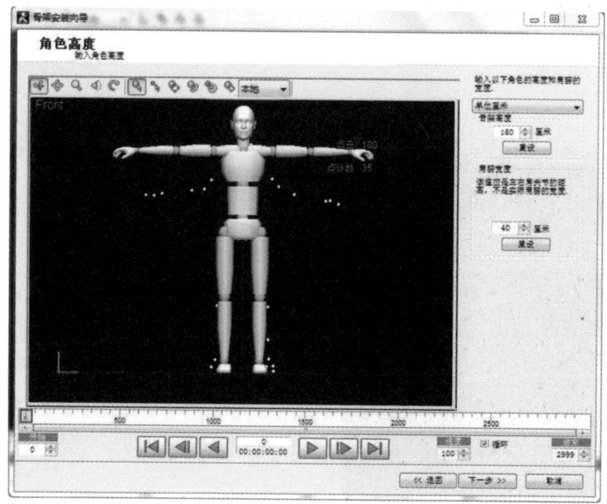

图 4-27

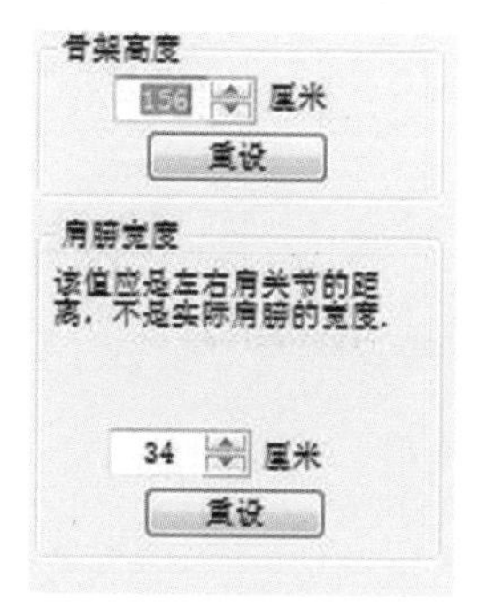

图 4-28

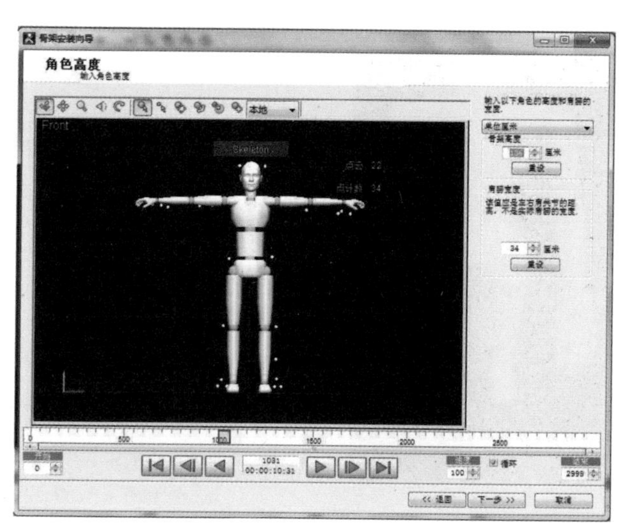

图 4-29

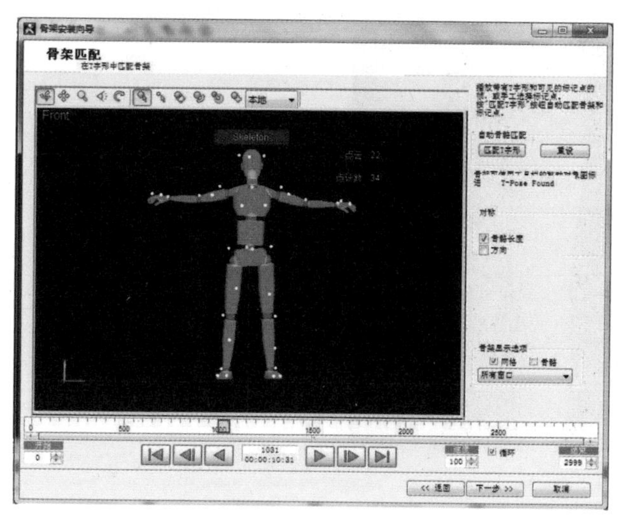

图 4-30

图 4-31

单击下一步，然后单击匹配 T 字形，骨骼自动适配标记点（图 4-30）。

左键点击“自动附加”将标记点与骨骼相匹配（图 4-31 ~ 图 4-33）。

骨骼创建完成之后将骨架与 T 型数据保存到指定位置（图 4-34 ~ 图 4-36）。

创建完成之后，软件的窗口中会显示一个带标记点的人物模型（图 4-37）。

（4）骨骼创建完毕即可进行动作的捕捉。

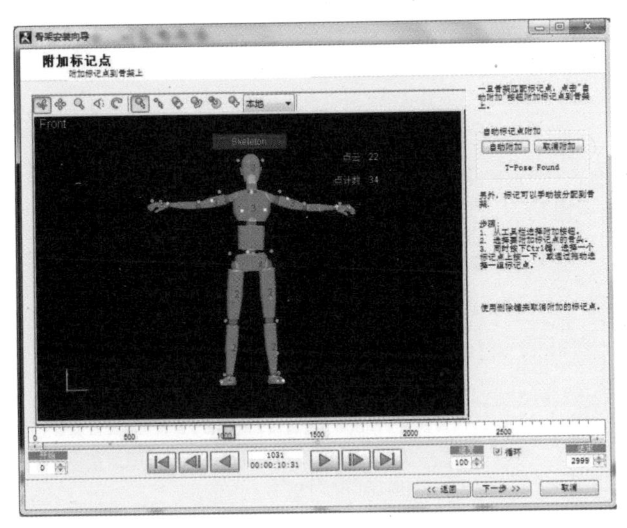


图 4-32

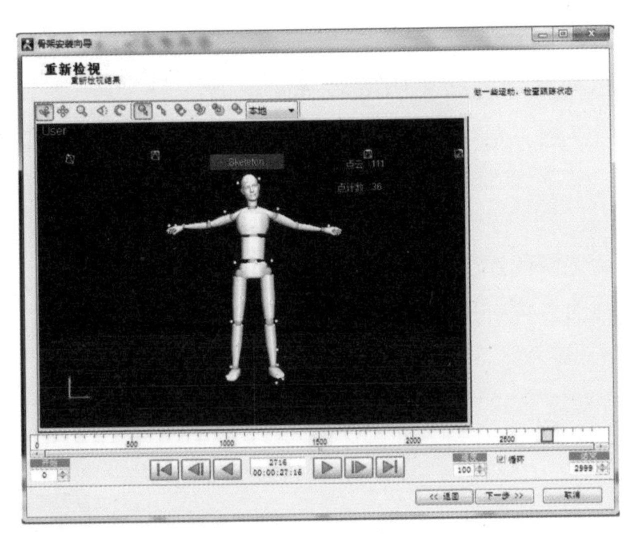


图 4-33

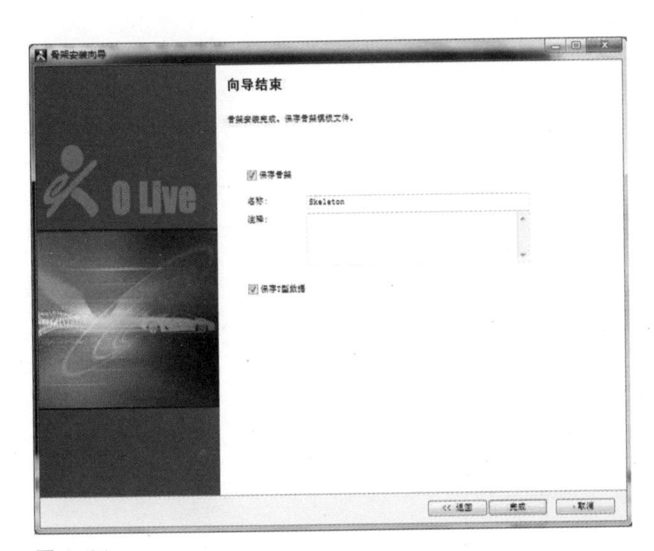


图 4-34

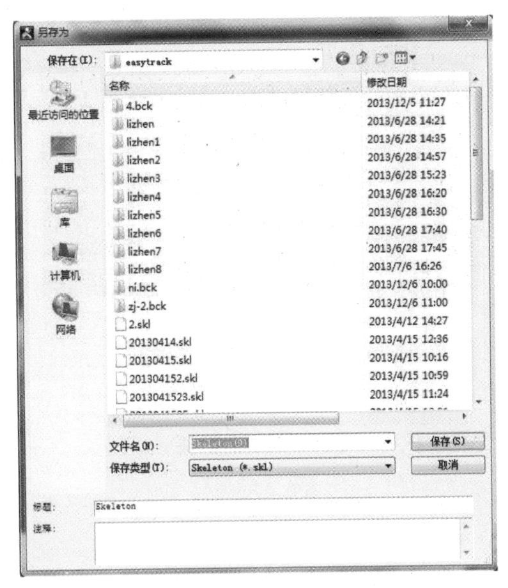


图 4-35

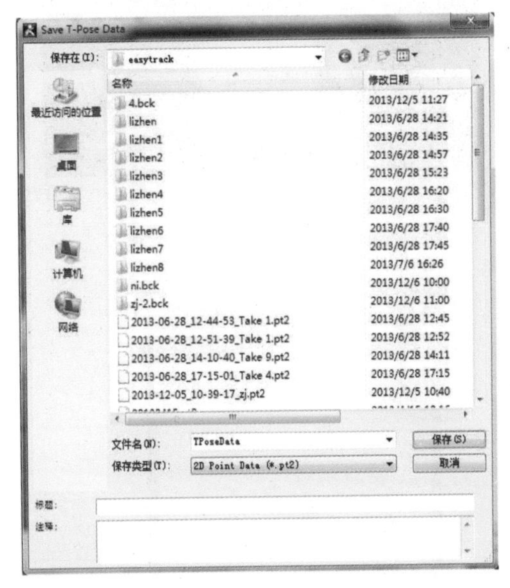


图 4-36

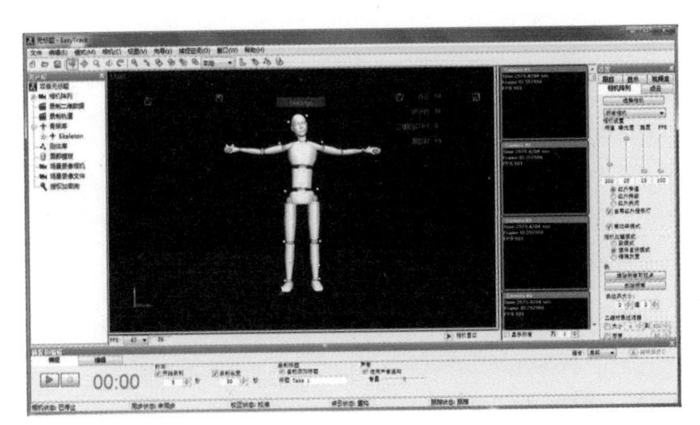


图 4-37

## 4.2.3 数据捕捉工作

（1）左键单击绿色按钮进入到动作的录制界面，左键单击红色按钮开始／结束动作的录制（图 4-38）。

录制完成后“录制二维数据”栏下方便会出现“Take 1”的二维数据（图 4-39）。

（2）右键单击“Take 1”选择“轨迹”，对二维数据进行轨迹化（图 4-40 ～图 4-42）。

（3）轨迹化后单击编辑窗口，在标记点前面的框中打上勾就能看到标记点运动的轨迹了（图 4-43、图 4-44）。

（4）有些轨迹会出现缺口，这样我们就需要使用 ⋰（间距填补工具）（图 4-45、图 4-46）。

⨯ 交换修复工具（图 4-47）。

（5）先框选缺口的两端，然后选择间距修补工具，输入最大间补值，填补所有间距（图 4-48）。

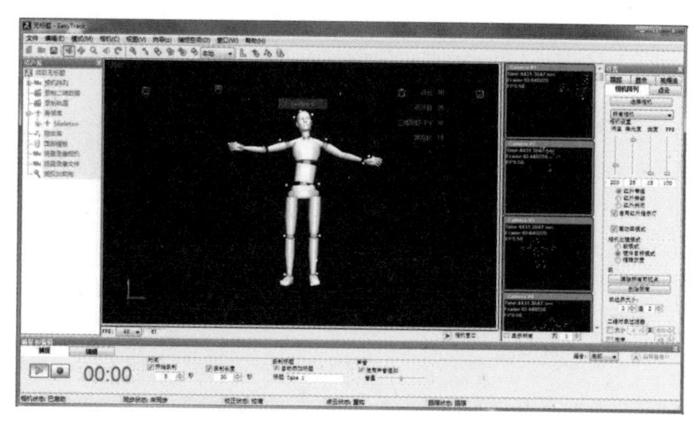

图 4-38

录制二维数据

Take 1

图 4-39

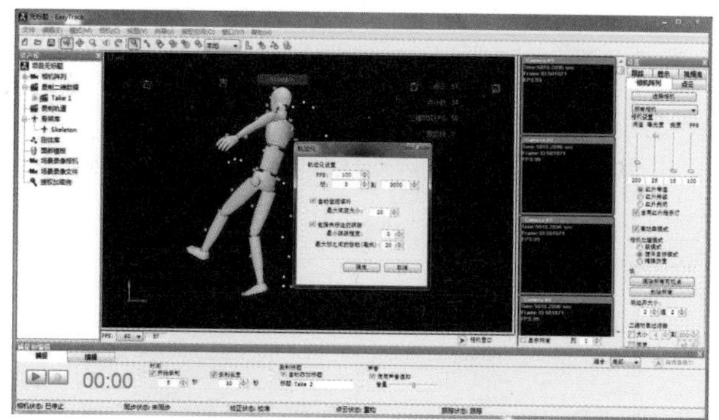

图 4-40

图 4-41

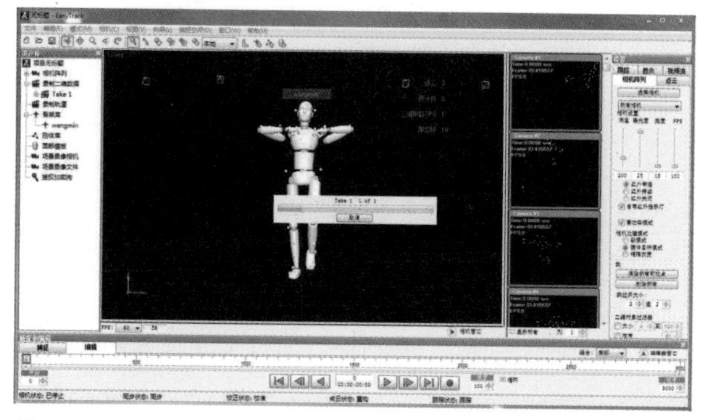

图 4-42

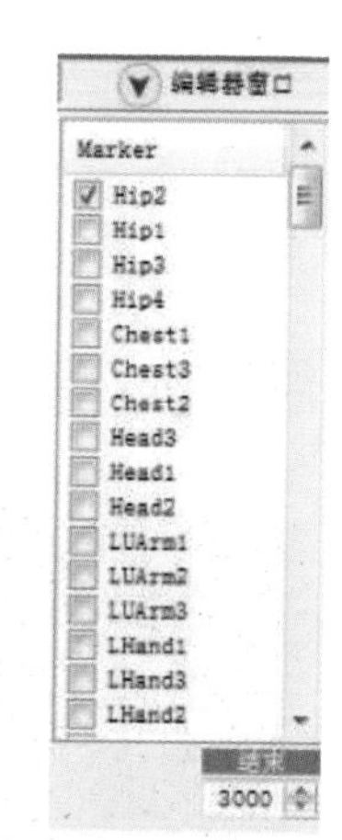


图 4-43

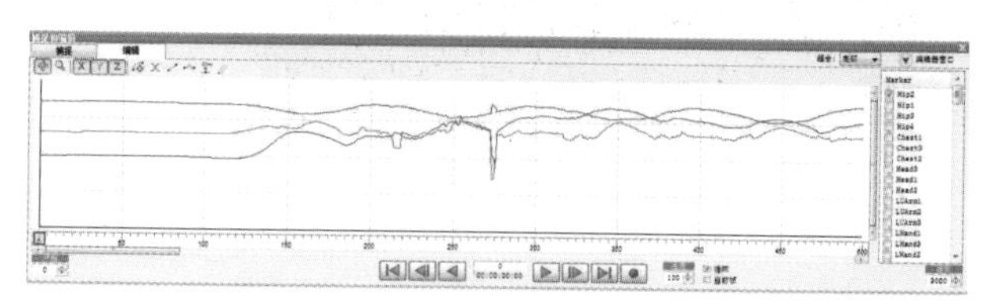

图 4-44

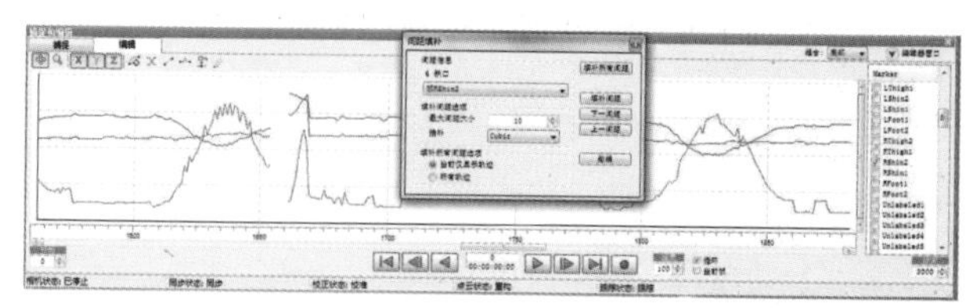

图 4-45

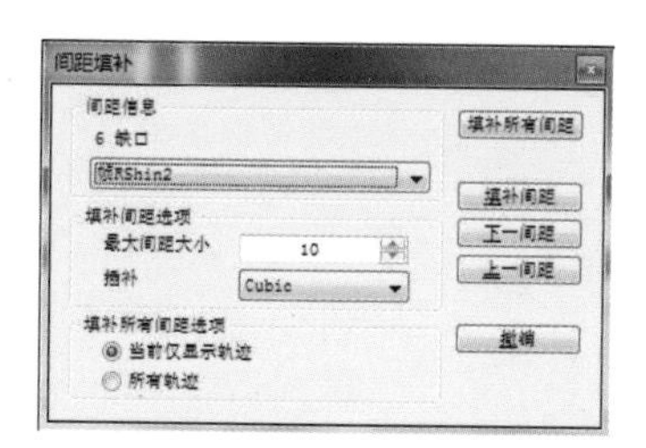


图 4-46

图 4-47

如此操作，将所有有缺口的间隙都填补上。

(6) 最后将数据与项目保存到指定位置（图 4–49）。

## 4.2.4　捕捉数据修整工作

由于演员在表演时，偶尔会遮挡摄像头与跟踪点之间的光线，因此捕捉的运动数据会存在或多或少的跳动或者丢失，接下来，我们将捕捉数据导入到 MotionBuilder 中进行数据修整。

(1) 打开 MotionBuilder 软件（图 4–50、图 4–51）。

选择一种使用者较熟悉的操作方式（图 4–52）。

打开文件（图 4–53）。

选择之前录制的动作捕捉的数据，并打开（图 4–54、图 4–55）。

在视图窗口 Display（显示）中选择“X–Ray”方便以后的操作（图 4–56 ~ 图 4–58）。

(2) 按住 Shift 选择同一组的标记点（图 4–59）。

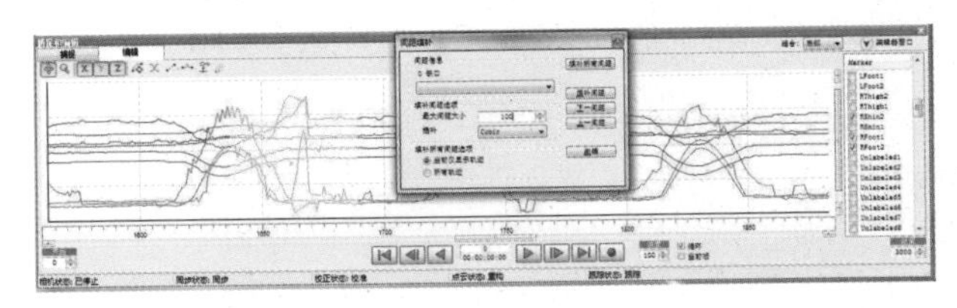

图 4–48

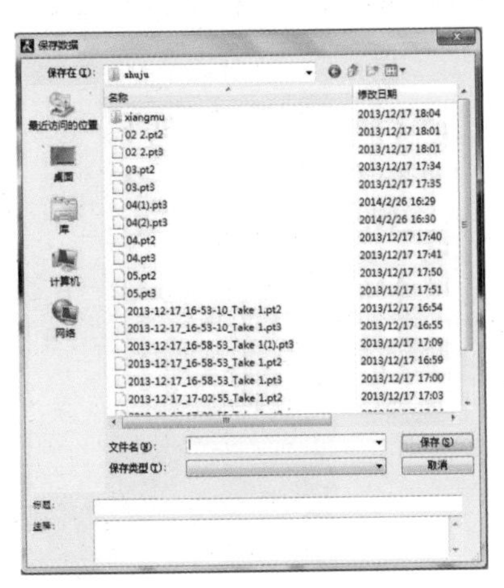


图 4–49

图 4–50

图 4–51

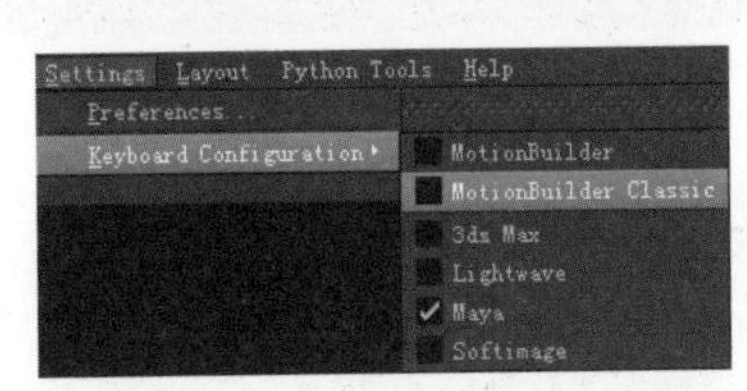


图 4–52

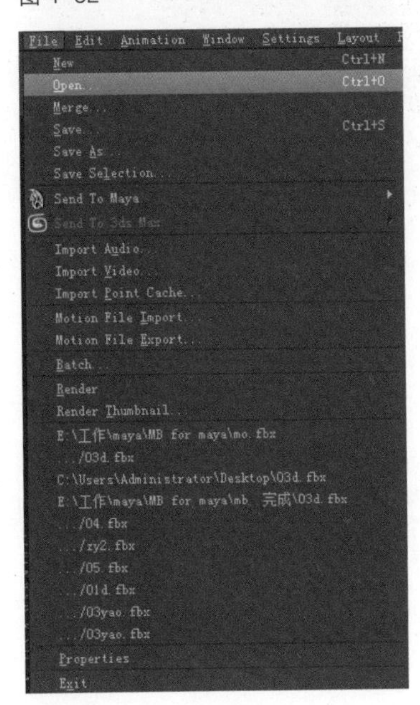


图 4–53

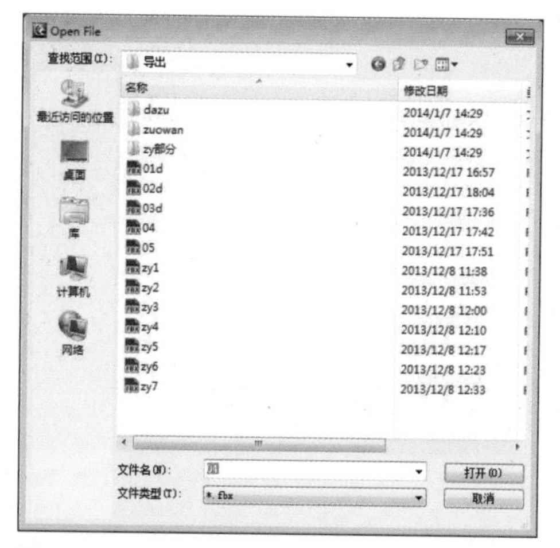

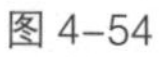
图 4-54

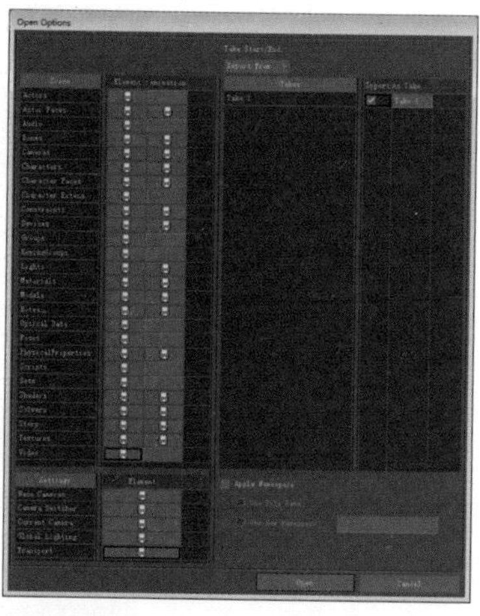
图 4-55

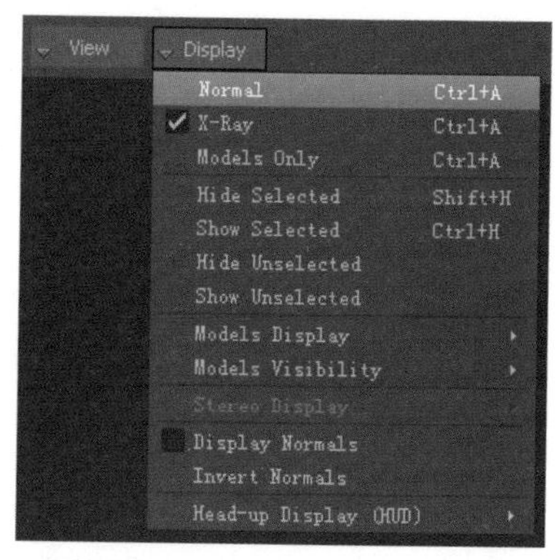

图 4-56

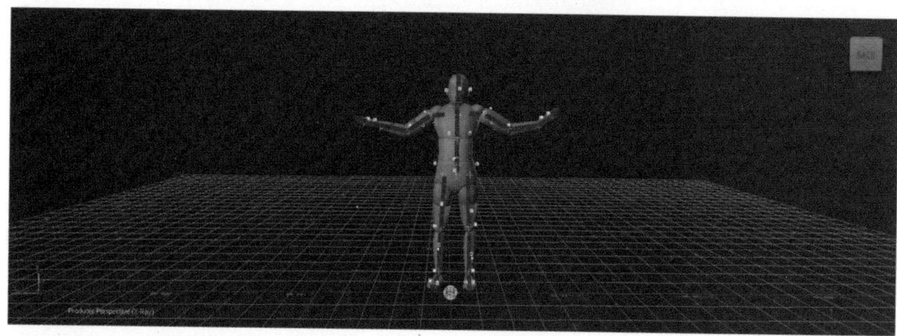
图 4-57

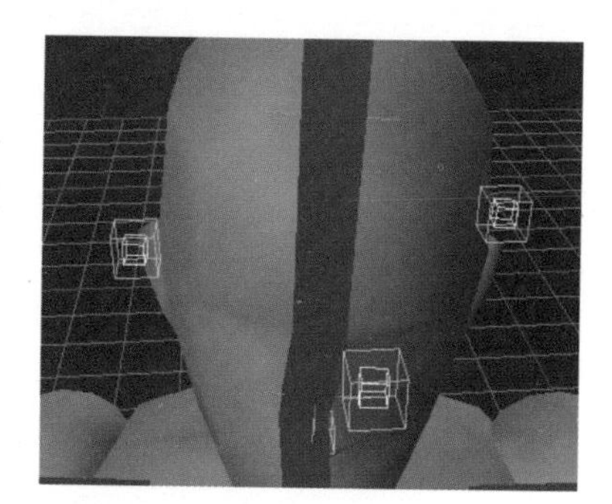
图 4-58

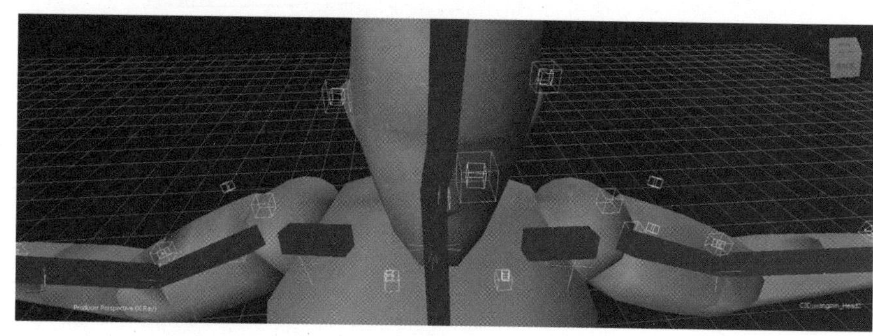
图 4-59

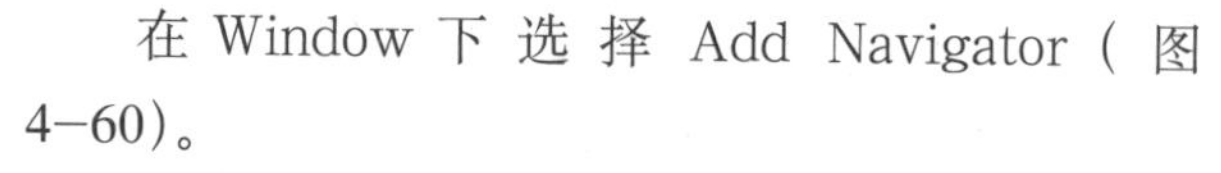

在 Window 下选择 Add Navigator（图 4-60）。

按 Ctrl+B 对同一组的标记点进行打组，打组后如图 4-61 所示。

如此操作，将所有的标记点进行打组。

（3）打完组之后，单击“Settings”（图 4-62）。

勾选“Show Rigid Body Quality”（图 4-63）。

在 Navigator 中可以看到有黑色的破损部分（图 4-64）。

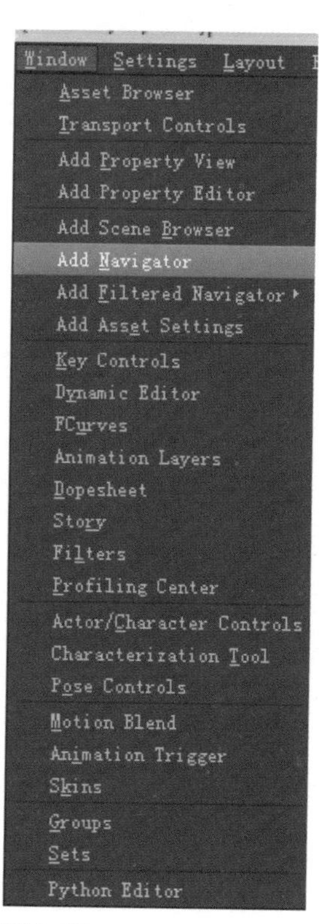

图 4-60

在需要删除的部分前后点击“Split Segment”将需要删除的部分割开（图 4–65）。

将时间滑块移动到需要删除的部分，单击“Remove Segment”删除破损部分（图 4–66）。

（4）打开 Window 中“FCurves”和“Filters”（图 4–67）。

单击任意一个标记点，在 FCurves 中单击 Translation，显示出标记点的轨迹（图 4–68）。

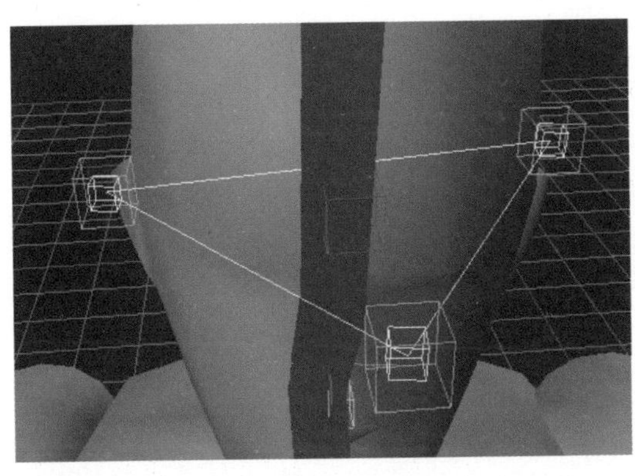

图 4–61

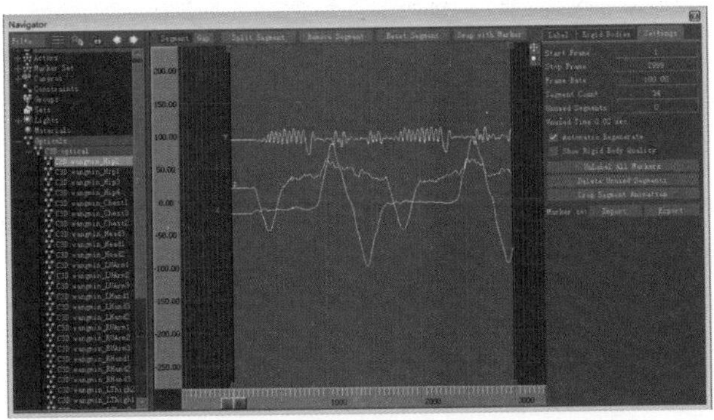

图 4–62

Show Rigid Body Quality

图 4–63

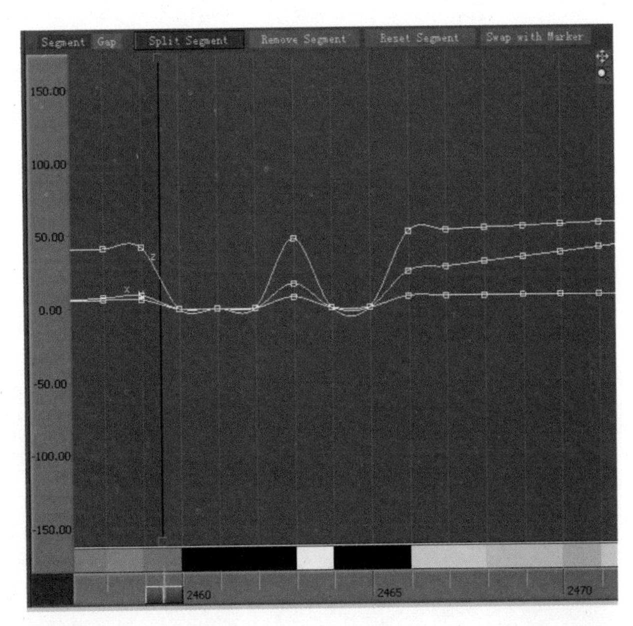


图 4–65

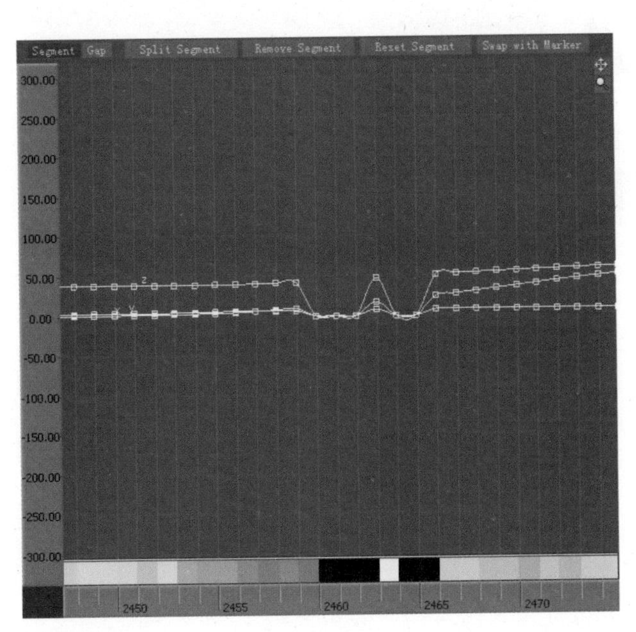


图 4–64

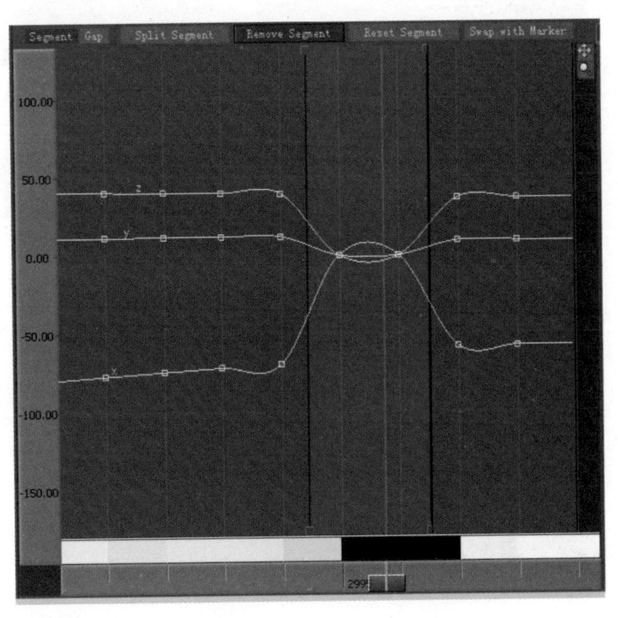


图 4–66

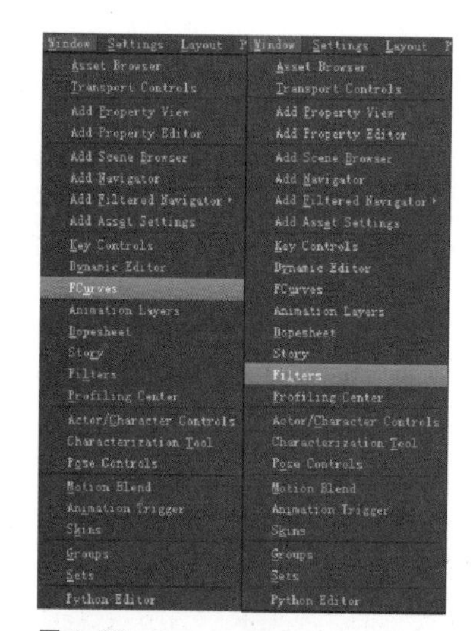


图 4-67

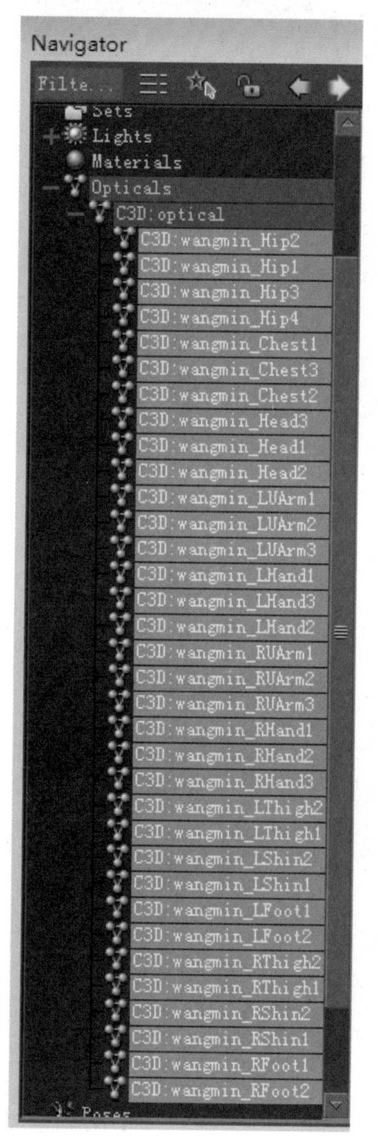


图 4-69

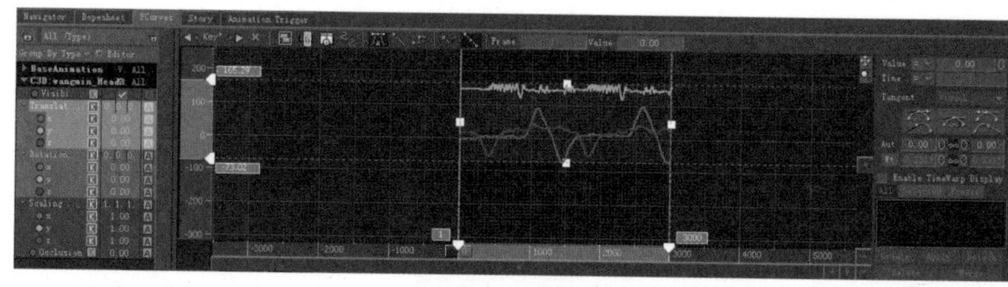

图 4-68

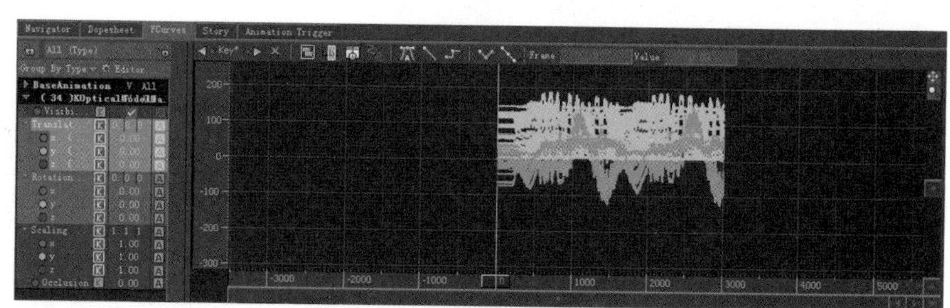

图 4-71

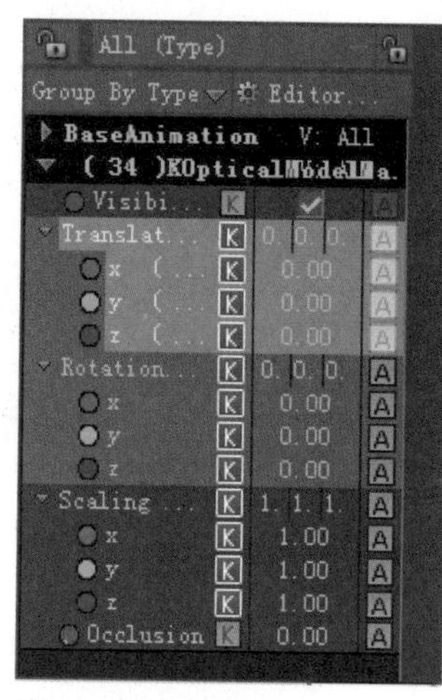


图 4-70

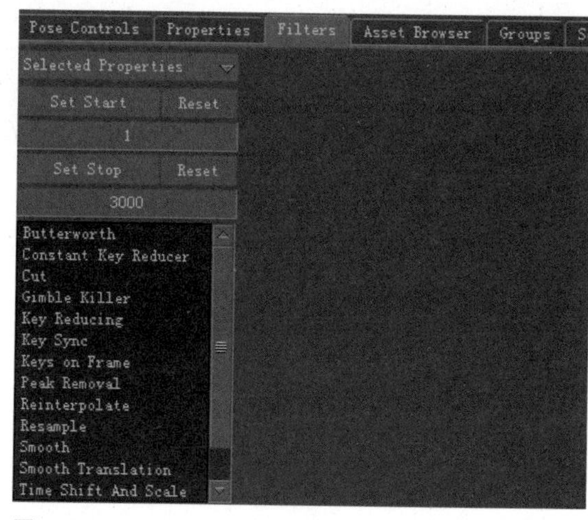


图 4-72

Peak Removal

图 4-73

选中全部标记点（图 4–69）。

将所有轨迹框选（图 4–70、图 4–71）。

在 Filters 中选择 Peak Removal（去极值）（图 4–72、图 4–73）。

单击 Preview（图 4–74）。

然后再选择 Smooth（平滑）项：分别将平滑值改为 8、4、2 进行平滑（图 4–75 ～图 4–77）。

图 4–74

图 4–75

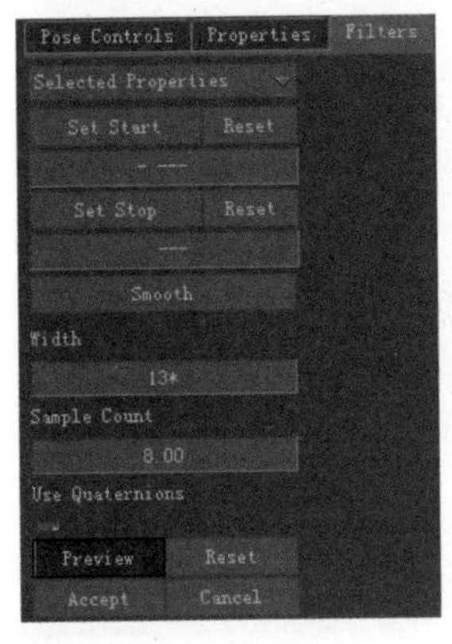


图 4–76

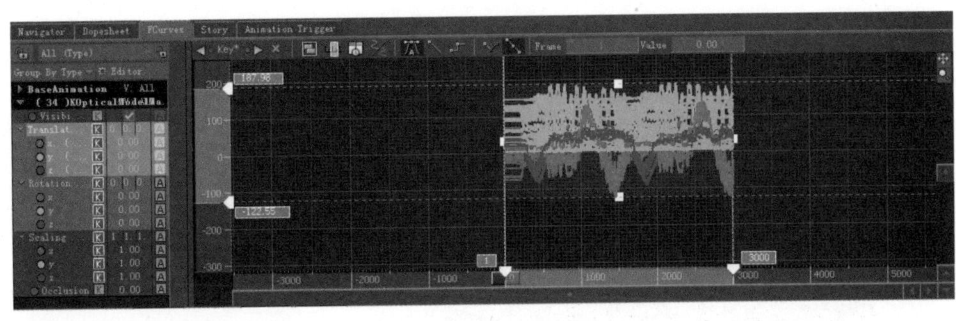

图 4–77

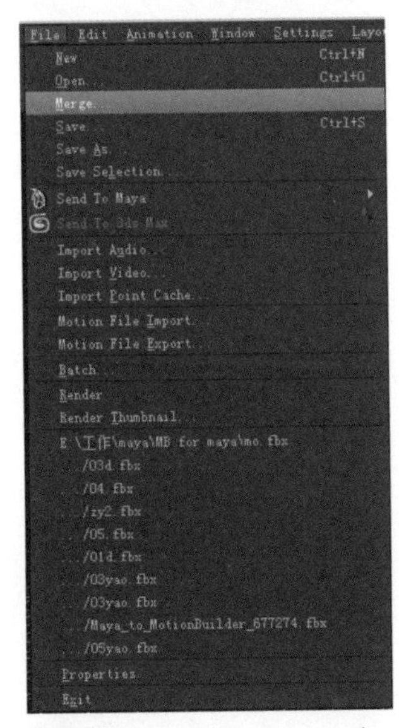


图 4–78

图 4–79

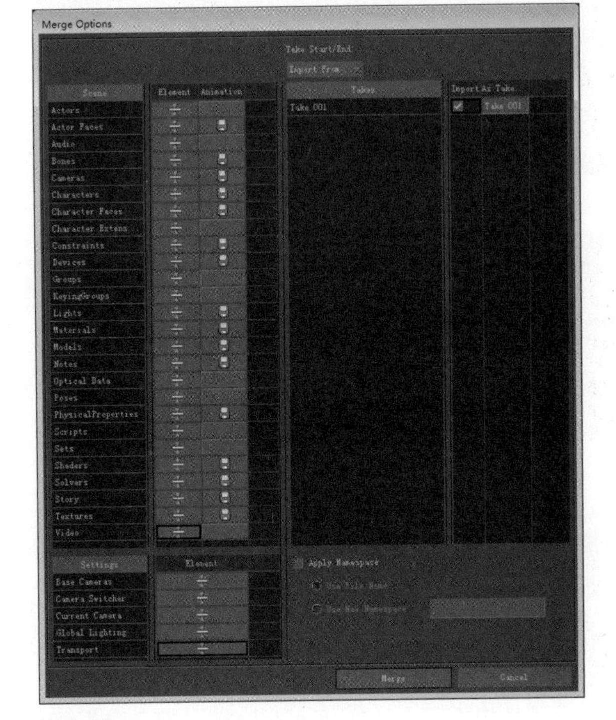


图 4–80

### 4.2.5　动捕数据应用到三维角色

对动捕数据修补完之后就要将其赋予到模型上了。

将先前准备好的模型 Merge 进 MB 中（图 4–78 ~ 图 4–80）。

注意：在将先前准备好的模型 merge 进 MB 时要将“Take 001”前面的“√”去掉（图 4–81、图 4–82）。

对导入进来的模型先进行角色化，左键拖住“Character”放在模型的根骨骼上，单击

"Character"（图 4–83、图 4–84）。

单击选择 "Biped"（图 4–85）。

在 Character Tools 中会出现（图 4–86、图 4–87）。

单击将骨骼解锁，对骨骼进行操作（图 4–88）。

清除肩部骨骼的匹配（图 4–89）。

双肩清除结束，单击锁住。

在 "Navigator" 中双击 "Character" 并选择 "Actor"（图 4–90）。

勾选 Active（图 4–91）。

在视图窗口中查看（图 4–92）。

单击 Plot Character，将动作烘焙到骨骼上（图 4–93 ~ 图 4–96）。

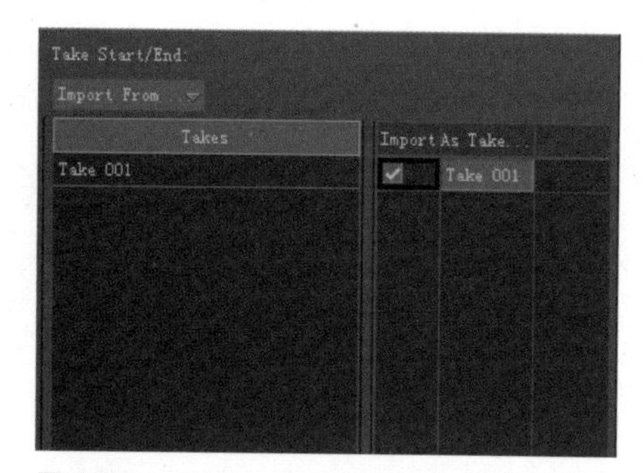

图 4–81

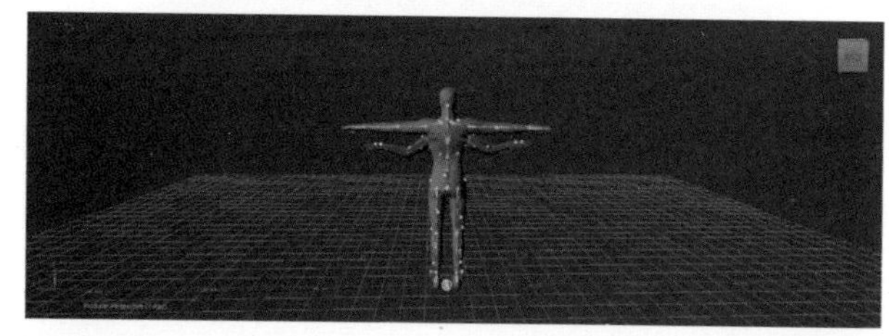
图 4–82

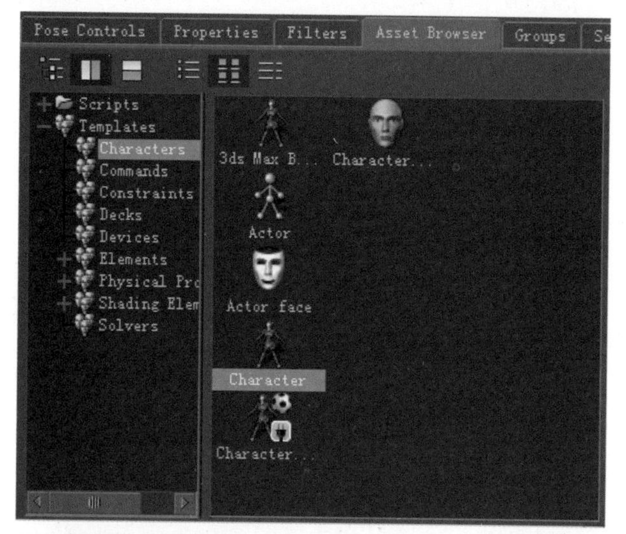

图 4–83

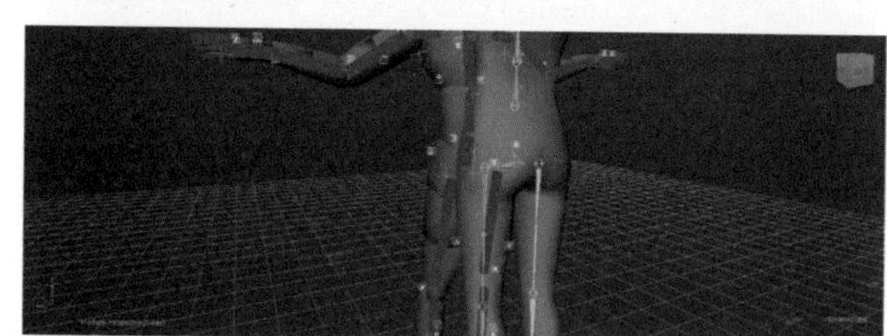
图 4–84

图 4–85

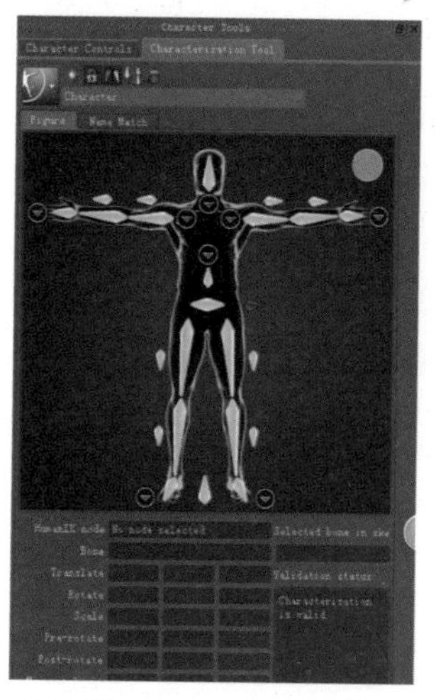
图 4–86

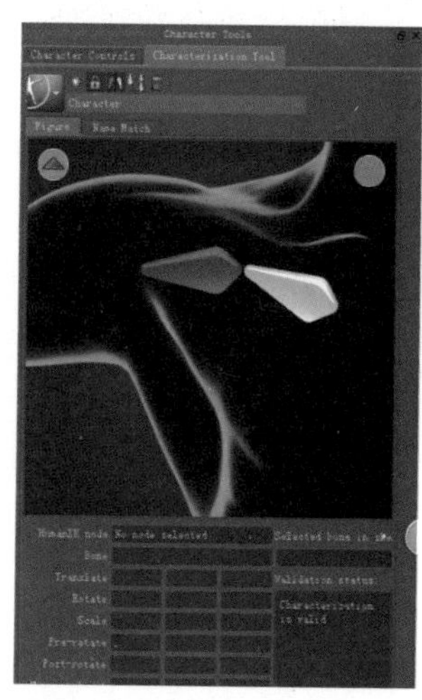
图 4–87

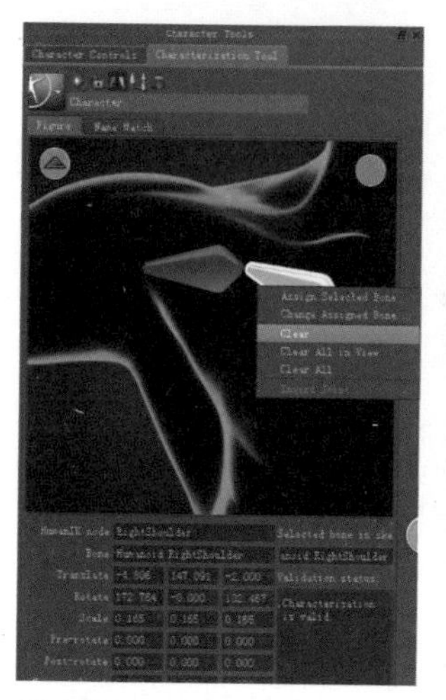
图 4–88

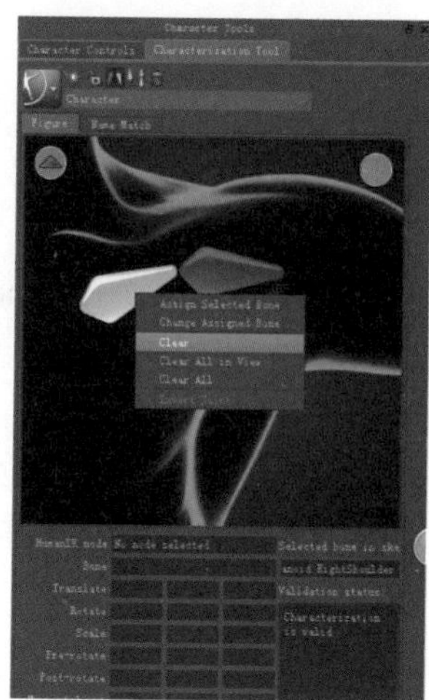
图 4–89

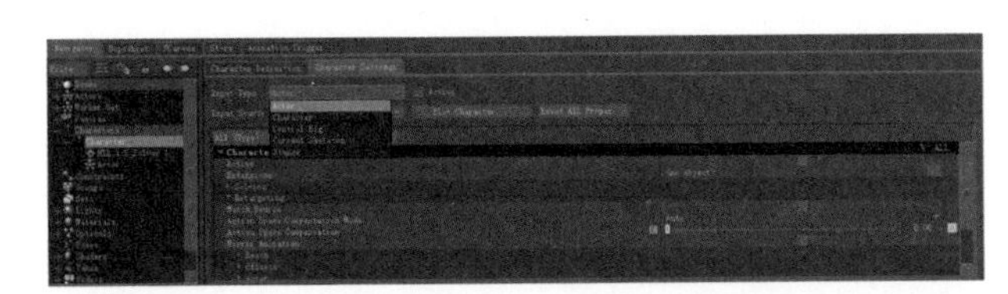

图 4-90

图 4-91

图 4-92

图 4-93

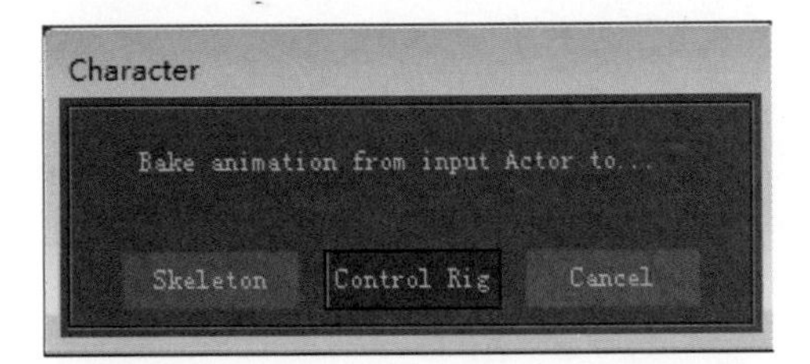


图 4-94

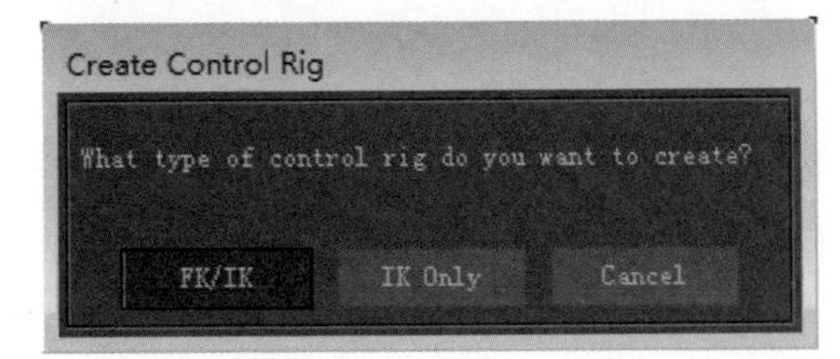


图 4-95

图 4-96

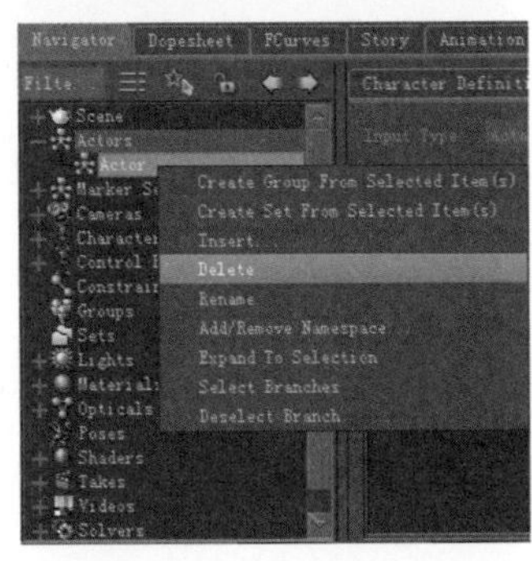


图 4-97

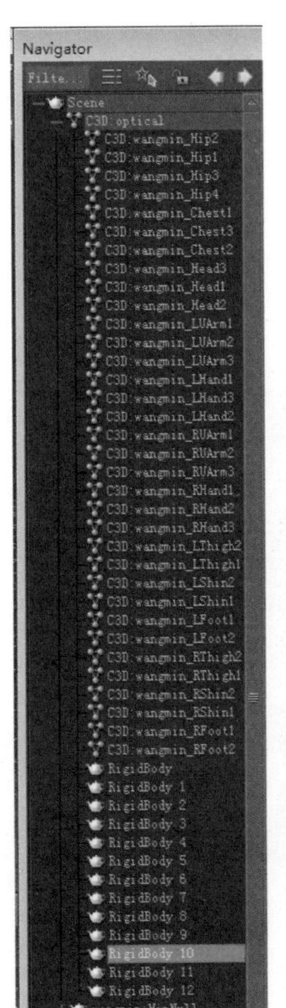


图 4-98

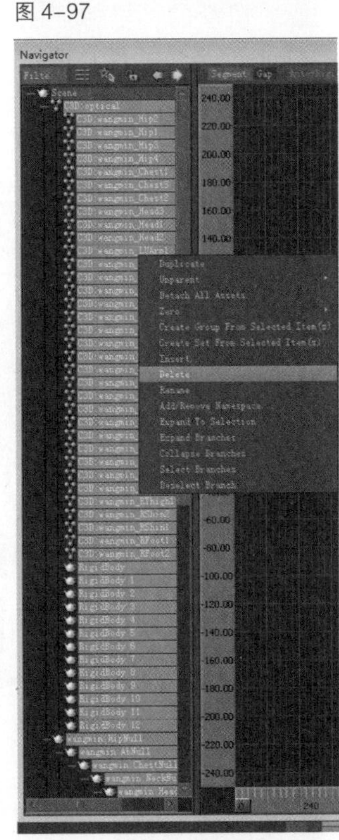


图 4-99

图 4-100

烘焙完之后将 Actor 和标记点删除（图 4-97 ~ 图 4-100）。

## 4.2.6　实时训练题

运用动作捕捉系统为三维角色制作一段舞蹈动画。

# 第 5 章　卡通两足角色设计及骨骼绑定技法

## 5.1　卡通两足角色设计

### 5.1.1　卡通角色设计原则

角色的造型设计是表达主题的第一直观要素，第一眼看去，就能留下深刻的印象。角色的造型能反映出鲜明的个性、行为，夸张的造型设计、幽默、机智的性格特征以及积极的态度深入各个阶层的心中，那我们在设计卡通角色的时候应该注意哪些因素呢？

图 5–1

图 5–2

第一，角色的造型要做到符合故事背景，其外表服饰能体现其职业性、年龄段、大致性格特点，能够带有生活痕迹，如动画电影《卑鄙的我》中主人公的设计，奶爸的设计突出其高大威武的形象，黑色的革履体现出成功人士的特点，尖长的鼻子有种坏坏的感觉，而灰色格子的围巾显示出了内心温柔的一面，三个女孩不同的头饰以及着装体现出三个不同的年龄段，小黄人的眼镜以及蓝色工作服的设计体现了其职业特征（图 5–1）。

第二，简化角色外形。简化外形并不是要去除结构特点，相反是为了突出某些结构特征而消减次要结构，使其角色体形曲线更美观，一些几何形体的外形往往能够带来不同的美感。如图 5–2 中神偷奶爸的体形使用了倒三角体形的设计，上肢宽大的体形与下肢纤细的腿形成鲜明的对比，角色的滑稽感油然而生；功夫熊猫采用了中间粗、两端细的体形设计，体现了功夫熊猫的憨厚、笨重感。

第三，夸张与细化角色的个性特征。简化角色外形之后，我们再来夸张突出角色的个性特征，此时，在细部特征设计中要明确大胆地塑造结构。在这点上，三维角色的造型结构比二维角色要求更严谨，二维角色造型的某些细部的结构可以简略带过，但在制作三维模型时，每个细节都会毕露无遗，只有按照角色的生理结构才能塑造出结实、有真实感的造型。动画电影中的角色夸张、丰富的结构表现了它们的生动和真实感（图 5–3）。

### 5.1.2　卡通角色三维模型制作

模型的制作是进入制作阶段的第一步，很多三维动画制作者是以此开始的，因为三维角色动画必

图 5-3

须在模型上制作动画，先建立模型，再驱动模型做动画，要对角色模型的制作有足够的了解才能继续动画工作。在绑定工作中，是否能够做出优秀的变形动画，很大一部分原因取决于模型的布线结构。掌握角色模型的制作技法，为做出优秀的动画打下良好的基础。接下来，我们将学习卡通角色的制作方法以及应用于三维角色动画中有哪些要求。

#### 5.1.2.1　卡通角色三维模型制作方法

制作卡通角色模型通常有三种方法：

第一种是在三维软件中先创建一个方块，在这个方块上增加结构，先拉扯出大体外形，然后再逐渐加线添加结构，是一种由整到零的制作顺序。这种方法，容易控制角色的整体感觉，但在更改细部结构布线时会略显麻烦。

第二种是在三维软件中创建一个面，由面向外扩展结构，先塑造出角色的一部分，再制作其他的部分，最后由很多部分拼接在一起，制作成整体造型，是一种由零到整的制作顺序。这种方法，局部细节的结构布线容易控制，但在角色的整体感觉把握上稍难，需要对整体的形态进行细调。

第三种是在雕刻软件（如 ZBrush、Mudbox）中先雕刻出精致的造型，因为面数太多不能直接用于制作动画，必须导入三维软件中使用拓扑工具重新拓扑模型。这种方法，对于整体形体的塑造与局部结构的刻画都比较容易掌控，适用于结构比较复杂的角色模型，是目前 3D 艺术家比较喜欢的方式。

不论哪种方法，都能制作出优秀的模型，多练习，找到自己的习惯方式才是好方法。

#### 5.1.2.2　卡通角色三维模型布线要求

（1）模型面数的控制

在三维建模中，模型面数要控制到多少，一直是初学者常问的问题。

如果是游戏模型，那么面数的多少是根据游戏引擎的能力计算的，是由策划和程序员精确计算出来的。通常主管会告诉模型师要控制在多少面以内，有些新手则会将面数控制得远低于面数要求，其实这是不对的，因为面数越少，所能表现的结构就越粗，也就是浪费了游戏引擎资源。因此，游戏模型的标准是越接近要求越好。

在动画或者影视方面，模型面数则没有太多要求。因为 3D 游戏的图像渲染是利用计算机显卡实时渲染的，在游戏中，每秒渲染 40 帧图像以上才可称之为流畅，我们将这种依靠显卡实时渲染的方式叫做硬件渲染。动画的渲染是使用计算机 CPU 渲染的，通常采用光线追踪的方式。这种渲染效果是很细腻的，但其渲染速度也慢得多，渲染 1 帧图像需要几分钟甚至几十分钟，这种方式叫做软件渲染。我们需要的是渲染后的序列帧动画，而不是实时渲染，因此软件渲染只要时间充足，多少面的模型都可以渲染。但是并不是无上限地增加面数，面数过多也会给制作动画带来负担，如刷蒙皮权重，表情，动力学解算以及渲染都会增加多余的制作时间而降低效率。因此，动画模型应该能够将造型结构表现出来，尽量减少废面就可以了。

还有一种是静帧模型的制作，也就是只渲染单张的精美的 CG 图像，这种模型面数可以更多，只要计算机能够承受即可，因为只渲染单帧出图，一张图像渲染十几个小时都是可以的。

综上所述，对于模型面数的控制要求，静帧模型的面数大于动画模型大于游戏模型。模型布线参考如图 5-4 所示。

（2）模型的结构布线要求

同一个角色造型，不同的建模师有不同的布线结构。接下来，将介绍建模布线的方法以及在什么情况下应该使用哪种方法。

1）平均布线法，也叫均等四边形法，要求布线在模型上分布均匀且每个单位形状近似。由于线条方向大都一致、整齐，排列有序，在绘制贴图展开以及绑定蒙皮变形时提供了很大的方便，而且若要修改造型，使用雕刻工具可以很方便地控制。但是这种方法如果要体现更多的结构，需要增加成倍的面数，一般用于要求苛刻的电影角色。平均布线一般按照骨骼的大方向走，像圆柱一样，线条纵横排列一致（图 5–5）。

图 5–4

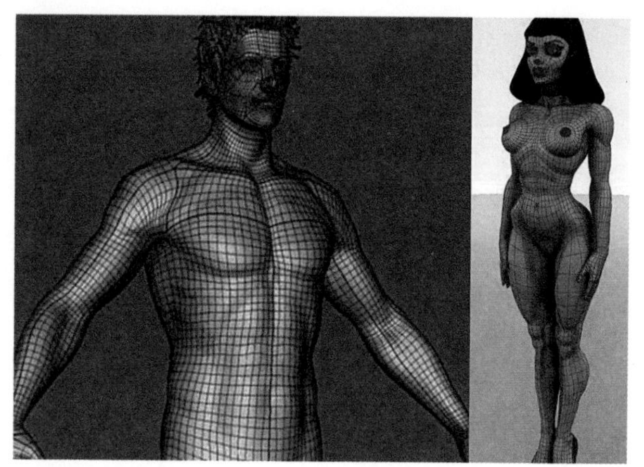

图 5–5

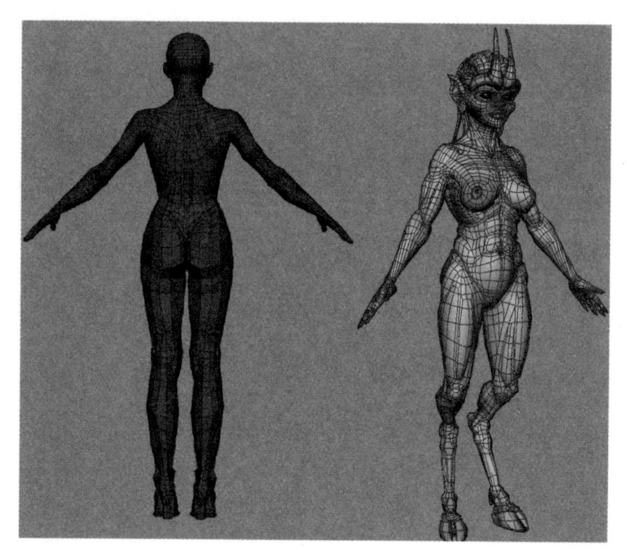

图 5–6

2）结构布线法，是根据结构的复杂程度，在尽量保持四边面的情况下，结构平缓的地方减少布线，结构复杂的地方布线密集。由于模型平缓的结构多于复杂结构，可以节省大量的面数。但是此法强调结构，线条走向杂乱，在贴图展开时会降低效率，而且在绑定蒙皮后，运动幅度大的地方结构变形难以控制，通常适用于做静帧模型（图 5–6）。

综上所述，动画角色建模的布线法则是：

动则平均，静则结构。动作幅度大，变形复杂的结构为了保证合理的伸展走向，采用平均法布线。变形小的局部结构可采用结构法，既能节省面数又能做足细节。

动则密集，静则疏散。动作变形大的地方要多更多的线才能具有良好的伸展性，并不是只表现出结构就可以，如膝、肘关节、胯部等。动作变形小的地方则不考虑变形拉伸，只表现结构即可（图 5–7）。

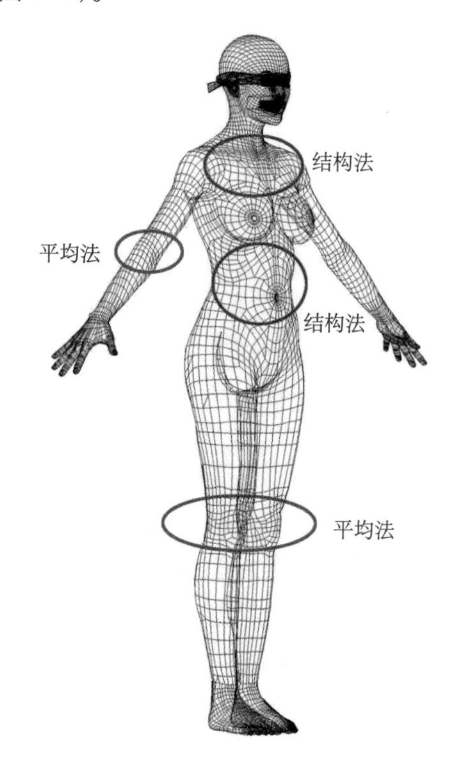


图 5–7

### 5.1.3　实时训练题

练习运用以上几种建模方式，制作不同年龄、性别的人体模型，熟练建模技法与布线结构，最后找到一种适合自己的方式以便日后的创作。

## 5.2　卡通角色骨骼绑定技法

准备好了模型，接下来就该赋予骨骼了！下面，我们将制作一套完整的骨骼绑定系统，对模型进行绑定，使用制作好的控制器简单方便地控制角色身体的各个部位，完成我们想要的各种动作，一套优秀的骨骼绑定可以让动画师轻松快速地设置各种各样的姿势，并且能够提供合理的中间动作。

骨骼绑定在三维角色动画中是一项复杂性、逻辑性较强的工作，在这个环节当中，我们将接触到大量的工具，其中包括骨骼系统，约束系统，融合变形、晶格变形、簇变形及雕刻变形等变形器系统，表达式编辑器，设置驱动关键帧，程序节点，蒙皮系统以及连接编辑器等工具，我们将这些工具进行混合连接使用。看到如此繁琐的工具是不是退缩了呢？的确，这对于大部分艺术工作者来说是不太擅长的。开始之前，保持清醒的头脑，准备迎接这一项挑战吧，这将会为你的动画带来很多精彩！

### 5.2.1　卡通角色骨骼系统制作原则

骨骼绑定的第一步就是要为模型搭建骨骼，我们知道，人体真实的骨骼系统是非常复杂的，但在搭建三维角色骨骼时，找出主要的骨骼就可以了，所以第一个要素是确立骨骼位置。另外，在设置动作时，大量的动作是通过控制器驱动骨骼的旋转来完成的，因此，第二个要素是确立骨骼坐标轴向。

#### 5.2.1.1　骨骼位置摆放原则

在 Maya 中，骨骼工具是 Joint Tool，直译为“关节”，因此，在创建骨骼时应按照人体关节位置摆放，即身体部位发生旋转的地方就可以放置一节骨骼。

由于骨骼之间的连接原理是父子关系，也就是骨骼的上级完全控制下级的，因此，首先要从身体的最根部开始创建，臀部是两足角色的重心所在，其他部位都是依据臀部为重心活动的，因此，我们从臀部开始创建躯干直至头部，然后再创建四肢骨骼。

#### 5.2.1.2　骨骼坐标方向原则

在三维场景中，我们知道物体的坐标轴有三个方向，骨骼也不例外，那么我们在设置动作的时候，能旋转一个方向达到目标就不要用两个方向，因此，骨骼的坐标方向的原则是坐标轴应与角色生理结构的方向保持一致。

骨骼的坐标方向是绑定初期比较难理解的一部分，首先来看骨骼坐标方向是如何定义的。打开 Skeleton → Joint　Tool 的选项框，我们通过了解下面几个属性来解释骨骼方向的定位。

Primary　Axis（第一轴向），是骨骼朝向下级骨骼的方向，通常使用默认的 X 轴，这是指向从此骨骼延伸向下的骨骼的轴。

Secondary　Axis（第二轴向），选择剩余两个轴中的一个，作为第二轴向，通常使用默认选项 Y 轴。若选择 None，则会自动选择第二轴向。

Secondary　Axis　World　Orientation（第二轴向的世界坐标方向），选择第二轴向朝向世界坐标轴的哪个轴向。通常选择垂直于创建骨骼视窗的轴向，这样创建出来的骨骼方向是相统一的，在顶视图创建骨骼时，应为 Y 轴，前视图为 Z 轴，侧视图为 X 轴。

Orient　Joint　to　World（定向为世界坐标），如果勾选这个选项，则骨骼的坐标方向与世界坐标相统一，但如果选择子骨骼，其坐标轴会统一为父级骨骼的坐标方向，一般不常用。

下面我们来做一个小测试，在侧视图中，使用 Joint　Tool 默认设置（Secondary　Axis　World　Orientation 为 Y）创建一段脊柱为 (a)。打开 Joint　Tool 设置选项，将 Secondary　Axis　World

Orientation 设置为 X 轴，创建一段相同的脊柱(b)。打开子物体选择模式中的问号按钮可显示骨骼方向（图 5–8）。(a) 骨骼的 Y 轴根据世界坐标 Y 轴向上，出现左右相反的方向，(b) 骨骼的 Y 轴根据世界坐标 X 轴统一朝内，Z 轴方向也是统一的。如果我们设置弯腰动作，所有的 (a) 骨骼向左弯曲，由于 Y 轴朝向不统一，脊柱弯曲上下相反，而 (b) 骨骼则弯曲一致，因此，统一骨骼的方向对后面的绑定与动画是非常重要的。在侧视图 YZ 平面时，第二轴向朝向 Y 和 Z 都不能得到完全统一的方向，在创建骨骼时，应先在 Joint Tool 中将 Secondary Axis World Orientation 设置为垂直于创建视窗的世界坐标轴向（图 5–9）。

### 5.2.1.3 骨骼系统创建技法

（1）为了避免场景中无效的节点给后面的绑定带来不必要的麻烦，清理场景中无效的节点是必要的，很多初学者在绑定时出现的无法命名或是绑定的莫名错误就是没有清理节点造成的。首先选择模型执行删除历史记录命令，然后调整模型与网格对齐，最后执行冻结变换命令，将所有变换归零（图 5–10）。

打开 Outliner（大纲视图），取消勾选 DAG Object Only，此时，会显示出场景中所有的节点，选择除模型之外的所有的节点，然后删除，如果模型变为绿色，表示模型的材质节点被删除，可重新指定一次材质（图 5–11）。

关闭 Maya 移动工具的自动骨骼定向，这是 2012 版增加的一个功能，在移动骨骼时，它可以自动校正骨骼方向，看似是方便调整骨骼的命令，但实际上仅仅只能校正正交平面的骨骼，而偏离正交平面的骨骼方向则会因此而变乱，在下面会讲解它的原因。点击移动工具，执行 Display → UI Elements → Tool Settings（工具设置），打开移动工具属性，取消勾选 Joint Orient Settings 下的 Automatically Orient Joints。

注意：

清理场景节点这一步应放在制作材质之前执行，即模型完成之后应该执行的操作，否则应保留其材质节点。

（2）创建躯干骨骼，打开光盘中 Boy_Mo.mb 文件，打开菜单 Skeleton → Joint Tool（骨骼工具）进行设置，Secondary Axis 为 Y 轴，Secondary Axis World Orientation 为 X 轴正方向，在侧视图中从臀部依次点击直至头部，搭建躯干用了 4 根骨骼，躯干骨骼的数目根据角色设定的不同而变化，躯干长的角色可以增加骨骼来获得更好的

图 5–8

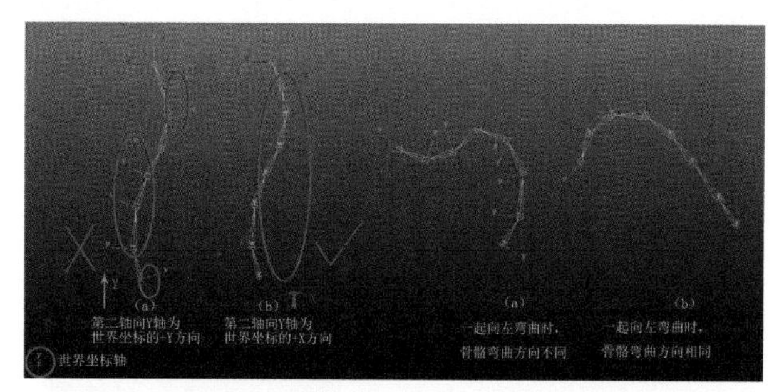


图 5–9

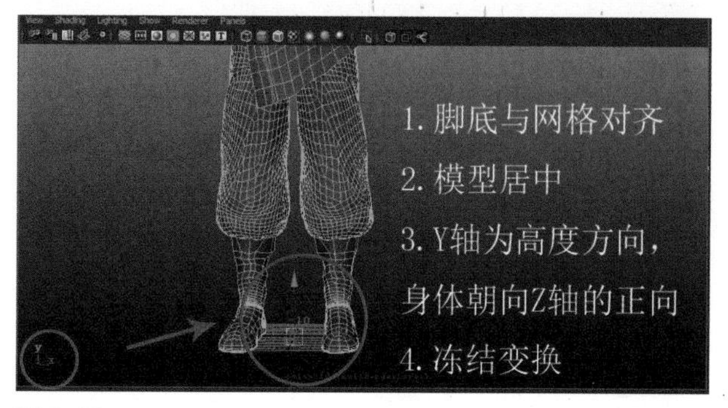


图 5–10

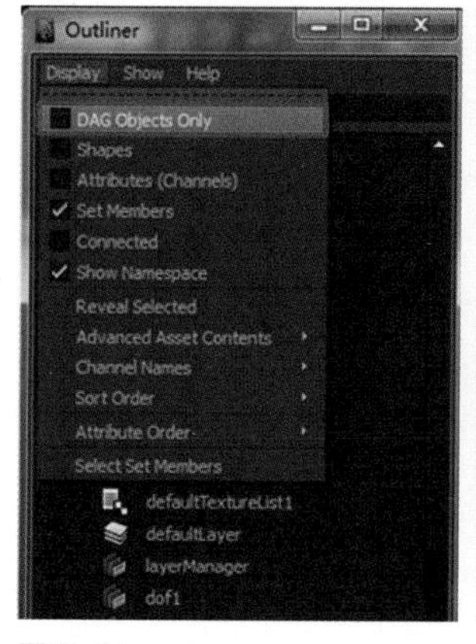


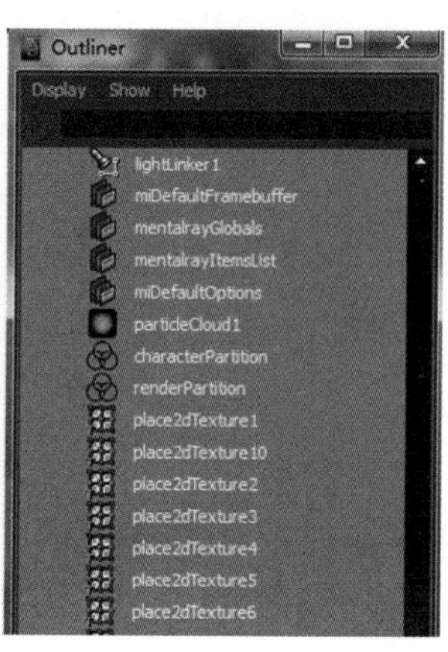


图 5–11

柔韧性。再次使用 Joint Tool，先点击一下头部的骨骼，在头部的骨骼上创建两节下颌骨，注意胸骨、头部和下颌骨的位置（图 5–12）。

注意：

骨骼一般应放置于模型的中央位置，这样，转动的时候前后比较平滑，但是有些时候并不是在中间就是合理的，如头部向后仰时，下巴下面的皮肤应绷紧，因此，头部骨节的位置越向后，旋转同样的角度，所带动前面皮肤的变形就越大。

技巧：

如果想要改变骨骼显示的大小，可以执行 Display → Animation → Joint Size 命令进行调整。

（3）调整骨骼的位置与骨骼方向的技法：调整骨骼位置时，我们通常使用 3 种工具，除了移动和旋转骨骼外，还可以按住 D 键不放显示坐标轴移动手柄（或者按一下 Insert 键），这种移动方式不会影响到下级骨骼的位置，是很方便快捷的方法。总的来说，是通过移动和旋转的方式来摆放骨骼位置。

但是，经过骨骼对位的调整，有的骨骼 X 轴方向偏离了骨骼的朝向，所以，需要校正骨骼的坐标方向，执行 Skeleton → Orient Joint(定向骨骼)，与骨骼工具的设置是相同的，在 Secondary Axis World Orientation 选项中选择垂直视窗平面的 X 轴，即可重新校正骨骼方向（图 5–13）。

注意：

Orient Joint 有两种使用条件：①骨骼旋转属性必须为零，否则会出现无法使用的错误，解决方法是先冻结变换。②当骨骼旋转方向偏离正交平面时，使用定向骨骼命令会指定一个错误的第二轴向，如腿部骨骼的设定，导致骨骼很难完成正常屈膝动作。因此，骨骼需偏离坐标平面时，应手动旋转骨骼方向，不要使用 Orient Joint 命令校正方向。如图 5–14 所示，左边为使用 Orient Joint 命令的结果，右边为手动旋转效果。

那么，我们介绍一下在调整偏离世界坐标平面上骨骼的方法：

1）首先，通过旋转调整骨骼的坐标朝向。

2）通过移动调整骨骼的长度，点击激活 Translate X 参数，按住鼠标中键左右拖拽即可。骨骼的长度是 X 轴参数记录的，因此，当其他轴

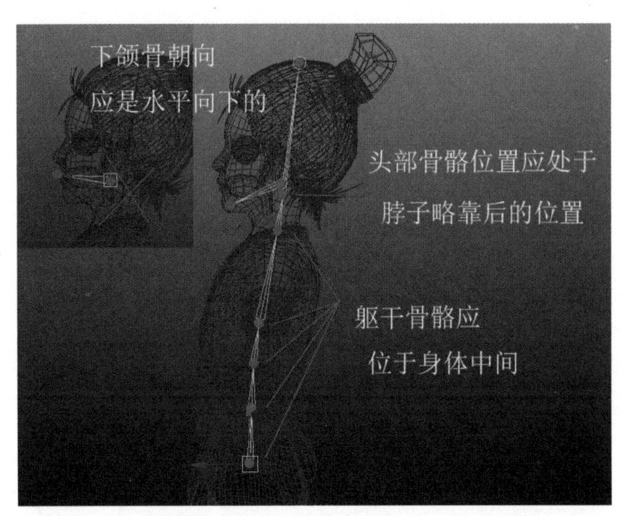


图 5–12

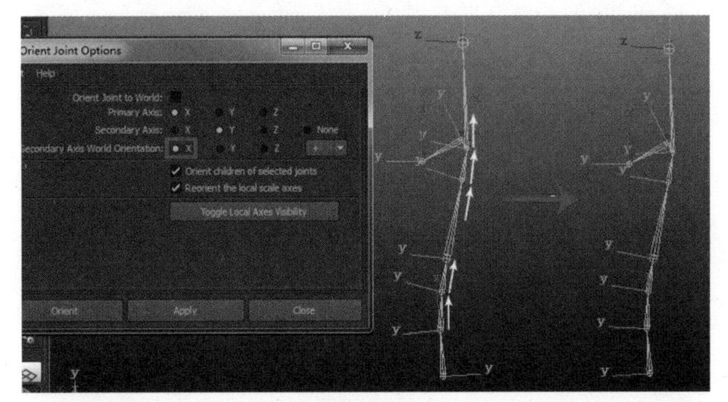


图 5–13

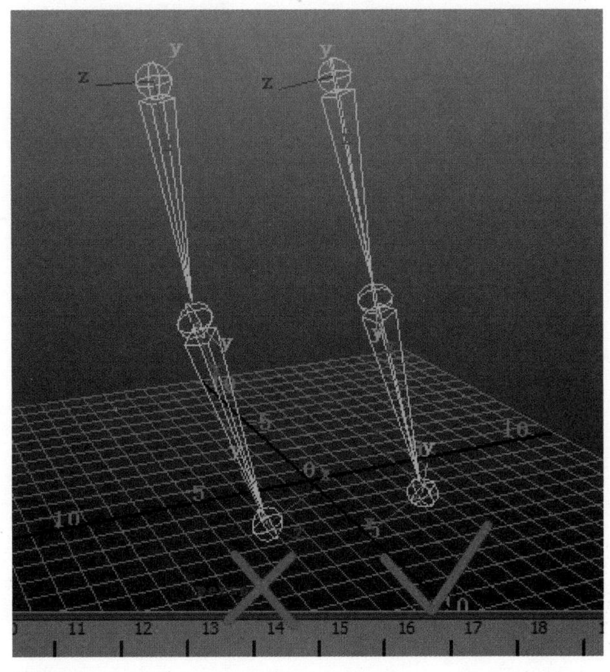

图 5–14

图 5-15

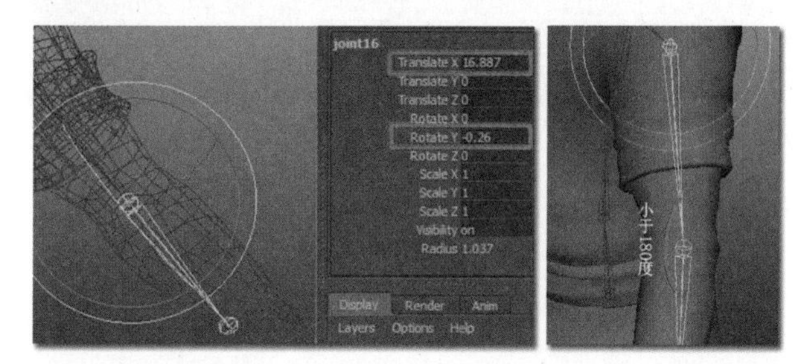

图 5-16

向参数发生变化时，则骨骼朝向与坐标方向偏离。将 Translate Y 与 Translate Z 设置为 0 便可重新对齐。

3）最后选择根骨骼冻结变换（位移是相对值，不会被冻结），子骨骼也会随同一起冻结变换。

（4）创建上肢骨骼：按照手臂的生理结构来说，小臂只可前后旋转，所以应在顶视图中创建，执行 Skeleton → Joint Tool（骨骼工具）命令（设置选项中 Secondary Axis World Orientation 选择 Y 轴），按照模型结构依次点击 4 次，分别是肩胛骨、肩膀、胳膊和手腕，然后回到透视图中，按照自上而下的骨骼对位原则，在透视图中先将肩胛骨移动至模型相应位置，然后将大臂骨放置于肩膀位置（图 5-15）。接下来调整小臂时要注意几点，因为小臂结构的特点，调整小臂骨节位置时，只能通过旋转大臂以及调整 Translate X、Rotate Y 参数对位，其他参数应保持为 0（图 5-16）。

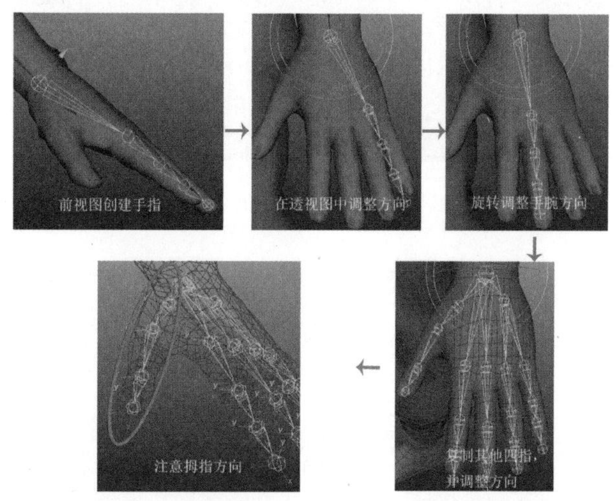

图 5-17

接下来创建手部骨骼，一般手掌朝下，按照手指结构，在前视图中，执行 Skeleton → Joint Tool（骨骼工具）命令（设置选项中 Secondary Axis World Orientation 选择 X 轴），点击手腕骨骼并依次向下点击 4 次，创建一段手指，回到透视图中，调整手腕方向朝向手掌，复制其他四指，移动至相应位置（图 5-17）。另外，在中指与小指的上端额外创建了一个骨骼，通过旋转 X 轴方向，可使手掌向内握，调整这根骨骼的方向时，可以先与中指、小指断开父子关系，旋转至正确方向，再将手指连接起来，内握时围绕中指旋转，所以调整其 X 轴朝向中指（图 5-18）。

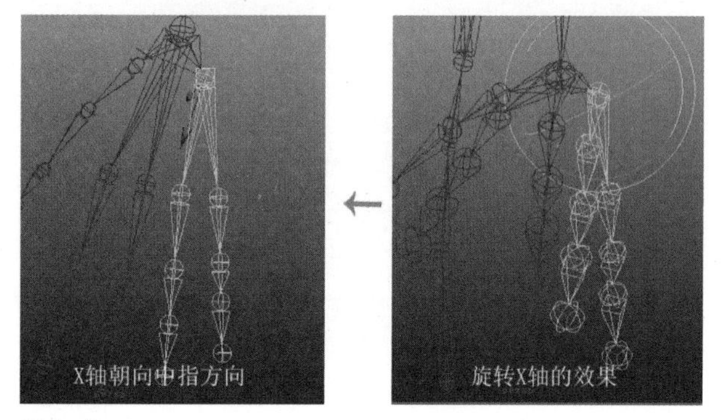

图 5-18

注意：

拇指的弯曲方向与其他四根手指的方向不同，必须旋转拇指顶端的骨骼 X 轴来匹配拇指的方向，另外，其他四根手指也有略微不同。

技巧：

若手动调整骨骼方向时，不想影响子骨骼，可以先断开父子关系，调整之后再连接起来。

（5）创建下肢骨骼：有了制作上肢的经验，下肢要简单许多。在侧视图中，执行 Skeleton → Joint Tool（骨骼工具）命令（设置选项中 Secondary

Axis World Orientation 选择 X 轴），按照腿部结构依次创建骨骼（图 5-19）。在透视图中完成骨骼对位，并将大腿 P 到臀骨下（图 5-20）。

再回到侧视图中，执行 Skeleton → Joint Tool（骨骼工具）命令（设置选项中 Secondary Axis World Orientation 选择 X 轴），接着脚踝骨骼创建脚部，脚部骨骼方向应垂直于地面，但是手动旋转脚踝会影响子骨骼，先与子骨骼解除父子关系，旋转垂直于地面，转到透视图调整对位，再重新连接父子关系（图 5-21）。

5.2.1.4　**骨骼规范化设置**

（1）名称规范化：在绑定过程中，命名是非常重要的，有序的命名系统会给我们提供很大的便捷，否则会降低工作效率，甚至无法继续。骨骼命名必须标准规范且唯一，相同的名称不被表达式认可，下面是常用骨骼名称的命名（图 5-22）。

（2）复制镜像骨骼：镜像骨骼放在命名之后可以省去另一半命名的时间，选择骨骼 Hip_L 和 Scapula_L，打开 Skeleton → Mirror Joint（镜像骨骼）选项进行设置，Mirror Across（镜像平面）选择 YZ。在 Replacement names for duplicated joints（复制骨骼名称替换）里面填写 Search for（搜索字符）、Replace with（替换字符），可以重命名镜像后的名称（图 5-23）。

（3）骨骼创建完毕后，所有骨骼不能有任何旋转值和缩放值，选择根骨骼，执行冻结变换，所有子骨骼也会一起冻结。

## 5.2.2　涉及的基础知识

5.2.2.1　**层级关系**

层级关系即父子关系，是物体完全跟随上级的变换而变换，物体的上级称之为父物体，物体的下级称之为子物体。变换包括位移、旋转和缩放。创建父子关系是绑定中最基础的常用的控制方法，它还能在大纲视图中方便地管理节点（图 5-24）。

在层级关系中，子物体的变换参数是相对于父物体的，子物体在跟随父物体位置变换时，其变换参数保持不变，因此，在绑定中还有一个非常重要

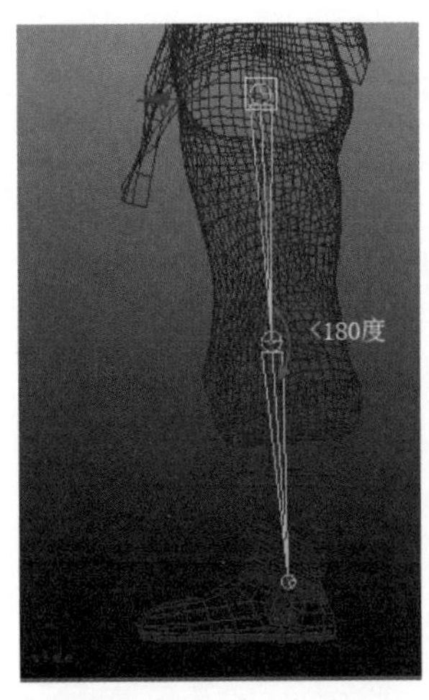


图 5-19

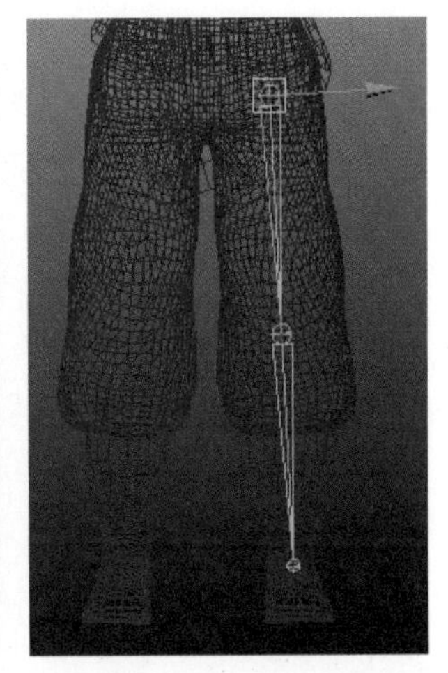

图 5-20

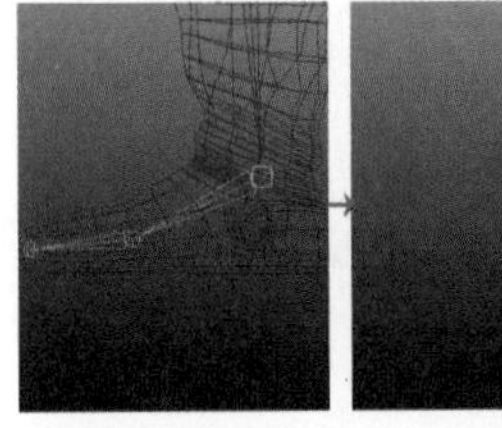

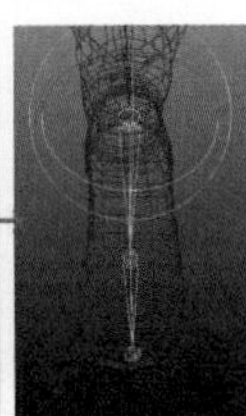

图 5-21

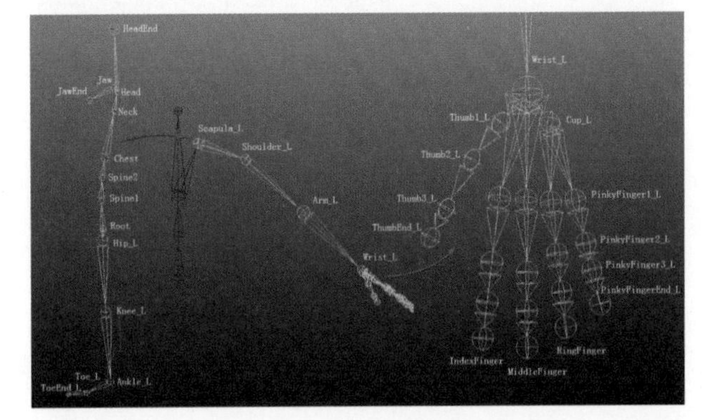

图 5-22

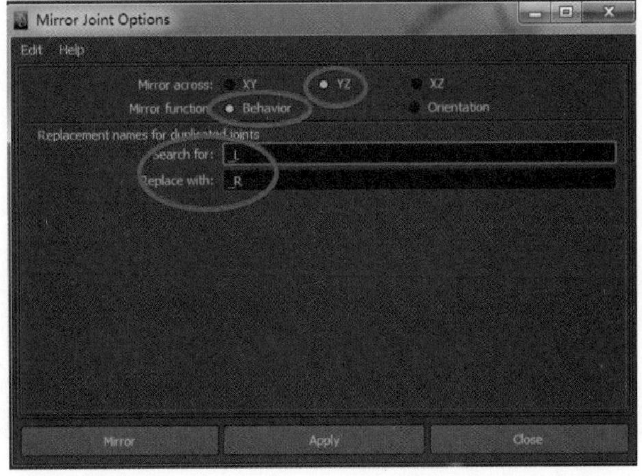


图 5-23

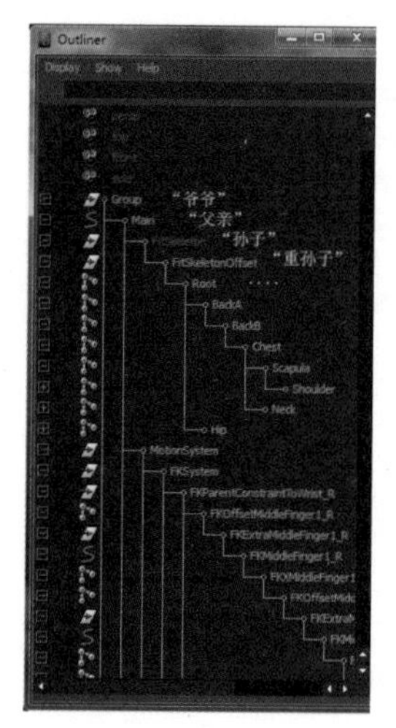

图 5-24

的作用，通过在控制器上添加组，而让控制器的变换参数默认全部为 0 。

父子关系的创建方法有两种：

（1）在工作视窗中，先选择子物体（可以是多个），最后选择父物体，按快捷键 P（或者执行 Edit → Parent 命令），则先选物体成为最后选择物体的子物体。若解除父子关系，选择子物体，按 Shift+P 键（或者执行 Edit → Unparent)，则解除父子关系。

（2）直接在大纲视图中按住鼠标中键上下拖拽调整层级关系。

5.2.2.2 **坐标轴对位技法**

在绑定中，控制器必须要与骨骼轴向及位置对位，才能在绑定当中产生正确的旋转及位移效果，否则会给后面带来绑定的麻烦。

控制器的要求：首先，控制器是用来设置关键帧的，所以必须保持控制器初始变换数值都是 0。其次，控制器的坐标轴方向要根据绑定位置来确定，如 FK 控制器要与骨骼方向一致，IK 控制器一般与世界坐标一致。因此，既能够保持控制器的初始状态为 0，又能随意移动旋转的方法就是给控制器打组，然后对组进行变换调整，就可以让控制器保持在自身的坐标世界中。

控制器与骨骼坐标轴对齐的方法有两种：一种是利用父子关系的方法，另一种是利用父子约束的方法。

(1) 父子关系方法

原理：在 Maya 中，通道盒中的变换属性指的是物体自身距离上级坐标系统原点的相对变换值，包括位移、旋转和缩放，也就是物体在相同的位置、相同的旋转角度，但更换上级物体时，其变换属性也会随之改变，不管在哪个层级中，因此只要将物体的变换设置为 0，则会自动回到物体上级的坐标原点，其旋转方向也会与上级坐标方向相同。利用这一原理可使子物体与父物体的坐标轴对齐。

操作方法：

1）选择控制器，将位移旋转参数设置为 0，回到世界坐标原点，若没有在坐标原点，则应手动移动（打开吸附网格）至坐标原点，并执行冻结变换。

2）选择控制器，按 Ctrl+G 组合键打组，选择组，再选择骨骼，按 P 键设置为骨骼的子物体。

3）此时，组的位移及旋转参数产生了数值，将组的位移与旋转属性设置为 0，则会自动与骨骼的坐标轴统一。

4）最后按 Shift+P 解除组与骨骼的层级关系，若需要调整控制器，可以选择控制器子物体下的控制点进行操作调整（图 5-25)。

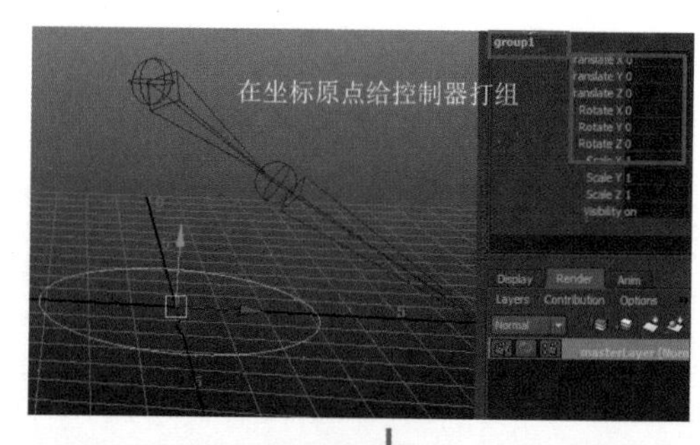


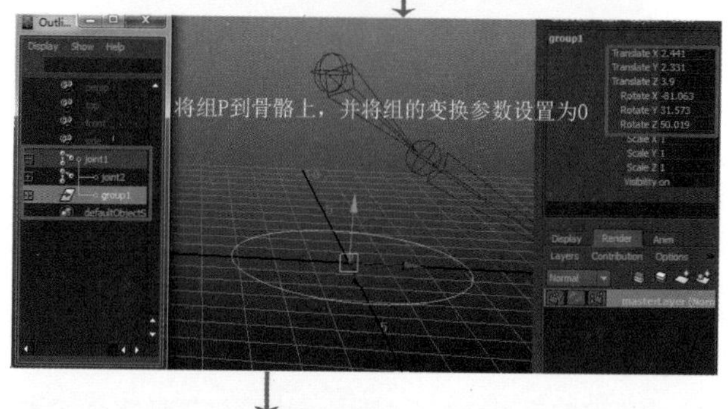


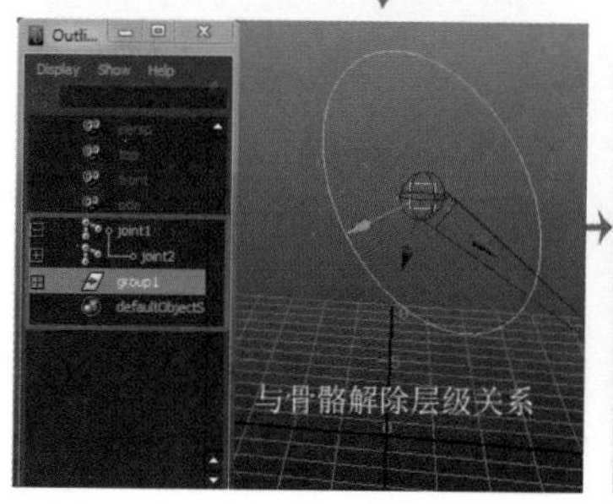


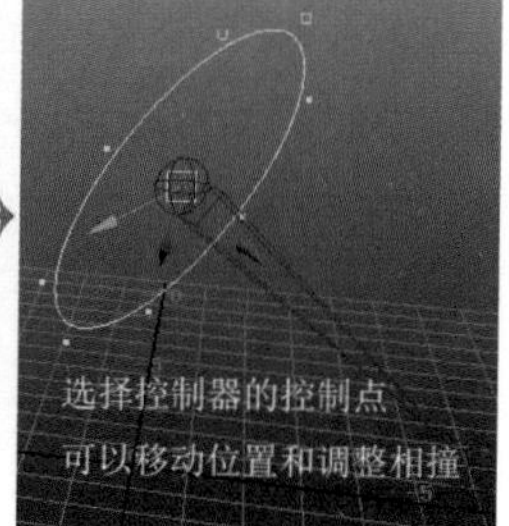


图 5-25

(2) 父子约束方法

原理：父子约束可以不受层级关系的影响，被约束物体直接受到约束物体的位移和旋转的控制。在不保持偏移的情况下，被约束物体的坐标轴与约束物体的坐标轴完全对齐。

操作方法：

1) 选择控制器，将位移旋转参数设置为 0，按 Ctrl+G 组合键打组。

2) 先选择骨骼，再选择控制器的组，打开 Constrain → Parent（父子约束）的设置选项，取消勾选 Maintain Offset（保持偏移），单击 Add 创建父子约束（图 5–26）。

3) 此时若需调整控制器位置或旋转，选择控制器调整之后执行变换冻结命令即可。最后删除控制器组层级下的约束节点（图 5–27）。

### 5.2.2.3 自定义属性及属性连接

自定义属性可以在控制器上的额外属性来控制其他物体，可以让我们直观明了地设置动画。

执行 Modify → Add Attribute 命令，打开自定义属性面板（图 5–28）。

(1) Long Name：设置属性名称。

(2) Data Type：参数类型，有以下 6 种：

1) Vactor：矢量类型，选择此类型会一次创建 X、Y、Z，3 个浮点属性。

2) Float：浮点类型，就是可以带小数的数值，最常用的类型。

3) Integer：整数类型，即创建的数值为整数。

4) Boolean：布尔类型，创建有开 / 关切换组成的属性。

5) String：字符串类型，创建接受字母数字条目作为数据输入的字符串属性。

6) Enum：列举类型，选择此类型，会激活 Enum Names 选项，可在此输入多个名称，创建多个名称切换组成的属性。

(3) Numeric Attribute Properties：数值属性，只有选择 Float（浮点）与 Integer（整数）类型时才可使用，通过 Minimum（最小值），Maximum（最大值），Default（默认值）来设定数值的大小范围。

属性连接在绑定中是很重要且很常用的，它可以将物体的某个属性连接到另外的某个属性上，从而使一个属性的数值输出给另外一个属性。在 Maya 中，节点与节点之间的连接其实都是属性连接起来的。

执行 Window → General Ediors → Connection Edior（连接编辑器），或者选择物体，在通道盒中单击激活任意一个参数，执行 Edit → Connection

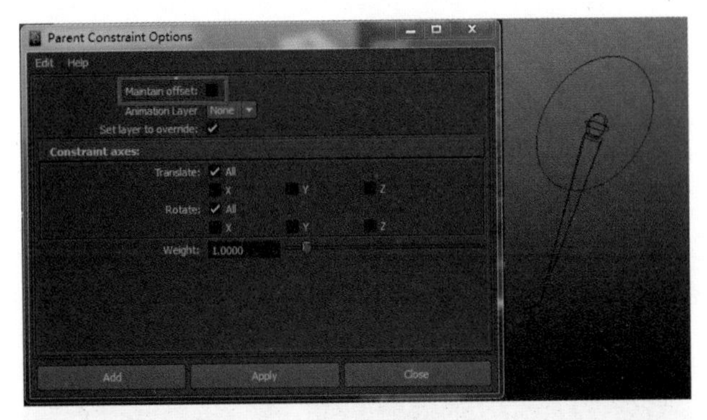


图 5–26

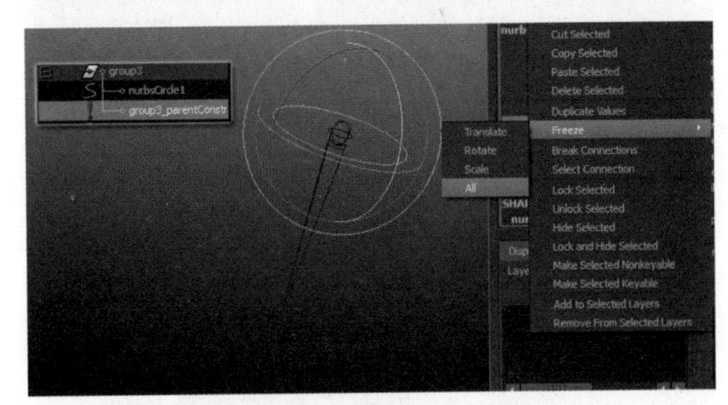

图 5–27

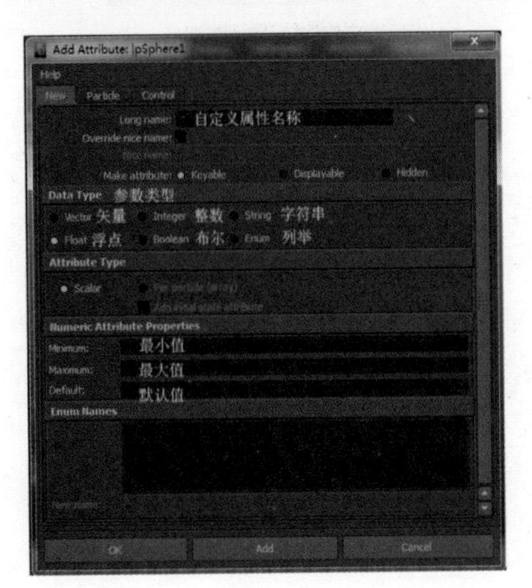


图 5–28

Edior（连接编辑器），单击 Reload Left 可载入控制对象，单击 Reload Right 可载入被控制对象，选择左边的属性，输出到右边所选的属性。此时，被连接的属性在通道盒中显示为黄色（图 5–29）。

有时需要断开属性的连接，我们在通道盒中直接选择要断开的属性，单击右键选择 Break Connections（打断连接）即可，这种方法也可以断开任何其他节点的连接。

5.2.2.4 约束

约束是使物体的位置、方向或缩放受到目标物体的控制。在 Maya 中，有 11 种约束，分别是

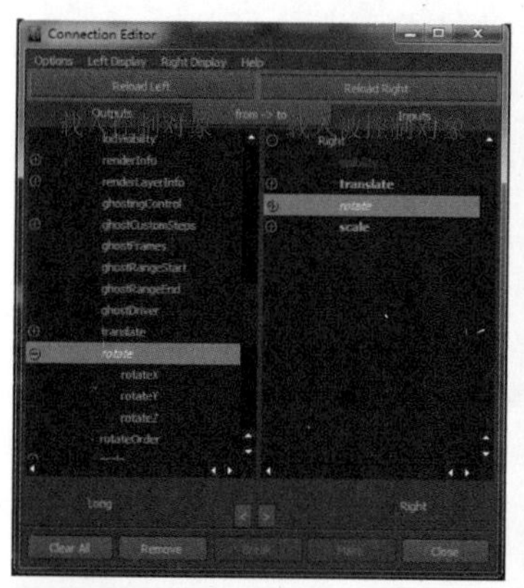

图 5–29

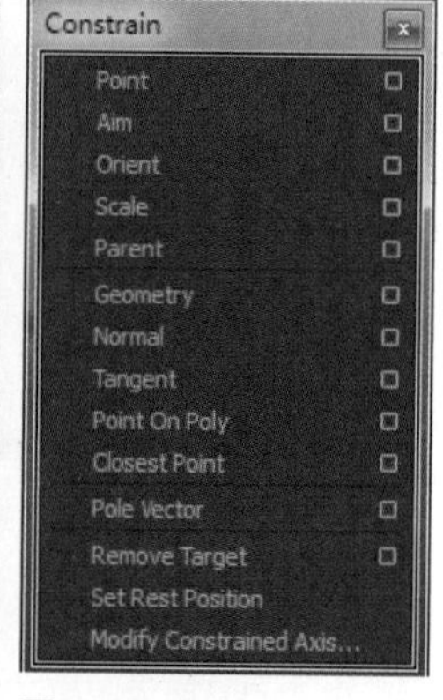

图 5–30

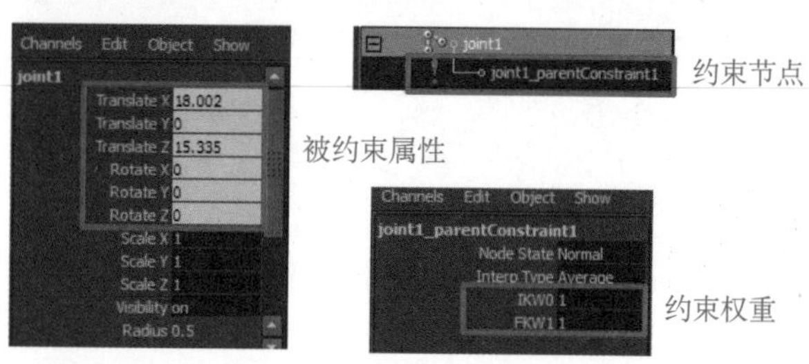

图 5–31

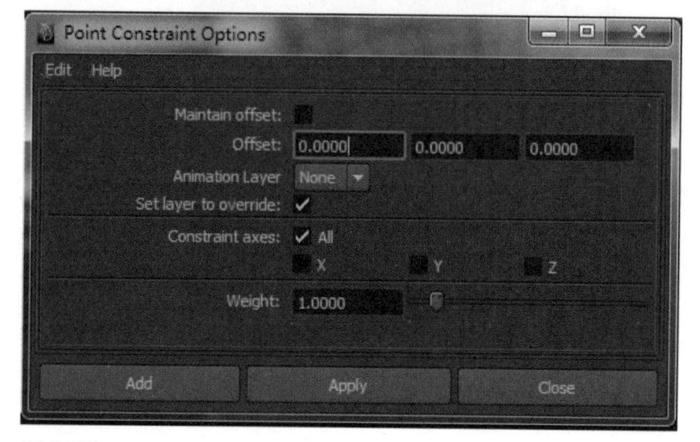

图 5–32

Point（点约束）、Aim（注视约束）、Orient（方向约束）、Scale（缩放约束）、Parent（父子约束）、Geometry（几何约束）、Normal（法线约束）、Tangent（切线约束）、Point On Poly（多边形上的点约束）、Closest Point（最近点约束）和 Pole Vector（极向量约束）（图 5–30）。

约束的操作方法是先选择目标物体，再选择被约束物体，执行约束命令即可，被约束的物体在通道盒中的属性以蓝色显示，表示已被约束，此时被约束物体的子级会自动添加一个约束节点。也可以多个目标物体约束一个物体，最后一个选择的物体为被约束物体，前面选择的物体共同约束最后一个物体，选择约束节点可以调节约束的权重（图 5–31）。

若要消除约束，选择约束节点，删除即可。约束选项中还可以设置约束的轴，对于不需要的轴向，可以取消，如果在约束执行后更改约束轴，执行 Constrain → Modify Constrained Axis（修改约束轴），更换即可。

点约束：物体的位置被目标物体约束。

打开点约束的选项窗口，有以下参数（图 5–32）：

Maintain Offset（保持偏移）：勾选此选项可以保持被约束物体当前的位置，不勾选时则会与目标物体坐标轴对齐。

Offset（偏移）：不保持偏移时激活，被约束物体相对于目标物体的偏移位置(平移 X、Y 和 Z)。

Animation Layer（动画层）：将约束添加至动画层中。

Constraint axes（约束轴）：选择被约束的轴。

Weight（权重）：目标约束的权重大小。如果目标物体只有一个，只要权重不为 0，则其他数值相当于 1。

注视约束：注视约束可约束物体的方向。指定物体的自身方向一直指向目标物体。被约束物体应首先确定指向向量，默认物体的正 X 轴方向指向目标（1.0000，0.0000，0.0000）（图 5–33）。用于绑定眼睛注视方向等。

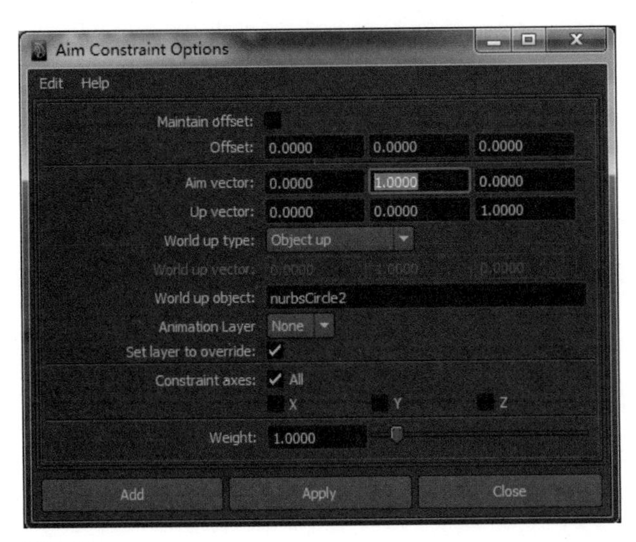


图 5-33

与点约束重复的参数不再解释，其功能都相同。

Aim Vector（注视向量）：指定被约束物体指向目标物体的向量（X，Y，Z）。

Up Vector（上方向向量）：指定被约束物体的上方向向量。相当于被约束物体第二轴向的朝向。下面的参数是上方向朝向的类型。

World Up Type（世界上方向类型）：定义上方向的朝向类型，有 Scene Up（世界坐标的上方向，默认是 Y 轴，即上方向向量朝向世界坐标的 Y 轴）、Object Up（上方向向量朝向指定对象，选择此类型，可激活 World Up Object 输入指定对象的名称）Object Rotation Up（上方向向量朝向指定对象的旋转，选择此类型，可激活 World Up Vector 输入向量、World Up Object 输入对象名称即可）、Vector（输入朝向世界坐标的向量）和 None（无，即是自动）。

方向约束：物体的方向被目标物体约束。其参数与点约束类似，请参考点约束属性。

缩放约束：物体的缩放被目标物体约束。其参数与点约束类似，请参考点约束属性。

父子约束：物体的位移与方向被目标物体约束。父子约束并不是点约束加方向约束。与父子关系相似，若目标物体自身旋转，则被约束物体会围绕目标物体位移并旋转，而点约束加方向约束时，被约束物体只会围绕自身旋转。

几何约束：将物体约束到目标物体的表面上，包括 NURBS 曲面、NURBS 曲线和多边形网格，一般配合其他约束一起使用。

法线约束：法线约束可约束物体的方向，与 NURBS 曲面或多边形网格的法线向量对齐（即垂直于表面）。若物体在复杂形状的曲面上移动时，法线约束很有用。如汽车在崎岖不平的地面上行驶，可将汽车几何约束到地面上，再将其法线约束到地面上，而不用手动设置汽车的颠簸动画。法线约束参数与注视约束类似，请参考注视约束。

切线约束：切线约束可约束物体的方向，该物体始终指向曲线的方向。

多边形上的点约束：可约束物体的位置与方向，将物体约束到多边形网格的某个顶点、边或面上，在网格变形时贴附于曲面上顶点、边或面而变化。先选择多边形的点，再选择被约束物体执行操作，如衣服变形时衣服上的纽扣会根据衣服的外形而调整。

最近点约束：最近点约束提供了网格、NURBS 曲面或曲线相对输入位置的最近点的快速计算方法。可以简单地使用约束计算和查看最近点信息，创建最近点约束后，会自动生成两个定位器，以标记最近点。

极向量约束：极向量约束用于约束 RP Solver IK 手柄，如控制腿部或胳膊的 IK 手柄的方向。

#### 5.2.2.5　融合变形

Blend Shape（融合变形）在骨骼绑定中是很常用的工具，它可以使一个物体的形状随心所欲地逐渐变成另外一个形状，通常是多个形状不同的目标物体的形状融合到一个基本物体上，如脸部表情变化、花朵绽放等。

打开 Greate Deformers → Blend Shape（融合变形）的选项设置，先看一下融合变形的参数（图 5-34）：

（1）BlendShape Node（融合变形节点）：输入融合变形的名称。

（2）Envelope（封套）：融合变形的权重，默认为 1。

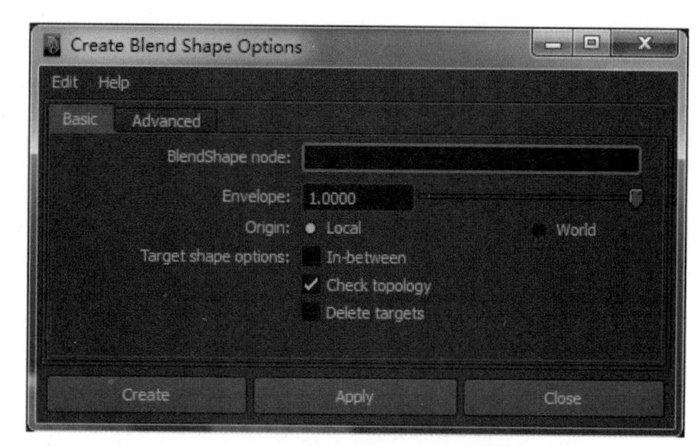


图 5-34

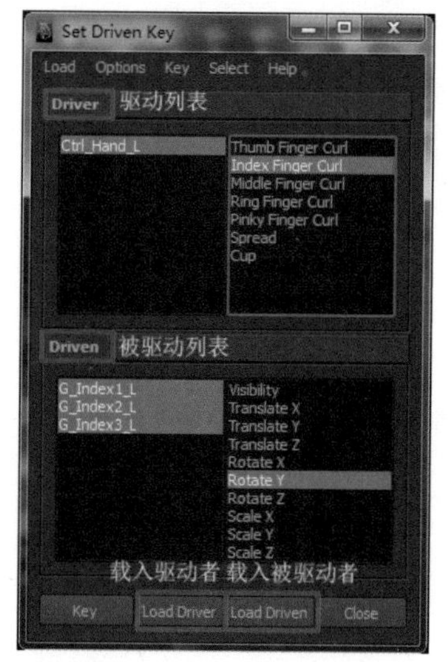


图 5-35

（3）Origin（原点）：设置融合变形是否与目标对象的位置、旋转和缩放有关。选择 Local 时，不跟随目标对象的变换，选择 World 时，与目标对象的位置、旋转和缩放对齐。

（4）Target Shape Options（目标形态选项）：设置变形的方式，包括以下选项：

1）In-between（中间过渡方式）：勾选后将以选择目标物体的顺序进行先后混合变形，创建后只会产生一个权重控制条，不勾选目标物体则并列混合，创建后每个变形都会产生一个权重控制条。

2）Check Topology（检查拓扑）：检查目标物体与基础物体拓扑结构是否相同，建议勾选。

3）Delete Targets（删除目标）：创建变形后自动删除目标物体，一般保留，不勾选。

融合变形注意事项：

（1）模型的拓扑结构必须一样，即使用复制的基础模型制作变形形状。

（2）融合变形是根据模型顶点的位置在局部坐标系统内的变化进行变形的，每个顶点都具有独立编号，因此，对目标物体移动、旋转、缩放等操作不会产生变形，只有调节顶点、线和面才能产生变形。

（3）融合变形节点属于历史记录类型，所以使用融合变形后不可清除历史记录，否则融合变形会被清除。

#### 5.2.2.6 驱动关键帧

驱动关键帧是通过设置关键帧的方式让一个物体的某个属性的区间控制另一个物体或多个物体属性的区间，是属性连接的高级方式，可以设置多次关键帧控制属性的变化。

操作方法：

（1）执行 Animate → Set Driven Key（设置驱动关键帧），打开驱动关键帧窗口，选择控制物体单击 Load Driver（载入驱动者），选择被控制物体单击 Load Driven（载入被驱动者）（图 5-35）。

（2）先设置驱动者属性的初始值（可以在驱动列表中单击名称直接选择驱动者，在通道盒中设置属性），再设置被驱动者对应的属性值（可以在被驱动列表中单击名称直接选择被驱动者，在通道盒中设置属性），单击 Key，第一帧设置完成。

（3）选择驱动者，设置驱动者属性变动后的值，再设置被驱动者对应的属性值，单击 Key，第二帧设置完成。

（4）此时，已经驱动成功，驱动者的控制属性变动时，被驱动者的受控制属性则会变化。若要设置多种驱动变化，可以继续设置关键帧。

注意：

设置驱动关键帧时，一定要先设置驱动者的属性，再设置被驱动者的属性。另外，一个属性可以驱动多个属性，但反过来，多个属性不能驱动同一个属性。

5.2.2.7　绑定常用程序节点

在 Maya 的材质编辑器中，有一部分程序节点，可以为我们提供一些程序的逻辑计算方式，不仅可以用于制作材质，还可以应用到动画绑定设置中，为我们提高了工作效率。

节点使用方法：

执行 Window → Rendering Editors → Hypershade（材质编辑器），在窗口左侧单击 Utilities（公用程式），就会在右边出现程序节点，单击节点图标即可创建（图 5–36）。

程序节点分为输入节点和输出节点，将控制属性连接至输入节点（或者直接在输入节点中输入数值），经过程序节点的运算，然后将输出节点连接至被控制的属性上。选择控制对象与被控制对象，在 Hypershade（材质编辑器）窗口中执行 Graph → Add Selected to Graph（添加所选至图表）可将其节点载入。

连接节点的方法有两种：

（1）在节点图标右下方的三角处按住右键弹出输出属性列表，选择输出属性，单击另一个节点选择输入属性即可（图 5–37）。

（2）使用鼠标中键将节点拖拽到另一个节点，弹出列表中选择 Other，弹出属性连接窗口，单击左侧的输出属性，再单击右侧的输入属性即可（图 5–38）。

程序节点一般提供一组或者多组数据运算，如输入属性为 Input1X、Input1Y、Input1Z 和 Input2X、Input2Y、Input2Z，输出属性为 OutputX、OutputY、OutputZ，而 X、Y 和 Z 只是代表三组数据，三者并没有直接关系，其运算方式为 Input1X 与对应的 Input2X 经过程序节点运算得出的输出结果为 OutputX，Input1Y 与 Input2Y 的输出结果为 OutputY，Input1Z 与 Input2Z 的输出结果为 OutputZ。

下面介绍几种常用的程序节点的运算方式：

（1）融合节点（Blend Colors）

融合节点是用 Blender（混合）属性控制 Color1 与 Color2 两个属性之间的切换。Blender 取值范围是 0 至 1，当值为 0 的时候，Output 输出结果是 Color1 属性值，当值为 1 的时候，Output 输出结果是 Color2 属性值。当 Blender 为中间值时，则 Output 输出结果为 Color1 与 Color2 属性的中间值（图 5–39）。

（2）条件节点（Condition）

条件节点是 First Term 属性与 Second Term 属性比较，满足指定 Operation 条件运算类型时，

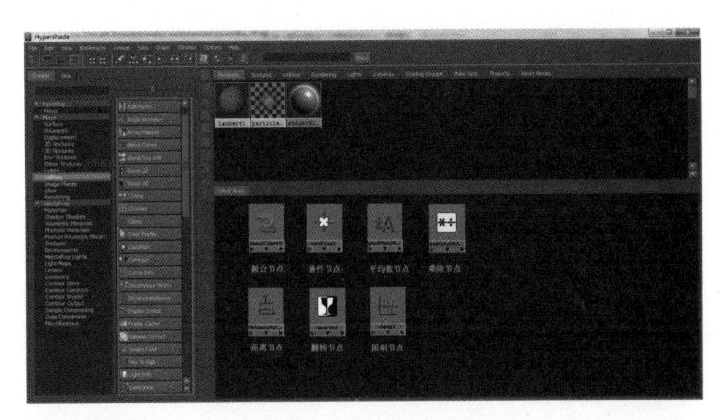

图 5–36

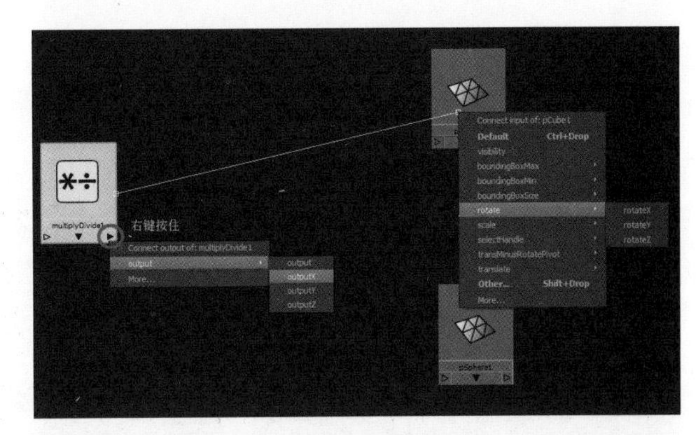


图 5–37

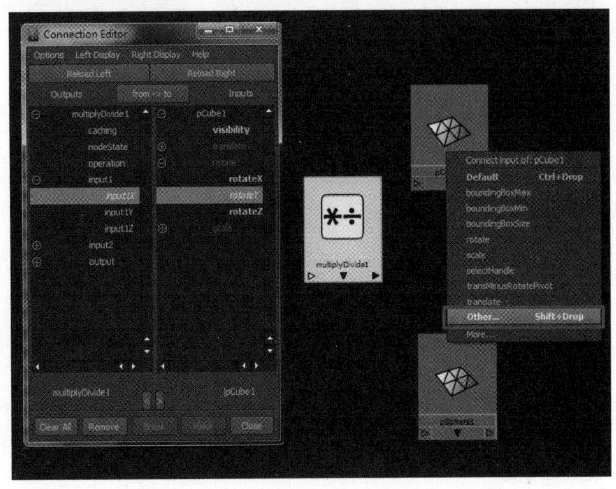


图 5–38

Outcolor 输出结果为 Color If True 属性值，不满足时，Outcolor 输出结果为 Color If False 属性值（图 5–40）。

Operation（运算类型），有 6 种运算比较方式，分别是 Equal（相等）、Not Equal（不相等）、Greater Than(大于)、Greater or Equal(大于等于)、Less Than（小于）和 Less or Equal（小于等于）。

（3）加减平均节点（+/–Average）

加减平均节点是对 Input 属性列中的属性进行运算，输出结果为 Output。Operation（运算类型）包括 Plus（加）、Minus（减）和 Average（平均数）（图 5–41）。

（4）乘除节点

乘除节点是 Input1 与 Input2 属性进行运算，输出结果为 Output。Operation（运算类型）包括 Multiply（乘）、Divide（减）和 Power（幂）（图 5–42）。

（5）距离节点（Distance Between）

距离节点是计算输入属性 Point1 与 Point2 之间的距离，输出结果为 Distance（图 5–43）。

（6）翻转节点（Reverse）

翻转节点是将 Input 属性值变为正负翻转，输出结果为 Output（图 5–44）。

（7）限制节点（Clamp）

限制节点是将 Input 属性值限制于 Min（最小值）与 Max（最大值）之间，输出结果为 Output（图 5–45）。

#### 5.2.2.8 正向动力学 FK 与反向动力学 IK

在三维动画中，设置关键帧动画有两种方式，一种是 Forward Kinematics（正向动力学，简称 FK），另一种是 Inverse Kinematics（反向动力学，简称 IK）。两种方法各有优势，各有弊端，至于使用哪一种方式，根据角色运动过程以及个人爱好来选择。

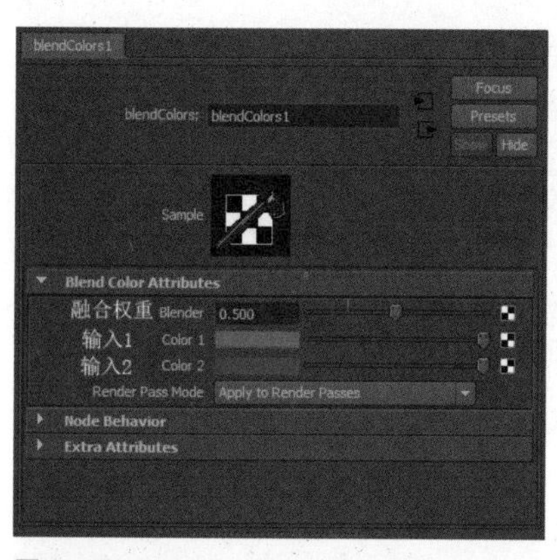


图 5–39

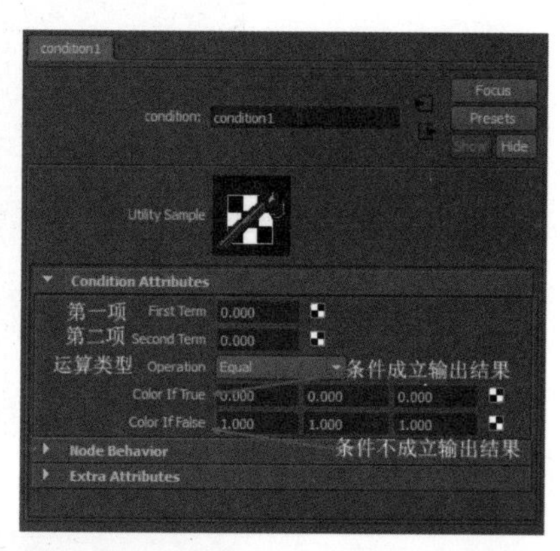


图 5–40

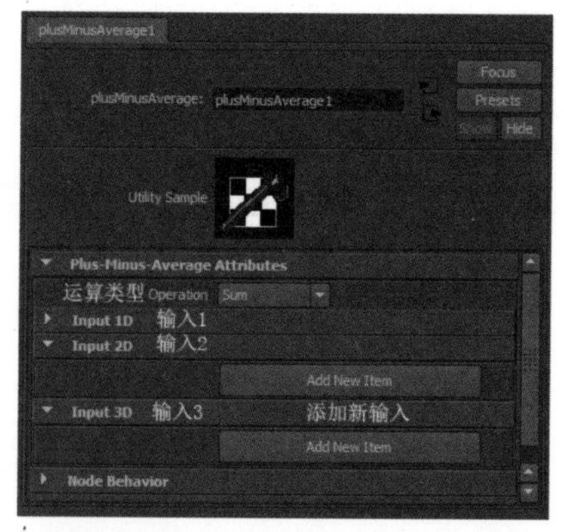


图 5–41

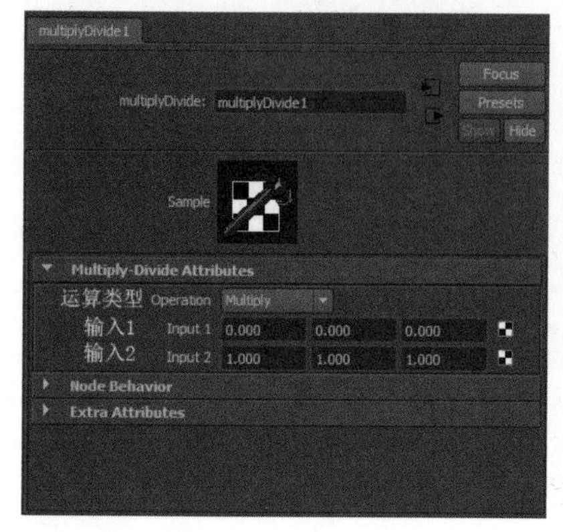


图 5–42

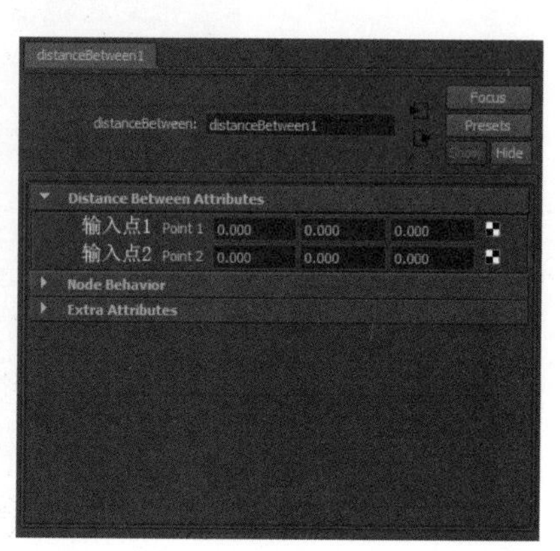


图 5–43

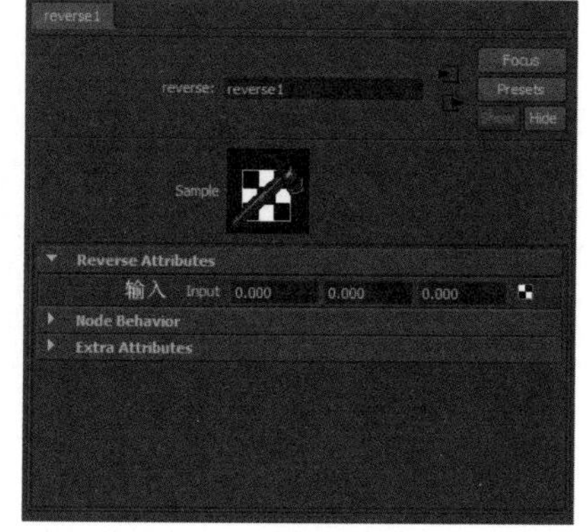


图 5–44

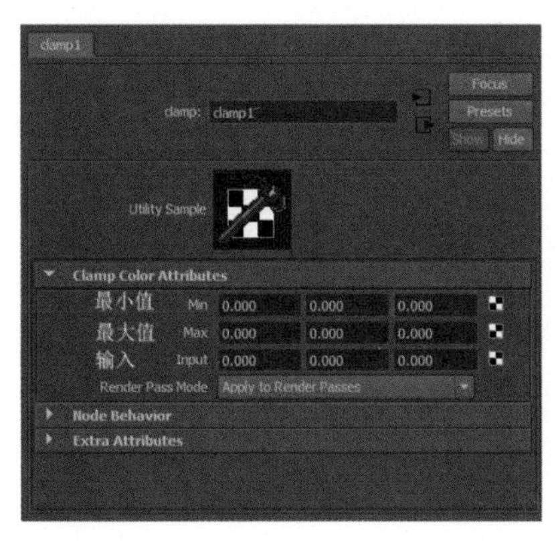


图 5-45

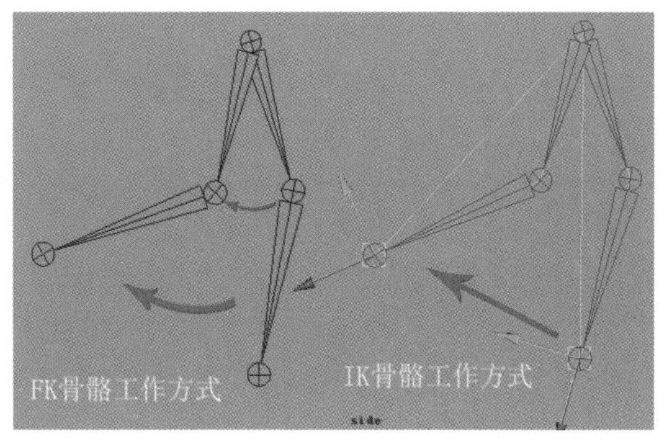


图 5-46

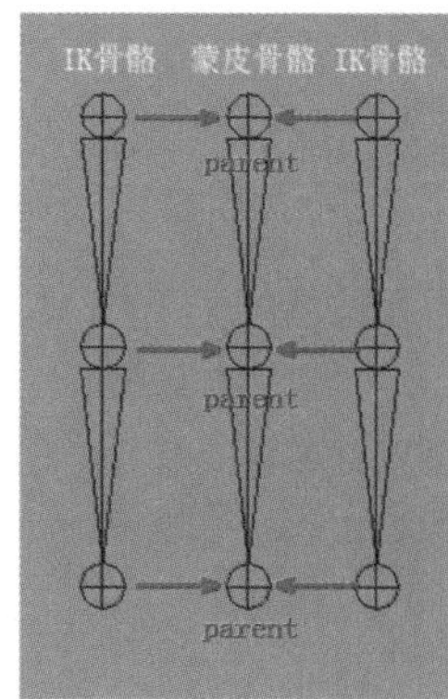


图 5-47

正向动力学是指遵循父子层级关系，父层级带动子层级的运动方式。创建 FK 骨骼就是默认骨骼工具创建的骨骼连接，它的工作方式是旋转骨骼完成运动（图 5-46）。

反向动力学是通过子骨骼的运动，反推出父级的旋转位置的运动方式，即通过移动操作完成。在 Maya 中可以创建两种 IK 骨骼：IK Handle Tool 与 IK Spline Handle Tool。

5.2.2.9　**FK 及 IK 转换原理**

在设置关键帧动画时，有时需要 FK 骨骼，有时需要 IK 骨骼，但是，Maya 默认系统中的 IK 与 FK 融合系统不稳定、不方便，因此，我们通常做三套骨骼来实现 FK 与 IK 的切换。三套骨骼分别是：与模型绑定的蒙皮骨骼系统，FK 骨骼系统和 IK 骨骼系统；FK 骨骼父子约束蒙皮骨骼；IK 骨骼父子约束蒙皮骨骼。此时，约束节点中就有 IK 骨骼与 FK 骨骼权重值，通过变更权重的大小，控制蒙皮骨骼跟随 FK 骨骼还是 IK 骨骼（图 5-47）。

5.2.2.10　**模型规范化**

检查模型各个关节位置的布线，关节活动处应都是四边面，关节处的布线应尽量循环且至少有三圈线，线过少会导致肌肉变形，可操控性下降，运动越大的地方布线应越密集（图 5-48）。

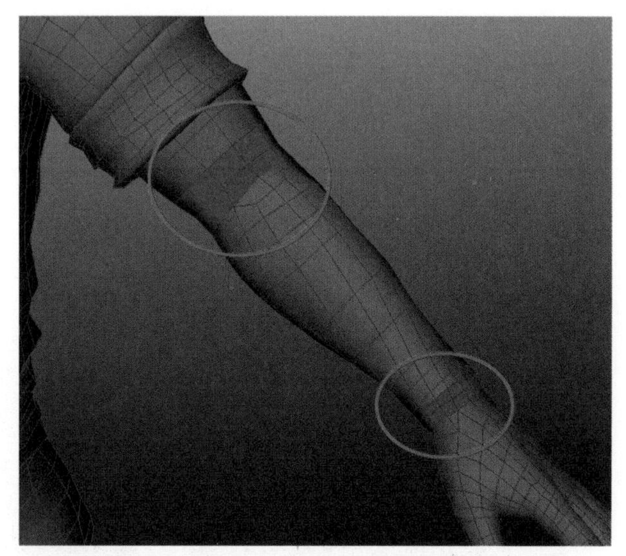

图 5-48

检查模型的软硬边是否正确。选择模型，在 Polygons 模块下，执行 Normals → Soften Edge（软化边），统一为软边（图 5-49）。

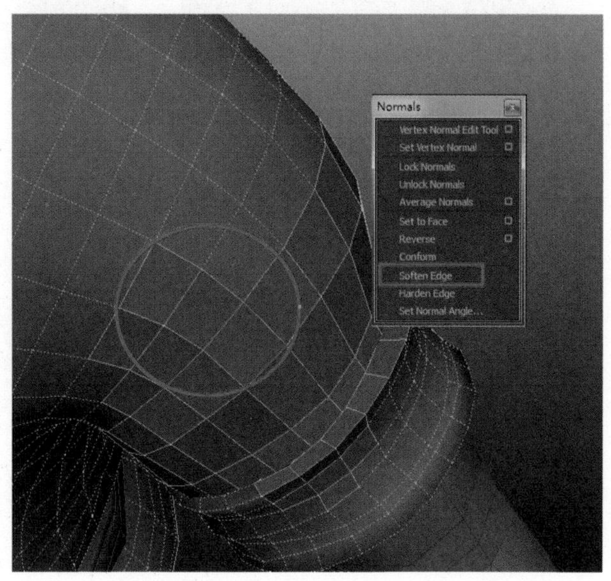


图 5-49

模型制作完毕后，清除历史记录。模型应关

于世界坐标中心对称，脚底与坐标原点对齐，然后冻结变换（图 5–50）。

5.2.2.11　**控制器规范化**

一个合格的绑定既要有足够的变形功能，又要简洁明了，容易操控，才能将工作效率最大化，将控制器用颜色区分开来，隐藏烦冗的参数是必要的。

在显示层中可以更改控制器显示颜色，但经常会用于其他显示用途，因此常用自身设置颜色。选择控制器，按 Ctrl+A 组合键，打开属性窗口，找到控制器属性勾选 Display → Drawing Overrides（绘制优先级）卷展栏下的 Enable Override（打开优先级），设置 Color（颜色）即可将控制器的显示颜色修改，并且子物体也随之改变颜色（图 5–51）。控制器的 Shape 节点也有这个选项，但只能更改自身的颜色，子物体不会改变。

选择控制器，在通道盒中选择多余的不需要的参数，右键单击选择 Lock and Hide Selected（锁定并隐藏所选），则控制器上就简洁方便了（图 5–52）。如需重新调出参数，在通道盒中执行 Edit → Channel Control（通道控制），打开通道控制窗口，对于 Nonkeyable Hidden（不可设置关键帧并隐藏）区间中需要的属性，单击右边的 Move 移动到 Keyable（可设置关键帧并显示）区间中，并单击 Locked（锁定）标签，执行相同的操作即可（图 5–53）。

某些部位需要限制控制器的活动范围，如脸部表情的控制器，眉眉、嘴巴等的活动范围较小，限制控制器活动范围与之匹配，以方便操控。选择控制器，按 Ctrl+A 打开属性面板，打开 Limit Information（限制信息）卷展栏，出现 Translate、Rotate 和 Scale 的限制属性，勾选 Min（最小值）和 Max（最大值）设置限制范围即可（图 5–54）。

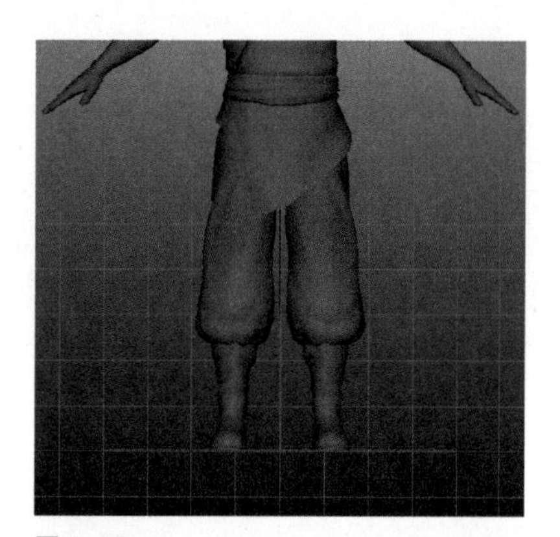

图 5–50

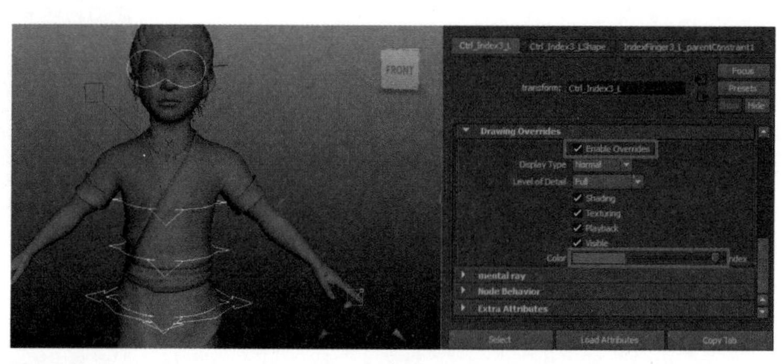


图 5–51

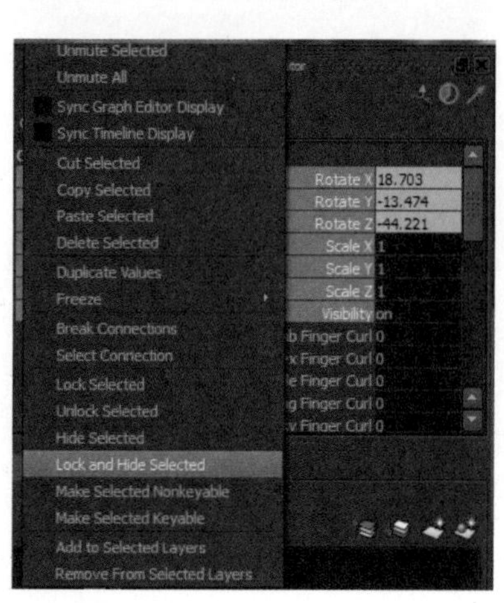


图 5–52

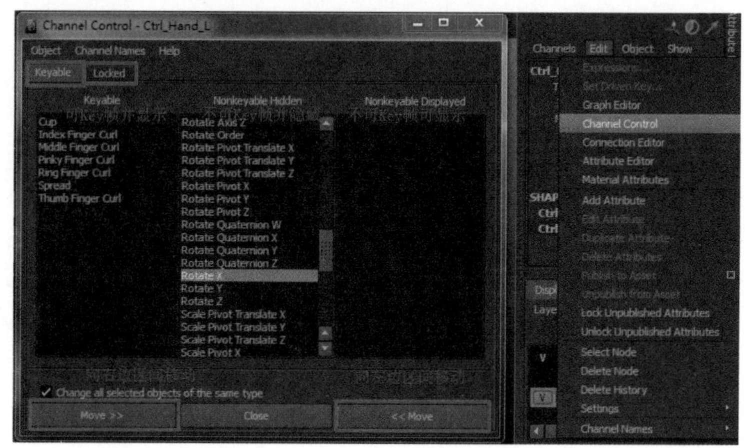


图 5–53

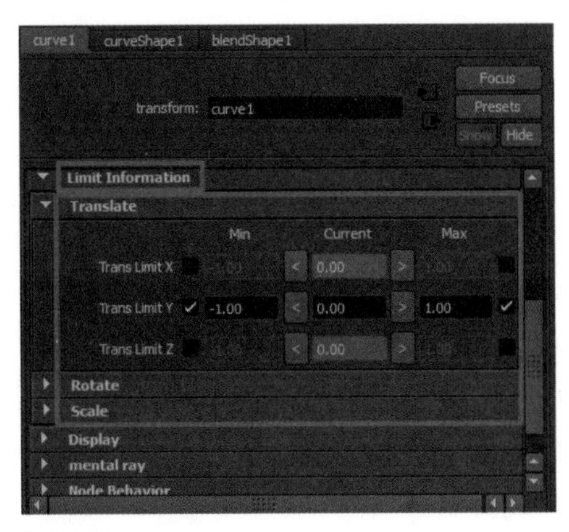


图 5-54

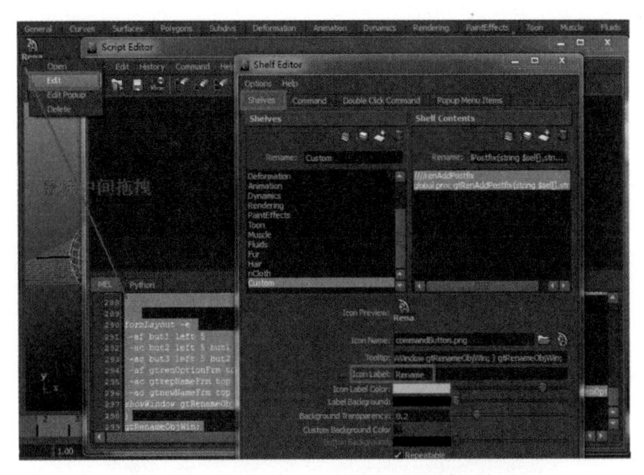


图 5-55

5.2.2.12　**重命名与表情镜像 Mel 脚本的使用**

在骨骼绑定中，我们知道命名的重要性，不进行规范命名不仅会降低工作效率，而且在表达式编辑时也必须要有唯一的名称。但在绑定中有上百个对象，在左右复制骨骼及控制器还要重复更改大量的名称，因此，使用 Mel 脚本可以很容易地批量改名。

使用记事本打开光盘中的 Rename.mel，复制内容，在 Maya 中执行 General　Editors → Script Editor（脚本编辑器），按 Ctrl+V 组合键将复制内容粘贴进来，然后全选脚本内容，按住鼠标中键拖拽至工具架上，则自动生成工具图标，在图标上右键单击执行 Edit，打开工具架编辑窗口，在 Shelves 标签下将 Icon　Lable（标签名称）输入 Rename，单击图标，重命名工具就可以使用了（图 5–55）。

关于使用融合变形绑定表情，在“融合变形工具”中讲解过，Maya 中的镜像复制方式无法镜像表情，镜像 Mel 脚本可以将表情镜像。用记事本打开光盘中的 Expression_Mirror.mel，采用相同的方法将其放到工具架上，将其命名为 Exp。操作方法是先选择表情模型再选择原始模型，执行镜像工具即可创建出来。

## 5.2.3　腿部骨骼绑定技法

绑定前的工作：根据 FK 与 IK 转换原理，我们需要三套骨骼，为了方便操作，我们创建 3 个显示层来区分三套骨骼。

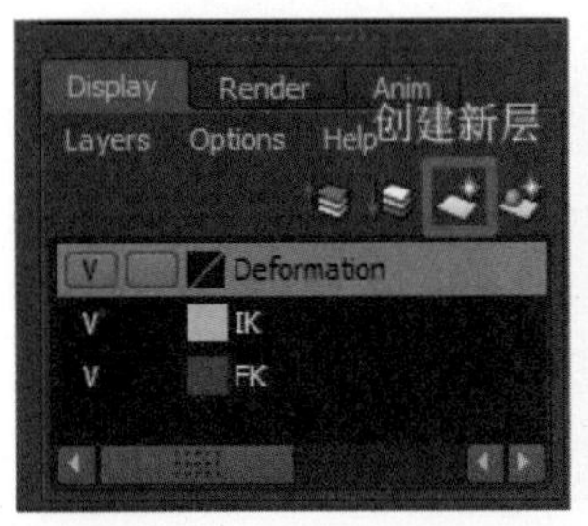


图 5-56

图 5-57

点击显示层中创建新层按钮，创建 3 个新层，分别命名为 Deformation（蒙皮骨骼），IK（IK 骨骼），FK（FK 骨骼）。双击显示层名称，为 IK 与 FK 显示层设置两个不同的颜色（不要使用系统已使用的显示颜色）（图 5–56）。

选择骨骼 Root，右键点击 Deformation，选择 Add　Selected　Objects（添加选择物体）将蒙皮骨骼添加进来（图 5–57）。

5.2.3.1　**腿部 IK 骨骼绑定**

（1）创建腿部 IK 骨骼

选择骨骼 Hip_L，Ctrl+D 键复制，并添加到 IK 显示层中，将另外两个显示层设置为不可见（图 5–58）。使用 Rename 脚本添加名称前缀“IK”。打开 Skeleton → IK　Handle　Tool（IK 手柄工具）设置选项，将 Current　solver（当前解算类型）更改为 IkRPsolver，先点击骨骼 IK_Hip_

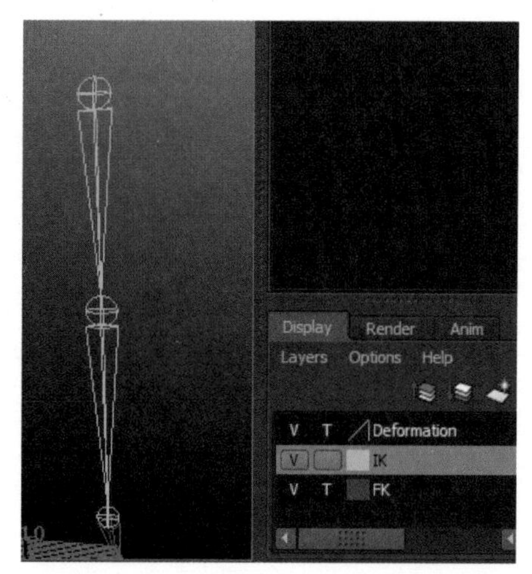

图 5-58

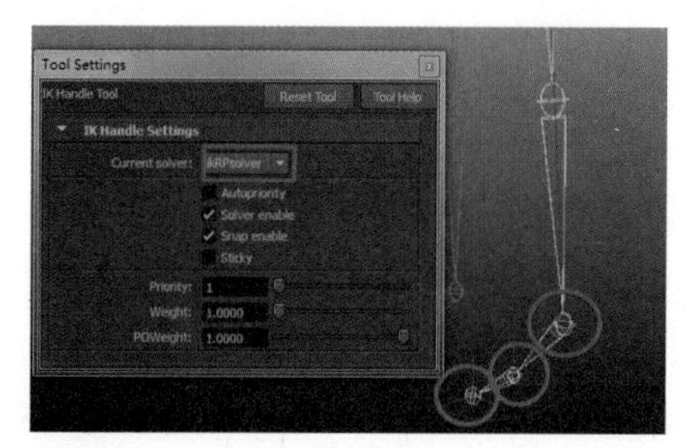

图 5-59

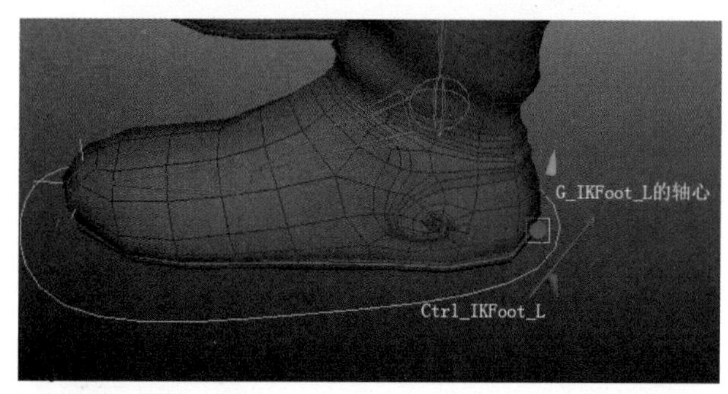

图 5-60

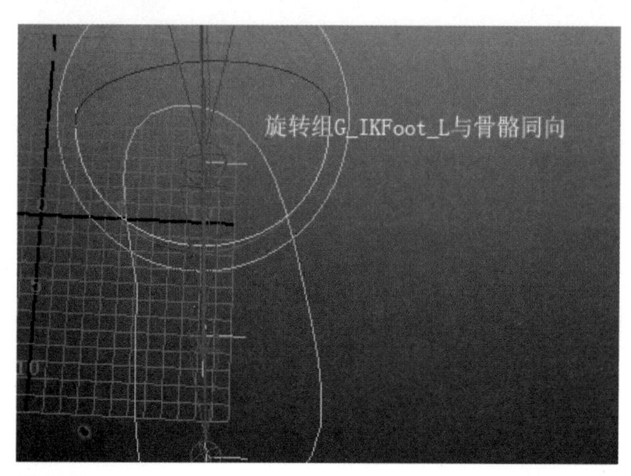

图 5-61

L，后点击 IK_Ankle_L，创建腿部 IK 手柄，改名为 IKHandleLeg_L，接着继续使用 IK Handle Tool，依次点击骨骼 IK_Ankle_L、IK_Toe_L，创建脚部 IK 手柄，改名为 IKHandleToe_L，继续使用 IK Handle Tool，依次点击骨骼 IK_Toe_L、IK_ToeEnd_L，创建脚尖 IK 手柄，改名为 IKHandleToeEnd_L（图 5-59）。

（2）创建控制器

创建一个圆环，改名为 Ctrl_IKFoot_L，并将其编辑成脚的形状，将变换参数归零，清除历史记录。选择控制器 Ctrl_IKFoot_L，按 Ctrl+G 键自身打组，改名为 G_IKFoot_L，移至脚下对应位置，按住 D 和 V 键将轴心吸附到脚后跟。采用同样的方法，选择控制器 Ctrl_IKFoot_L，也将轴心吸附到脚后跟（图 5-60）。

若脚向外有旋转角度，需要调整控制器朝向，控制器的参数必须保持为 0，因此，我们调整控制器上级组的方向即可，选择组 G_IKFoot_L，旋转 Y 轴与骨骼方向统一（图 5-61）。

选择 IK 手柄 IKHandleToe_L、IK_ToeEnd_L、IKHandleToeEnd_L，最后加选控制器 Ctrl_IKFoot_L，按 P 键成为控制器 Ctrl_IKFoot_L 的子物体。

执行 Create → CV Curve Tool 命令，创建膝盖控制器，改名为 PoleLeg_L。选择控制器 PoleLeg_L，将其 P 到骨骼 IK_Knee_L 上，将位移及旋转属性设置为 0，然后在物体坐标 Z 轴上向外拉出，按 Shift+P 键解除父子层级关系，最后在通道盒中右键单击执行 Freeze → All 冻结所有变换（图 5-62）。

注意：

如果膝盖朝向正前方，则不需要膝盖控制器与骨骼坐标轴对齐，可直接吸附到骨骼上，再向前拉出。

选择控制器 PoleLeg_L，再加选 IK 手柄 IKHandleLeg_L，执行 Constrain → Pole Vector（极向量约束），控制器 PoleLeg_L 即可约束膝盖的方向。

选择骨骼 Knee_L，再加选控制器 PoleLeg_

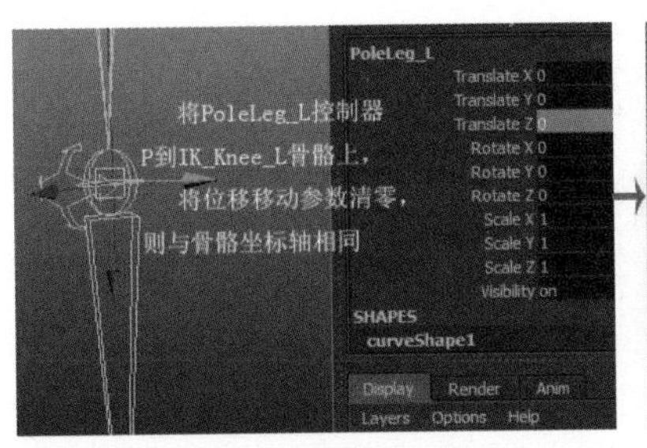


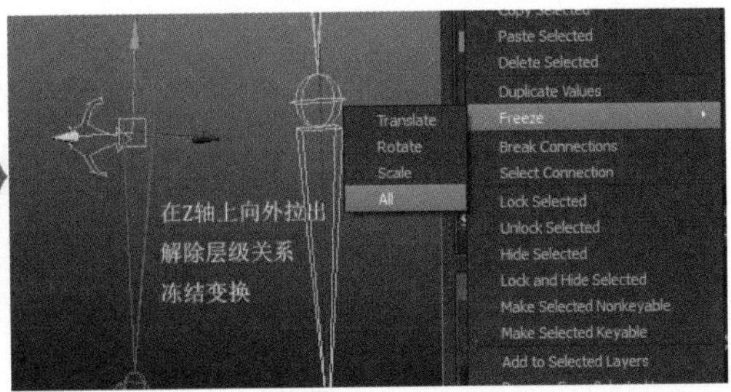


图 5-62

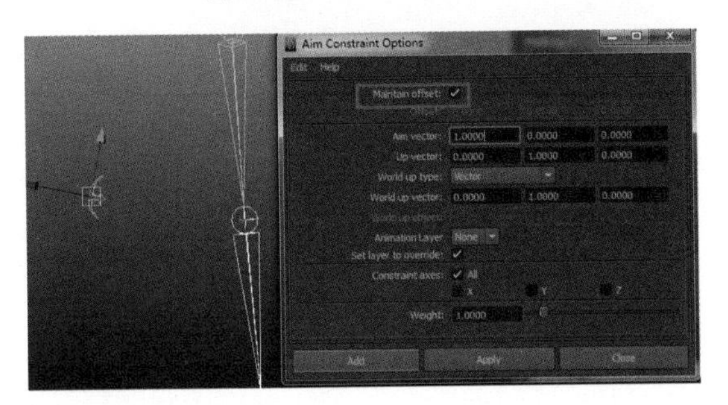


图 5-63

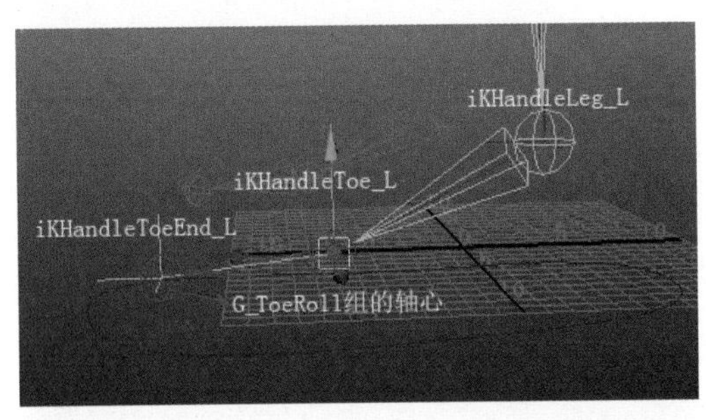


图 5-64

L，打开 Constrain → Aim（注视约束）设置选项，勾选 Maintain offset（保持偏移），点击 Add（添加），膝盖控制器则会一直朝向膝盖（图 5–63）。

（3）脚部设置

脚趾旋转组：选择 IK 手柄 IKHandelToeEnd_L，按 Ctrl+G 键打组，将组命名为 G_ToeRoll，按住 D 和 V 键用鼠标中键将轴心移至 IK_Toe_L 骨骼上（图 5–64）。

脚掌旋转组：选择 IK 手柄 IKHandleLeg_L 和 IKHandleToe_L，按 Ctrl+G 键打组，将其改名为 G_Roll，按住 D 和 V 键用鼠标中键将轴心拖拽至 IK_Toe_L 骨骼上（图 5–65）。

脚内侧旋转组，选择组 G_ToeRoll 和 G_Roll，按 Ctrl+G 键打组，将其改名为 G_Inside，按住 D 和 V 键用鼠标中键将轴心拖拽至脚内侧处（图 5–66）。

脚外侧旋转组，选择组 G_Inside，按 Ctrl+G 键自身打组，将其改名为 G_Outside，按住 D 和 V 键用鼠标中键将轴心拖拽至脚内侧处（图 5–67）。

围绕脚尖轴旋转组，选择组 G_Outside，按 Ctrl+G 键自身打组，将其命名为 G_ToeSpin，按住 D 和 V 键用鼠标中键将轴心拖拽至脚内侧处（图 5–68）。

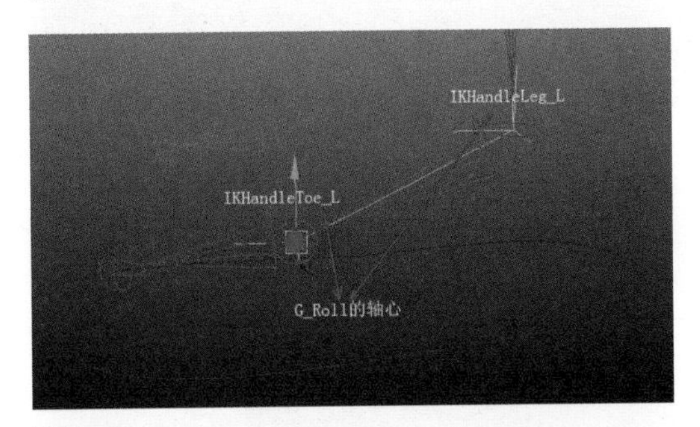


图 5–65

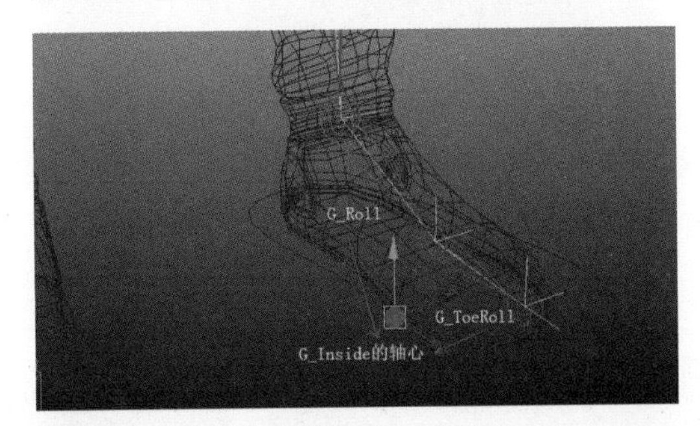


图 5–66

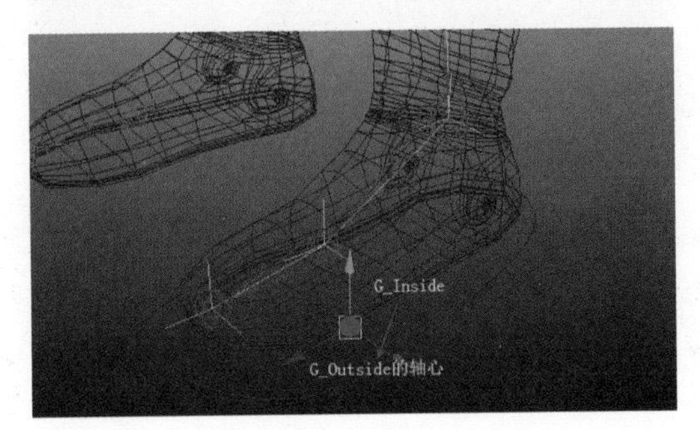


图 5–67

为控制器添加属性并关联属性，选择控制器Ctrl_IKFoot_L，Modify → Add Attribute（添加属性），依次添加属性Roll、ToeRoll、ToeSpin、Inside、Outside（图5-69）。

执行Window→General Editors→Connection Editor（连接编辑器），选择控制器Ctrl_IKFoot_L，点击Reload Left载入左边，选择组G_Roll，点击Reload Right载入右边，将控制器Ctrl_IKFoot_L的Roll属性与组G_Roll的Rotate X属性相关联（图5-70）。

选择组G_ToeRoll，点击Reload Right载入右边，将控制器Ctrl_IKFoot_L的ToeRoll属性与组G_ToeRoll的Rotate X属性相关联。

选择组G_ToeSpin，点击Reload Right载入右边，将控制器Ctrl_IKFoot_L的ToeSpin属性与组G_ ToeSpin的Rotate X属性相关联。

选择组G_Inside，点击Reload Right载入右边，将控制器Ctrl_IKFoot_L的Roll属性与组G_Inside的Rotate Z属性相关联。

选择组G_Outside，点击Reload Right载入右边，将控制器Ctrl_IKFoot_L的Roll属性与组G_ Outside的Rotate Z属性相关联。

选择组G_ToeSpin，点击Reload Right载入右边，将控制器Ctrl_IKFoot_L的Twist属性与组G_ ToeSpin的RotateY属性相关联。

膝盖方向跟随脚部的设置，选择控制器Ctrl_IKFoot_L，执行Modify → Add Attribute（添加属性，添加名称为Knee PV，设定最小值为0，最大值为1，默认值为0）（图5-71）。

（4）膝盖控制器跟随与不跟随转换

选择膝盖控制器PoleLeg_L，执行Modify → Add Attribute（添加属性），添加Follow属性，设置最小值为0，最大值为1，默认值为0（图5-72）。

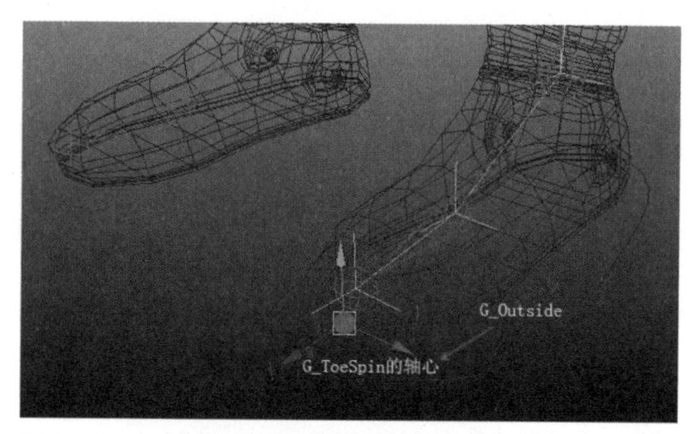

图5-68

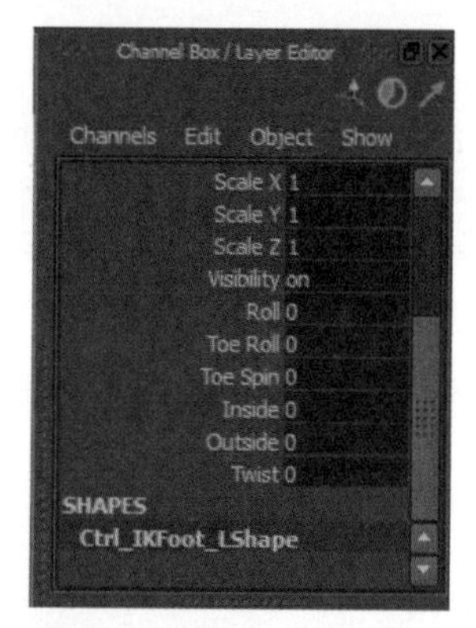

图5-69

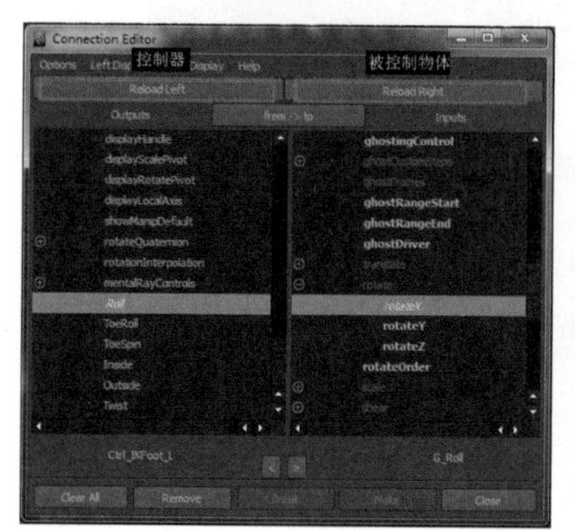

图5-70

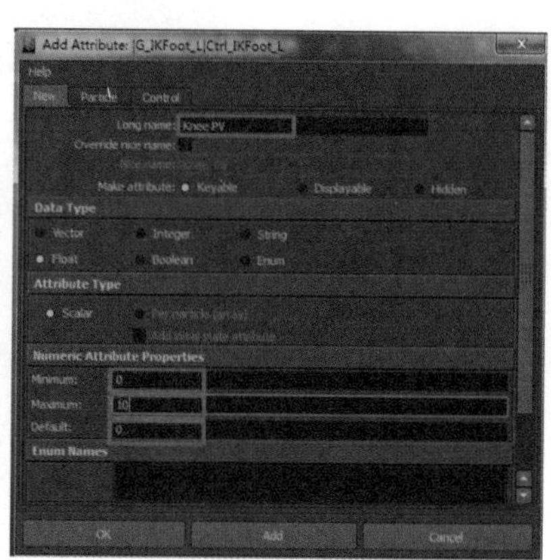
图5-71

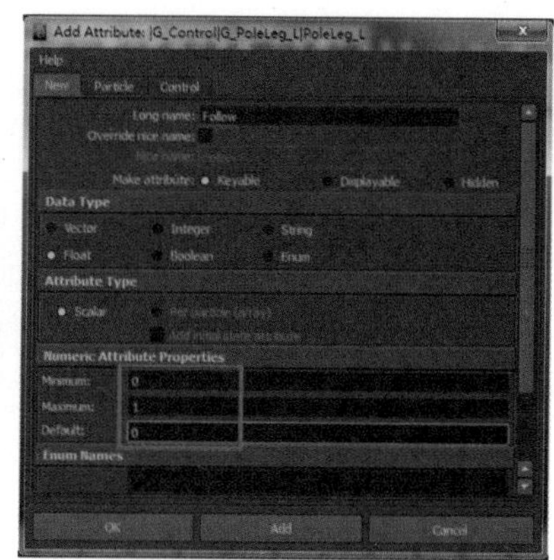
图5-72

选择膝盖控制器 PoleLeg_L，按 Ctrl+G 组合键自身打组，将组改名为 G_PoleLeg_L。选择脚部控制器 Ctrl_IKFoot_L，再选择组 G_PoleLegL，执行 Constrain → Parent Constrain（父子约束）。

执行 Window → General Editors → Connection Editor（连接编辑器），选择控制器 PoleLeg_L，点击 Reload Left 载入左边，选择组 G_PoleLeg_L 下的父子约束节点 G_PoleLeg_L_parentConstraint1，点击 Reload Right 载入右边，单击选择左边 Follow 属性，然后选择右边的 target[0].targetWeight（图 5–73）。

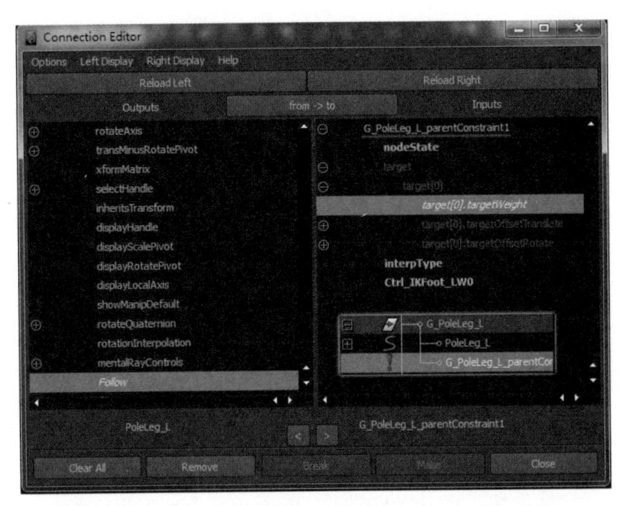

图 5–73

（5）腿部 IK 骨骼拉伸

骨骼拉伸原理：

骨骼拉伸的方式有两种，一种是骨骼 Translate X(骨骼X轴朝向下级骨骼)参数变化时，骨骼拉伸，另一种是骨骼 Scale X（骨骼 X 轴朝向下级骨骼）参数变化时，骨骼拉伸。

Translate 拉伸方式：

Maya 中物体的 Translate 属性记录的是与上级物体的相对位移，我们创建骨骼后，默认 X 轴是朝向下级骨骼的，因此，骨骼的 TranslateX 属性的数值就是骨骼的长度，无需再使用测量工具测量（图 5–74）。

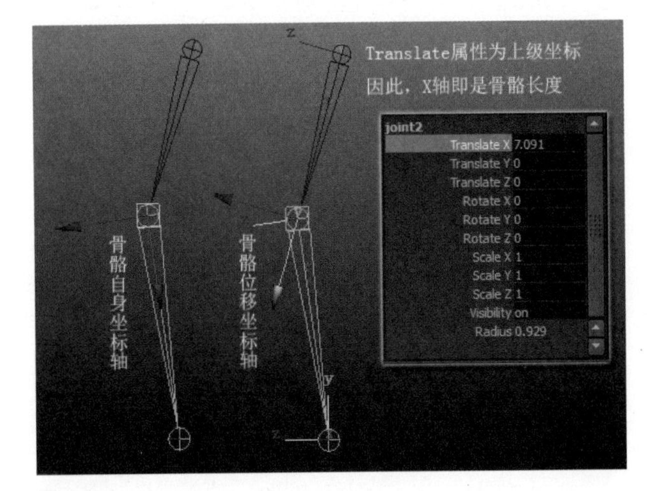


图 5–74

假设第一节骨骼长度为 a，第二节骨骼长度为 b，骨骼链总长度为 L，拉伸后第一节骨骼长度为 a1，拉伸后第二节骨骼长度为 b1，拉伸后总长度为 L1，那么我们可以获得公式如图 5–75 所示。

那么骨骼拉伸后的长度 = 骨骼原始长度 × 拉伸后的骨骼链总长度 / 骨骼链原始总长度。

Scale 拉伸方式：

Scale 拉伸方式计算更简单一些，骨骼 Scale 缩放默认值为 1，其比值关系如图 5–76 所示，由此得到，两节骨骼的 Scale X= 拉伸后骨骼链总长度 / 骨骼链原始总长度。

1）测量骨骼链总长度

执行 Create → Measure Tooles → Distance Tool（距离工具），按住 V 键，单击吸附到骨骼 IK_Hip_L 上，再单击吸附到骨骼 IK_Knee_

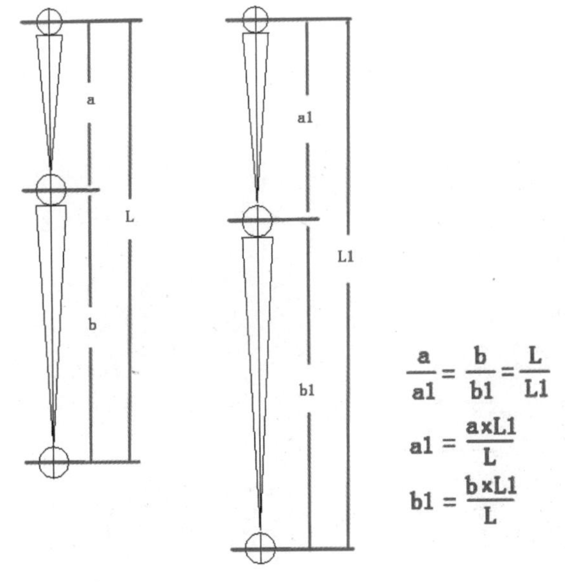


图 5–75

L上。选择distanceDimension1，将其重命名为distanceDimensionLeg_L，将上端的locator重命名为locator_Leg_L1，先选择骨骼IK_Hip_L，再选择locator_Leg_L1,执行Constrain → Point（点约束），将下端的locator重命名为locator_Leg_L2，先选择IK手柄ikHandleLeg_L，再选择locator_Leg_L2，执行Constrain → Point（点约束）（图5–77）。

注意：

不可将locator直接P至骨骼或者IK手柄，否则会产生循环控制错误。

执行Window → Rendering Editors → Hypershade材质编辑器，在大纲中选择distanceDimensionLeg_L，然后选择distance-DimensionLeg_LShape属性标签，点击属性窗口下端的select，在Hypershade视窗中执行Graph → Add Selected to Graph（添加选择到图表），在左侧列表Utilities类型中创建乘除节点和条件节点，将其分别重命名为multiplyDivideLeg_L、conditionLeg_L（图5–78）。

2）连接乘除节

在距离测量节点上右键选择Distance，连接到乘除节点的Input1 → Input1X上，选择乘除节点，查看骨骼IK_Knee_L的Translate X与骨骼IK_Ankle_L的Translate X的数值并相加，即骨骼链原始总长度。选择乘除节点，按Ctrl+A键打开属性编辑器，将相加的数值填到乘除节点Input2X中，将Operation运算方式改为Divide（除法）（图5–79）。

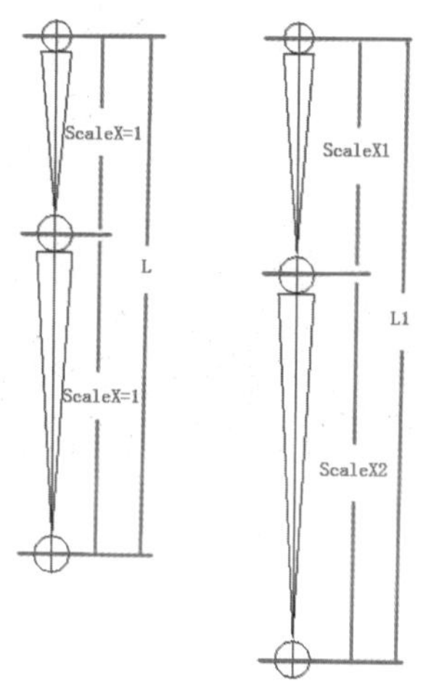


$$\frac{1}{ScaleX1}=\frac{1}{ScaleX2}=\frac{L}{L1}$$

$$ScaleX1=ScaleX2=\frac{L1}{L}$$

图5–76

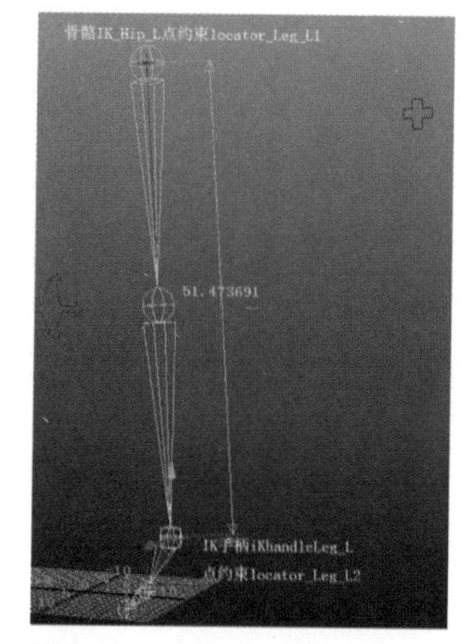


图5–77

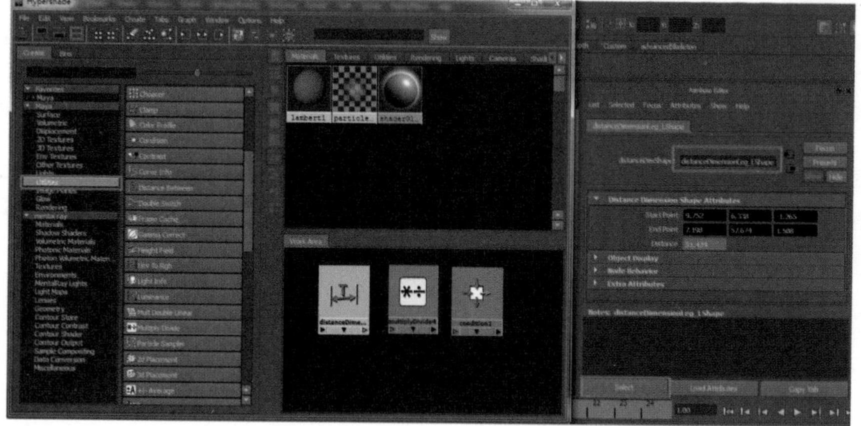

图5–78

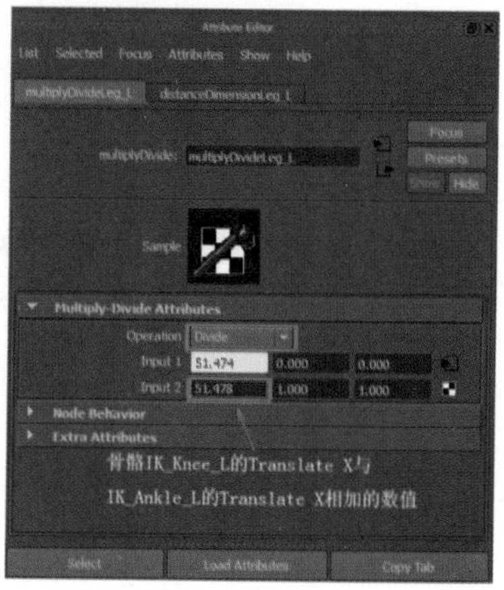

图5–79

乘除节点的原理是 Input1 与 Input2 上下对应的数值，经过上面的运算类型得出结果为 Output。Input1X 是拉伸后的骨骼链总长度，Input2X 是骨骼链的原始总长度，运算方式为除法，即 Input1X/Input2X=Output1X，得出的结果 Output1X 是拉伸后骨骼缩放值。

3）连接条件节点设置拉伸倍数

若此时将乘除节点的 Output1 X 输出到腿部骨骼 X 轴缩放后，移动脚部控制器就可以产生拉伸了。但是，拉伸后长度不能保持，需要设置拉伸倍数属性。

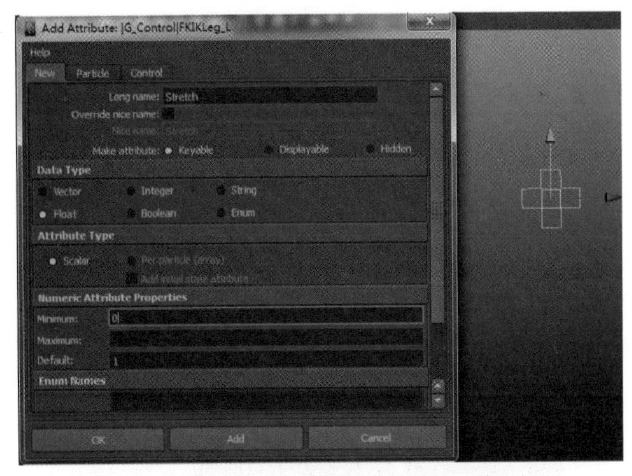

图 5-80

创建 IK FK 综合属性控制器，执行 Create → CV Curve Tool（吸附网格）依次点击创建控制器的形状，将其命名为 FKIKLeg_L。选择控制器 FKIKLeg_L，执行 Modify → Add Attribute（添加属性），添加名称为 Stretch，设置 Minmum（最小值）为 0，Default（默认值）为 1（图 5–80）。

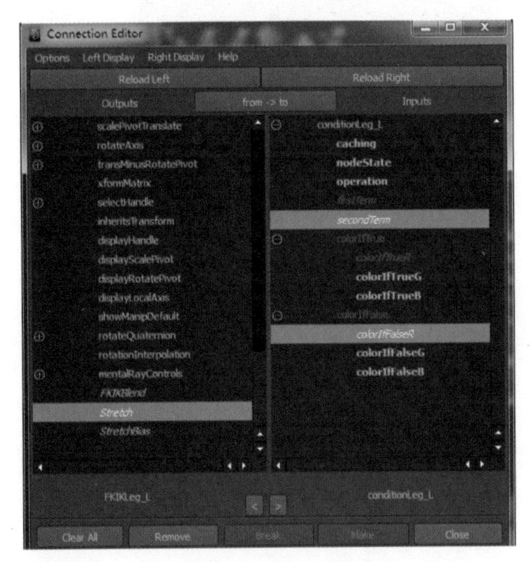

图 5-81

选择控制器 FKIKLeg_L，在 Hypershade 视窗中右键点击执行 Graph → Add Selected to Graph（添加选择到图表），按住鼠标中键将控制器 FKIKLeg_L 的节点拖拽到条件节点上，选择 other，弹出连接编辑器窗口，使 Stretch 连接 SecondTerm 和 colorIfFalse → colorIfFalseR（图 5–81）。

按住鼠标中键将乘除节点拖拽到条件节点上，选择 other，弹出连接编辑器窗口，使 outputX 连接 FirstTerm 和 colorIfTrue → colorIfTrueR（图 5–82）。

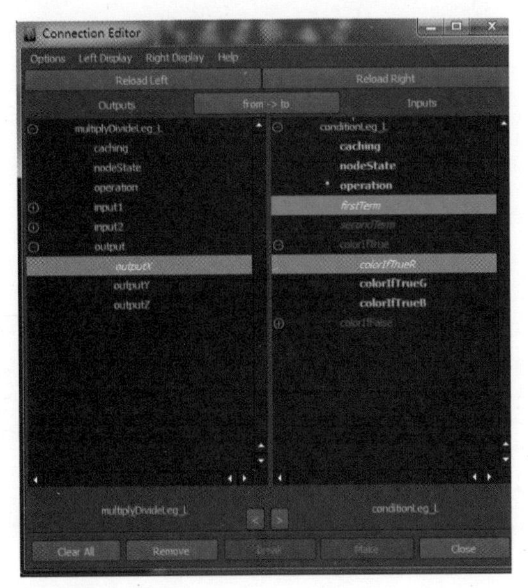

图 5-82

选择条件节点，按 Ctrl+A 键打开属性窗口，Operation 类型改为 Greater Than（大于）。

选择骨骼 IK_Hip_L 与 IK_Knee_L，在 Hypershade 视窗中执行 Graph → Add Selected to Graph（添加选择到图表），右键点击条件节点输出节点选择 outcolor → outcolorR 连接到骨骼 IK_Hip_L 与 IK_Knee_L 的 ScaleX 上，即可通过 Stretch 属性控制拉伸倍数（图 5–83）。

条件节点的原理是 First Term 数值与 Second Term 数值通过 Operation 中的条件比较，符合条

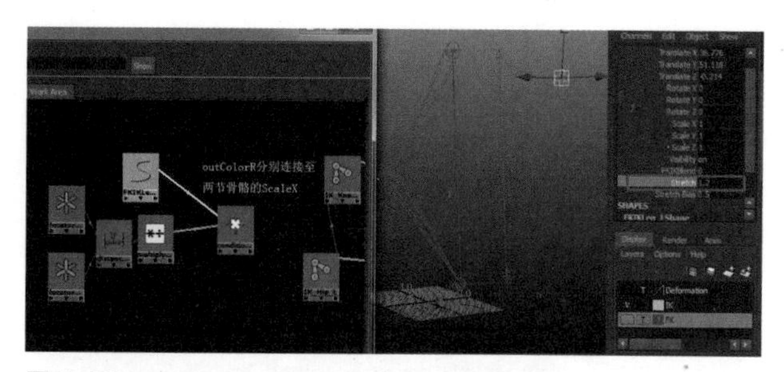


图 5-83

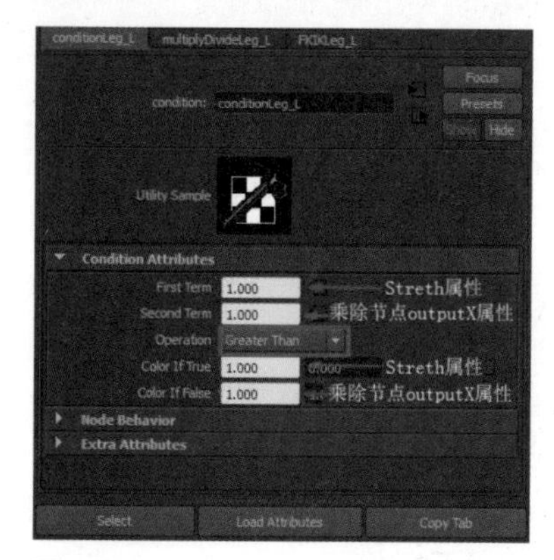


图 5-84

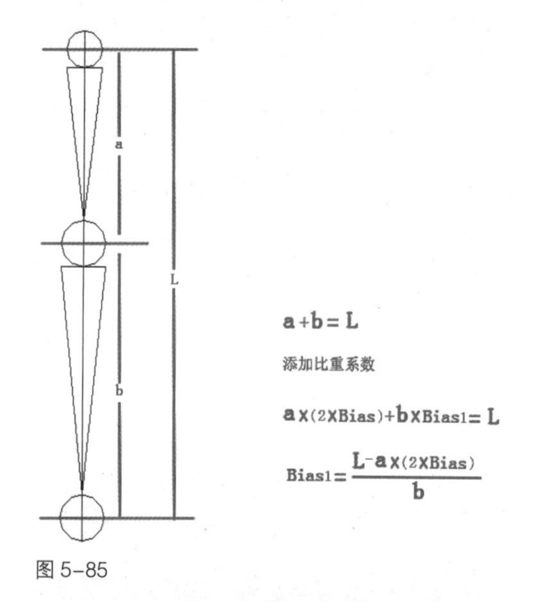


图 5-85

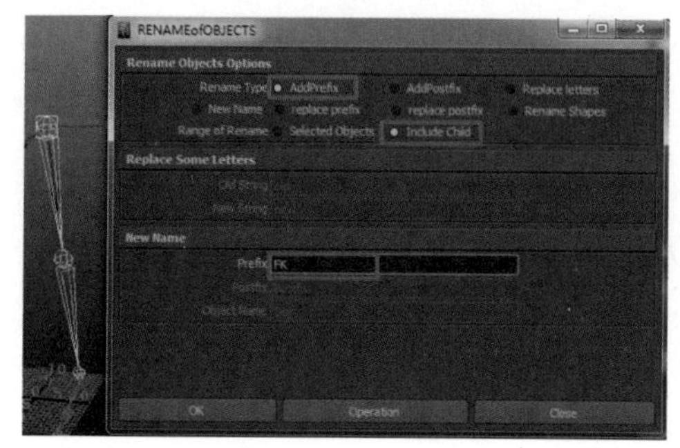


图 5-86

件的结果输出为 Color If True，不符合条件的结果输出为 Corlor If False（图 5-84）。

4）表达式设置膝盖比重偏移

通过创建 StretchBias 属性来控制膝盖在腿部的比例偏移，选择控制器 FKIKLeg_L，执行 Modify → Add Attribute（添加属性），添加名称为 StretchBias，设置 Minmum（最小值）为 0，Maximum（最大值）为 1，Default（默认值）为 0.5。

比重偏移原理：大腿原始长度 + 小腿原始长度 = 骨骼链原始总长度。加上比重属性（比重默认为 0.5，在计算时应乘以 2）就是：大腿原始长度 × 大腿比重 + 小腿原始长度 × 小腿比重 = 骨骼链原始总长度（图 5-85）。

公式中的计算较多，使用程序节点连接会比较麻烦，因此我们使用表达式连接更轻松。首先，在 Hypershade 视窗中框选条件节点与两节腿部骨骼的连线，按 Delete 键断开连接，执行 Window → Animation Editors → Expression Editor（表达式编辑器），在 Expression 输入以下内容后，单击 Create（汉字部分为解释，不需要输入）：

IK_Hip_L.scaleX=conditionLeg_L.outColorR*2*FKIKLeg_L.StretchBias；

大腿骨骼 ScaleX= 条件节点的 outColor 属性 ×2× 控制器的 StretchBias 属性；

IK_Knee_L.scaleX=conditionLeg_L.outColorR*（51.478−26.096*2*FKIKLeg_L.StretchBias）/25.382.

小腿骨骼 ScaleX= 条件节点的 outColor 属性 ×（骨骼链原始总长度 − 大腿骨骼原始长度 ×2× 控制器的 StretchBias 属性）/ 小腿骨骼原始长度。

#### 5.2.3.2 腿部 FK 骨骼绑定

（1）创建腿部 FK 骨骼

选择骨骼 Hip_L，按 Ctrl+D 键复制，使用 Rename 脚本（参照 5.2.2 中重命名 Mel 脚本的使用）添加前缀“FK”（图 5-86），然后添加到 FK 显示层中。点击 2 次 Deformation 显示层的状态显示开关，模板显示方式（视窗中不会选到此层中的物体）（图 5–87）。

（2）创建控制器

执行 Create → CV Curve Tool，依据自己的喜好，创建出容易识别的控制器形状，改名为 Ctrl_FKHip_L，将变换参数清零，回至坐标中心，并打组改名为 G_FKHip_L。按照 5.2.2 中坐标轴对位技法，将组 G_FKHip_L 的轴心与骨骼 FK_Hip_L 对齐，可以通过控制器子级别的控制点调整方向及位置（图 5–88）。同样的方法，创建小腿与脚踝的控制器，分别与 FK_Knee_L、FK_Ankle_L 骨骼坐标轴对齐，然后整理层级关系（图 5–89）。

（3）控制器约束骨骼

先选择控制器 Ctrl_FKHip_L，再选择骨骼 FK_Hip_L，执行 Constrain → ParentConstrain（父子约束），同样的方法，控制器 Ctrl_FKKnee_L 约束骨骼 FK_Knee_L，控制器 Ctrl_FKAnkle_L 约束骨骼 FK_Ankle_L，控制器 Ctrl_FKToe_L 约束骨骼 FK_Toe_L。

技巧：

执行完第一次父子约束之后，后面的约束按快捷键 G 可以重复上一次命令。

（4）FK 骨骼拉伸绑定

对于骨骼拉伸原理，在腿部 IK 骨骼绑定中已经进行了详细介绍，FK 骨骼拉伸，我们使用 Translate 拉伸方式来绑定，因为骨骼的 Translate 属性被父子约束后，缩放会影响子骨骼的错误变换，即便子骨骼也被父子约束。因此，Translate 属性被约束时只能使用 Translate 拉伸方式。

选择控制器 FKKnee_L，按 ↑ 键选择组 G_FKKnee_L，单击 TranslateX 激活属性，X 轴即是骨骼的方向，所以 X 轴数值就是上级骨骼的长度（图 5–90）。所以，我们利用控制器 FKIKLeg_L 的 Stretch 和 StretchBias 属性通过表达式控制 FK 控制器的 X 轴的数值变化来达到骨骼拉伸。

其公式为：

拉伸后长度 = 原始长度 × 拉伸倍数 × 大腿与小腿的比例系数

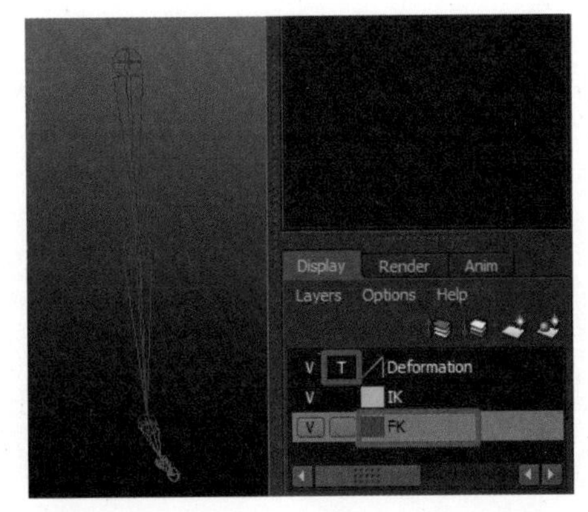

图 5–87

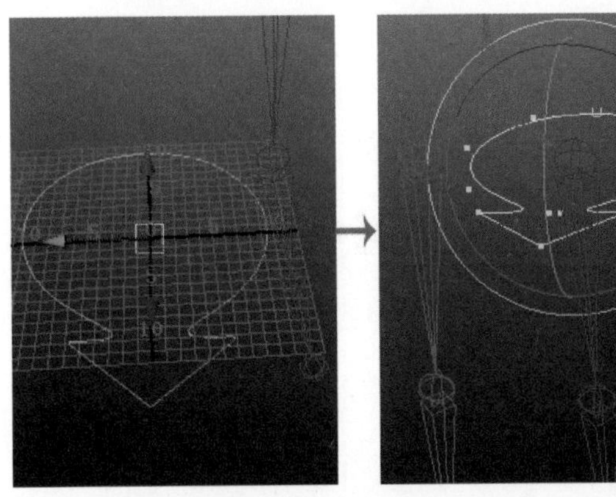
图 5–88

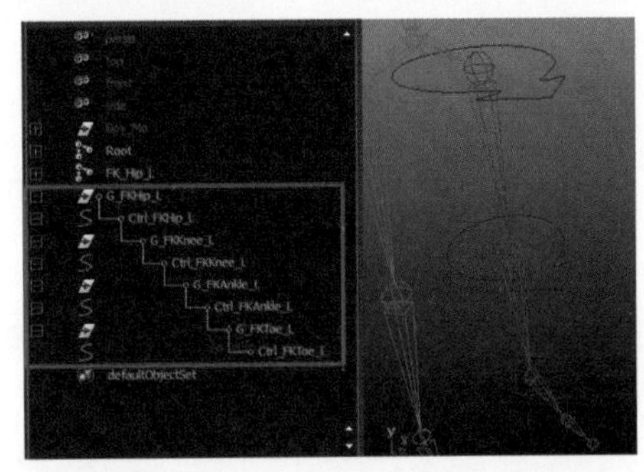
图 5–89

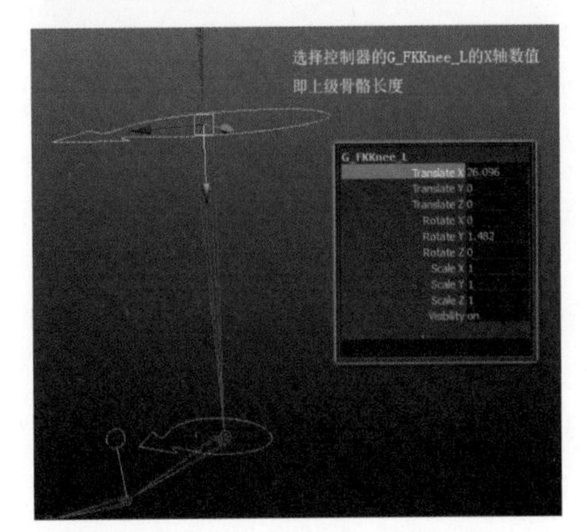

图 5–90

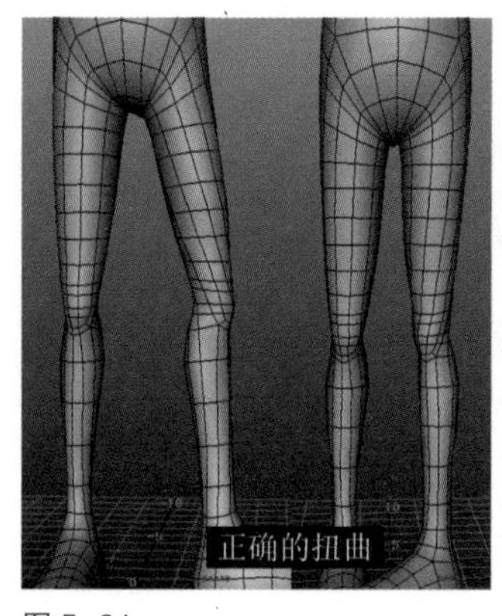


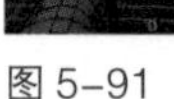
图 5-91

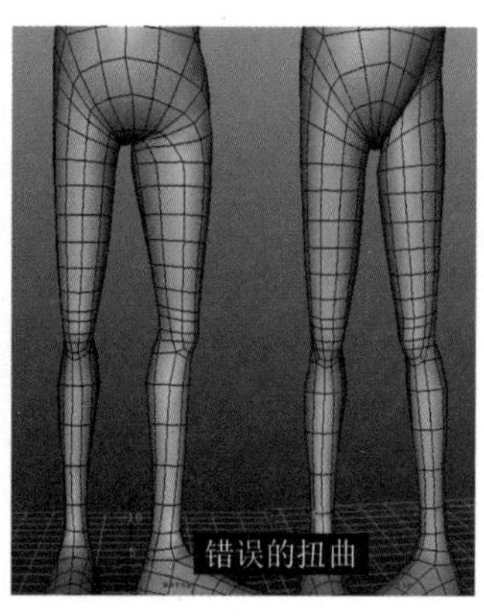


图 5-92

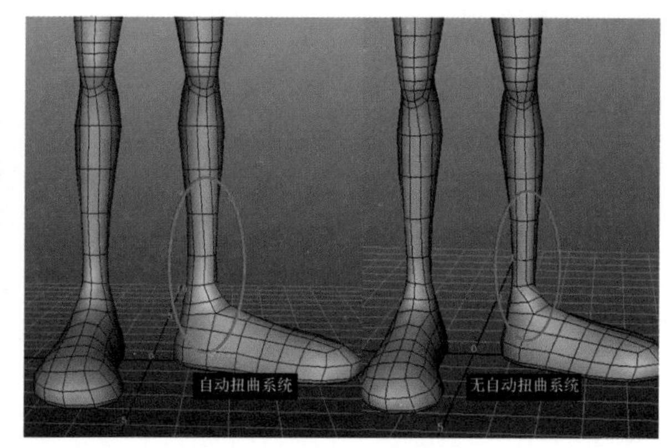


图 5-93

控制器的位移旋转必须保持为 0，因此 FK 控制器的组 TranslateX 属性为拉伸后长度，而大腿骨骼原始长度就是当前 G_FKKnee_L 的 TranslateX 的数值，大腿的比例系数为 2×StretchBias 属性，小腿的比例公式在 IK 骨骼拉伸已经阐述，小腿比例系数为（51.478-2*FKIKLeg_L.StretchBias*26.096）/25.382。

执行 Window → Animation Editors → Expression Editor 表达式编辑器，在 Expression 输入以下内容后，单击 Create（汉字部分为解释，不需要输入）：

G_FKKnee_L.translateX=26.096*FKIKLeg_L.Stretch*2*FKIKLeg_L.StretchBias;

FK 膝盖控制器的组的 X 轴位移 =FK 膝盖控制器的组当前 X 轴数值 × 拉伸倍数 × 大腿的比例系数

G_FKAnkle_L.translateX=25.382*FKIKLeg_L.Stretch*（51.478-2*FKIKLeg_L.StretchBias*26.096）/25.382

FK 脚踝控制器的组的 X 轴位移 =FK 脚踝控制器的组当前 X 轴数值 × 拉伸倍数 × 小腿的比例系数

### 5.2.3.3 腿部自动扭曲系统

在角色装配当中，腿部在旋转时，肌肉的连动范围比较大，所以仅靠两段骨骼与刷蒙皮权重的效果是很生硬的，无法表现出肌肉扭动的效果，有自动扭曲系统如图 5-91 所示，无自动扭曲系统如图 5-92 所示。脚部同样需要自动扭曲系统（图 5-93）。

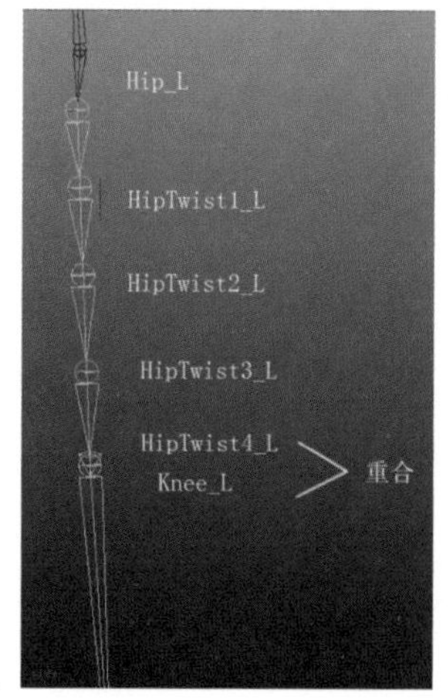


图 5-94

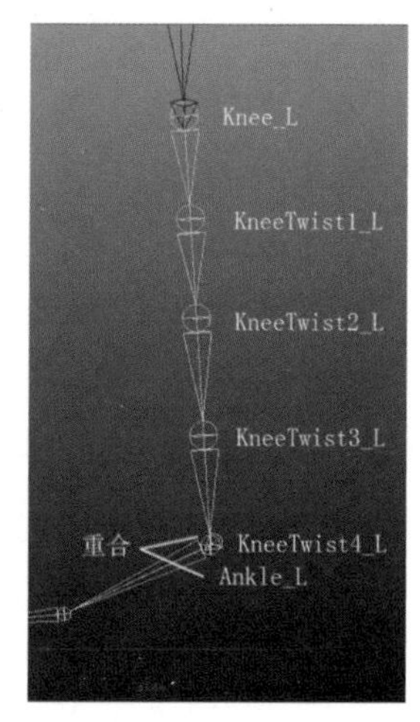


图 5-95

（1）创建扭曲骨骼

将显示层中的蒙皮骨骼显示出来，并将 FK 骨骼与 IK 骨骼隐藏，在侧视图中，执行 Skeleton → Insert Joint Tool（插入骨骼工具），点击骨骼 Hip_L 向下拖动，依次添加 4 节骨骼，骨骼长度尽量平均，最后一节与骨骼 Knee_L 重合，从上至下分别命名为 HipTwist1_L，HipTwist2_L，HipTwist3_L，HipTwist4_L（图 5-94）。采用同样的方法，创建小腿扭曲骨骼，命名为 KneeTwist1_L，KneeTwist2_L，KneeTwist3_L，KneeTwist4_L（图 5-95）。

执行 Create → Locator（定位器），创建十字定位器，将其改名为 locatorHip_L，将 locatorHip_L 定位器 P 至骨骼 Hip_L，将其变换参数归零，与骨骼坐标轴对齐，然后沿 Y 轴向外略微移出，按 Shift+P 键解除父子关系。采用同样的方法，在骨骼 Knee_L 与 Ankle_L 旁边制作另外两个定位器（图 5–96）。

执行 Create → CV Curve Tool（CV 曲线工具），按 V 键，依次从 Hip_L 至 HipTwist4_L 点击创建曲线，将其命名为curveHip_L。同样的方法，依次从 Knee_L 至 KneeTwist4_L 创建曲线，将其改名为 curveKnee_L。

打开 Skeleton → IK Spline Handle Tool（线性 IK 手柄工具）设置选项，修改参数如图 5–97 所示，在 Outliner（大纲视图）中，选择骨骼 Hip_L，加选骨骼 HipTwist4_L，再选择曲线 curveHip_L，创建线性 IK。选择 IK 手柄 IKHandle1，将其改名为 ikHandleKnee_L。

再次使用 IK Spline Handle Tool（线性 IK 手柄工具），在 Outliner 大纲视图中，加选骨骼 Knee_L，再加选骨骼 KneeTwist4_L，最后选择曲线 curveKnee_L，创建线性 IK，将 IK 手柄改名为 ikHandleAnkle_L。

选择 ikHandleKnee_L，按 Ctrl+A 组合键，打开 IK Solver Attributes 下 Advanced Twist Controls，修改参数如图 5–98 所示。

我们来看一下参数：

World Up Type:spline IK 的方向设置类型；

Up Axis：骨骼上轴（骨骼的第二轴向，骨骼朝向为第一轴向，另两个二选其一）；

Up Vector：类型为 Object Rotation Up 或者 Object Rotation Up (Start/End) 时可用，设置上轴指向物体的向量坐标；

Up Vector2：Object Rotation Up (Start/End) 时可用，设置上轴指向的第二个物体的向量坐标；

World Up Object：开始骨骼上轴朝向的物体；

World Up Object2：结束骨骼上轴朝向的物体；

Twist Value Type：扭曲过渡类型，在这里可以设置扭曲的初始方向状态。

选择骨骼 Hip_L，按住鼠标右键选择 Select Hierarchy（选择层级），执行 Display → Transform Display → Local Rotation Axes（局部旋转轴），可查看轴向，移动 locator 的位置查看是否正确（图 5–99）。

（2）创建辅助骨骼

在侧视图中，执行 Skeleton → Joint Tool，点击 3 次，创建辅助骨骼，将其分别命名为 ExtraHip_L，ExtraKnee_L，ExtraAnkle_L。选择辅助骨骼 ExtraHip_L，按住 V 键，点吸附到骨骼 Hip_L 上，选择辅助骨骼 ExtraKnee_L，按住 V 键，点吸附到骨骼 Knee_L 上，选择辅助骨骼

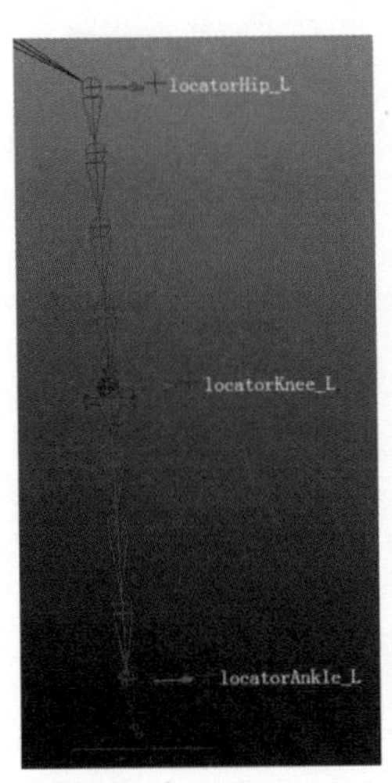

图 5–96

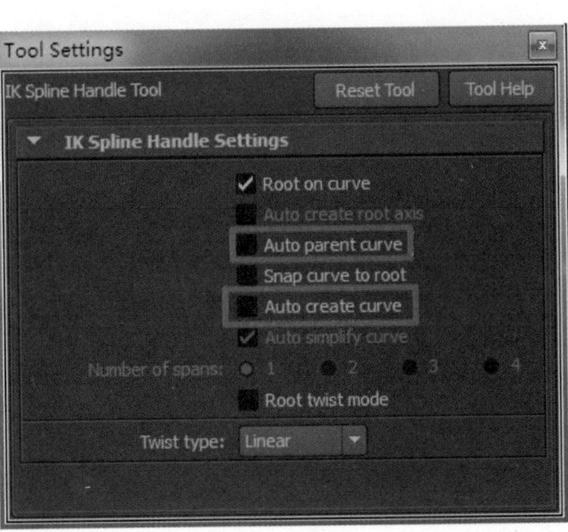

图 5–97

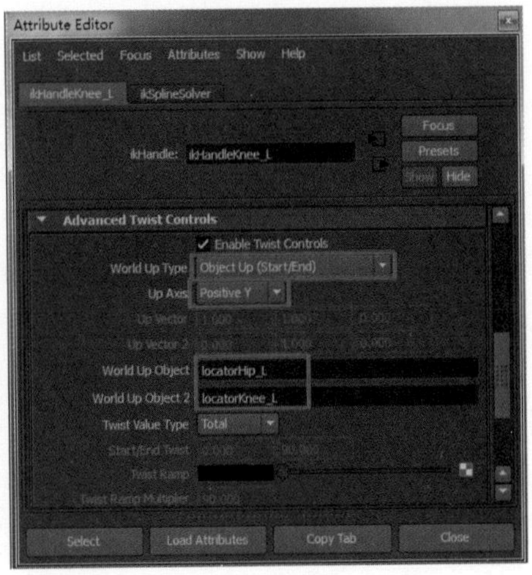

图 5–98

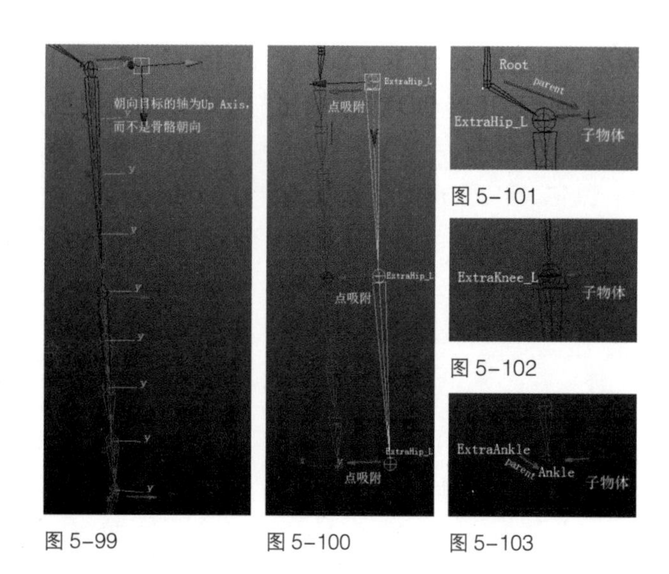


图 5-99　图 5-100　图 5-101　图 5-102　图 5-103

ExtraAnkle_L，按住 V 键，点吸附到骨骼 Ankle_L 上（图 5-100）。

（3）层级整理

将 curveHip_L 曲线 P 给骨骼 ExtraHip_L，curveKnee_L 曲线 P 给骨骼 ExtraKnee_L。选择骨骼 Root，再选择 locatorHip_L 定位器，执行 Contrain → Parent（父子约束），locatorHip_L 定位器 P 给骨骼 ExtraHip_L（图 5-101）。locatorKnee_L 定位器 P 给骨骼 ExtraKnee_L（图 5-102），locatorAnkle_L 定位器 P 给骨骼 ExtraAnkle_L，选择辅助骨骼 ExtraAnkle_L，再选择骨骼 Ankle_L，执行 Contrain → Parent（父子约束）（图 5-103）。

（4）扭曲骨骼跟随拉伸

根据 Scale 骨骼拉伸的原理，为扭曲骨骼创建表达式，其公式为：

扭曲骨骼的 ScaleX= 拉伸后骨骼长度 / 原始骨骼长度

执行 Window → Animation Editors → Expression Editor 表达式编辑器，在 Expression 输入以下内容后，单击 Create（汉字部分为解释，不需要输入）：

Hip_L.scaleX=ExtraKnee_L.translateX/26.096；

大腿骨骼的 X 轴缩放 = 膝盖辅助骨骼拉伸后长度 / 膝盖辅助骨骼原始长度

HipTwist1_L.scaleX=ExtraKnee_L.translateX/26.096；

大腿扭曲骨骼 1 的 X 轴缩放 = 膝盖辅助骨骼拉伸后长度 / 膝盖辅助骨骼原始长度

HipTwist2_L.scaleX=ExtraKnee_L.translateX/26.096；

大腿扭曲骨骼 2 的 X 轴缩放 = 膝盖辅助骨骼拉伸后长度 / 膝盖辅助骨骼原始长度

HipTwist3_L.scaleX=ExtraKnee_L.translateX/26.096；

大腿扭曲骨骼 3 的 X 轴缩放 = 膝盖辅助骨骼拉伸后长度 / 膝盖辅助骨骼原始长度

HipTwist4_L.scaleX=ExtraKnee_L.translateX/26.096；

大腿扭曲骨骼 4 的 X 轴缩放 = 膝盖辅助骨骼拉伸后长度 / 膝盖辅助骨骼原始长度

Knee_L.scaleX=ExtraAnkle_L.translateX/25.382；

小腿骨骼的 X 轴缩放 = 脚踝辅助骨骼拉伸后长度 / 脚踝辅助骨骼原始长度

KneeTwist1_L.scaleX=ExtraAnkle_L.translateX/25.382；

小腿扭曲骨骼 1 的 X 轴缩放 = 脚踝辅助骨骼拉伸后长度 / 脚踝辅助骨骼原始长度

KneeTwist2_L.scaleX=ExtraAnkle_L.translateX/25.382；

小腿扭曲骨骼 2 的 X 轴缩放 = 脚踝辅助骨骼拉伸后长度 / 脚踝辅助骨骼原始长度

KneeTwist3_L.scaleX=ExtraAnkle_L.translateX/25.382；

小腿扭曲骨骼 3 的 X 轴缩放 = 脚踝辅助骨骼拉伸后长度 / 脚踝辅助骨骼原始长度

KneeTwist4_L.scaleX=ExtraAnkle_L.translateX/25.382；

小腿扭曲骨骼 4 的 X 轴缩放 = 脚踝辅助骨骼拉伸后长度 / 脚踝辅助骨骼原始长度

#### 5.2.3.4 腿部 IK FK 转换

IK 骨骼与 FK 骨骼同时父子约束蒙皮骨骼，

在大纲视图中，先选择骨骼 IK_Hip_L 和 FK_Hip_L，后加选 Hip_L，执行 Constrain → Parent Constrain（父子约束），同样的下级骨骼依次为骨骼 IK_Knee_L 和 FK_Knee_L 约束骨骼 Knee_L，骨骼 IK_Ankle_L 和 FK_Ankle_L 约束骨骼 Ankle_L，骨骼和 FK_Toe_L 约束骨骼 Toe_L（图 5–104）。

执行 Animate → Set Driven Key（设置驱动关键帧），打开驱动关键帧窗口，选择控制器 FKIKLeg_L，点击 Load Driver（载入驱动者），选择蒙皮骨骼 Hip_L 下的父子约束节点 Hip_L_parentConstraint1，点击 Load Driven（载入被驱动者）。

选中驱动关键帧选项框中的 FKIKBlend 属性和 Hip_L_parentConstraint1 的 FK Hip LW0 和 IK Hip LW1 属性，点击选择 FKIKLeg_L，在通道盒中将 FKIKBlend 属性设置为 0，点击选择 Hip_L_parentConstraint1，在通道盒中将 FK Hip LW0 属性设置为 0，IK Hip LW1 属性设置为 1，点击 Key 第一次，点击选择 FKIKLeg_L，在通道盒中将 FKIKBlend 属性设置为 10，再点击选择 Hip_L_parentConstraint1，在通道盒中将 FK Hip LW0 属性设置为 1，IK Hip LW1 属性设置为 0，点击 Key 第二次（图 5–105）。

同样的方法，控制器 FKIKLeg_L 的 FKIKBlend 属性依次驱动父子约束节点 Knee_L_parent-Constraint1、Ankle_L_parentConstraint1、Toe_L_parentConstraint1 的属性。

注意：

*设置驱动关键帧时，应先设置驱动控制器的属性，再设置被驱动的属性。在驱动关键帧窗口中，左侧可直接快速选择控制器。*

IK FK 控制器显示切换，执行 Animate → Set Driven Key 设置驱动关键帧，选择控制器 FKIKLeg_L，点击 Load Driver（载入驱动者），选择控制器 Ctrl_FKHip_L、Ctrl_IKFoot_L、PoleLeg_L，单击 Load Driven（载入被驱动者）。

将控制器 FKIKLeg_L 的 FKIKBlend 属性设置为 0，控制器 Ctrl_FKHip_L 的 Visbility 属性设置为 off，控制器 Ctrl_IKFoot_L、PoleLeg_L 的 Visbility 属性设置为 on，单击 key。

将控制器 FKIKLeg_L 的 FKIKBlend 属性设置为 10，控制器 Ctrl_FKHip_L 的 Visbility 属性设置为 on，控制器 Ctrl_IKFoot_L、PoleLeg_L 的 Visbility 属性设置为 off，单击 key（图 5–106）。

#### 5.2.3.5　控制器规范化以及大纲整理

在骨骼绑定设置完成之后，我们必须要对控制器进行规范化设置，简洁明了的属性不仅可以使操作更方便，而且可以减少误操作，为动画师提高工作效率。大纲的整理不仅是绑定设置的需求，还可以方便管理视图中绑定物体的显示。

将不需要的属性锁定并隐藏。选择 IK 控制器 Ctrl_IKFoot_L，在通道盒中，选择如图 5–107 所示属性，右键单击选择 Lock and Hide Selected（锁定并隐藏选择）。将控制器 PoleLeg_L 保留属性如图 5–108 所示。将控制器 FKIKLeg_L 保留属性

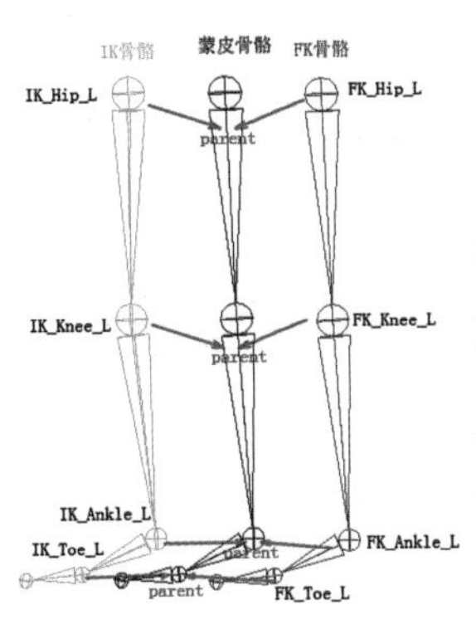


图 5–104

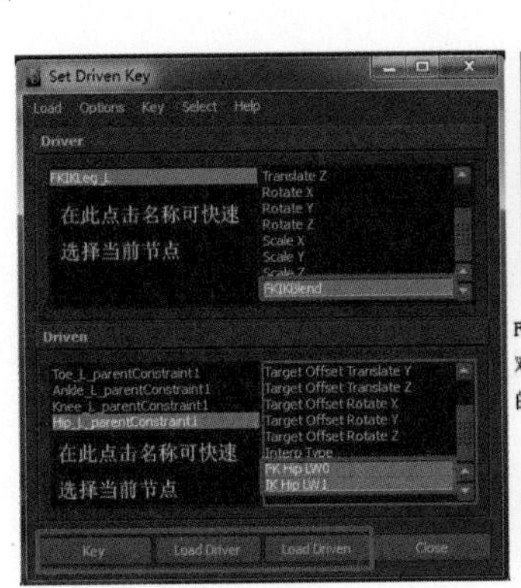


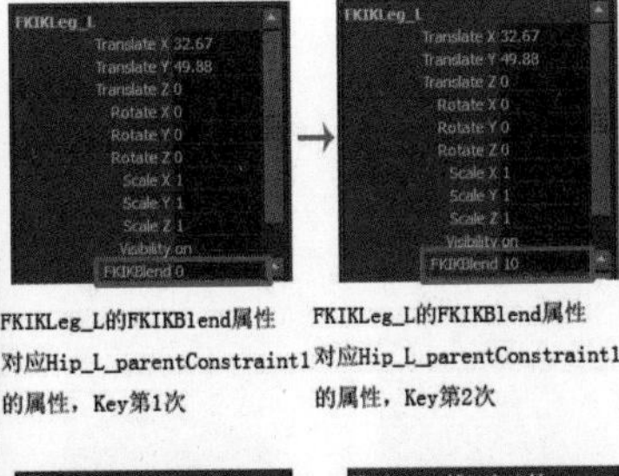


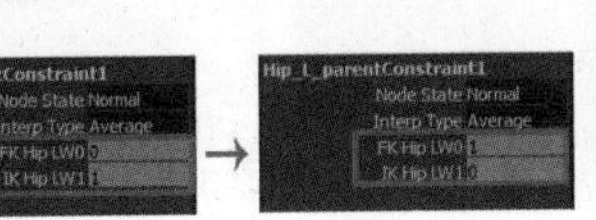


图 5–105

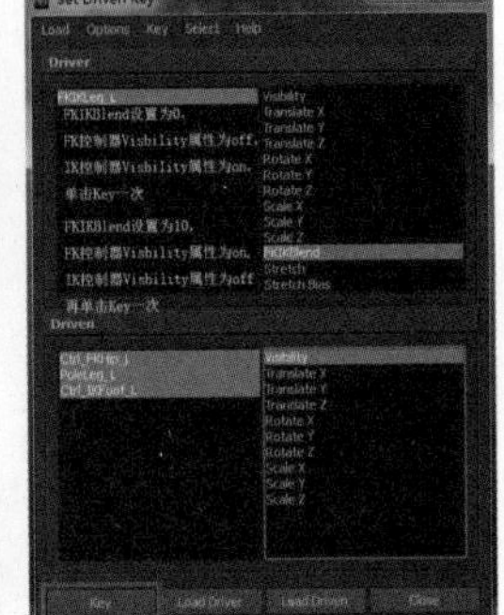


图 5–106

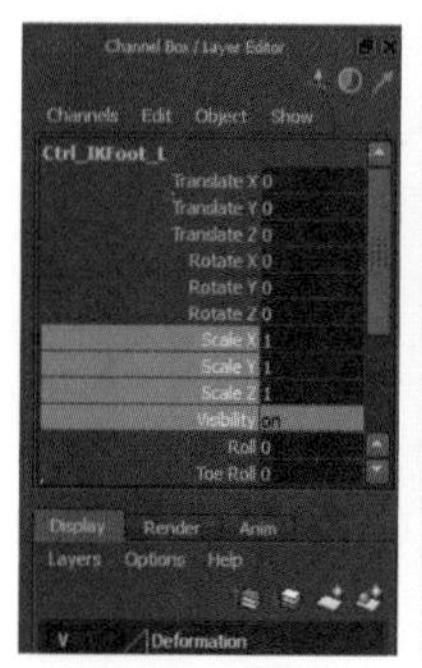

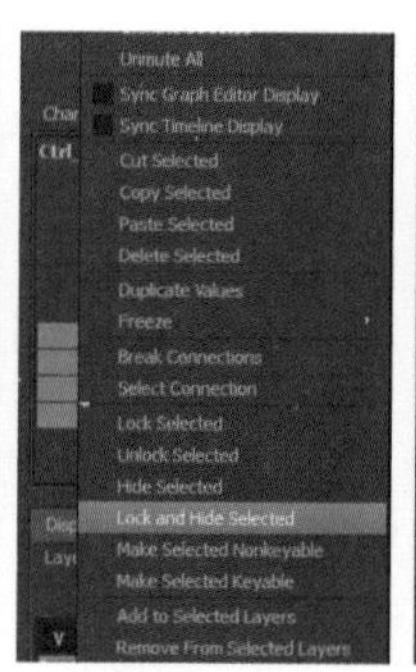

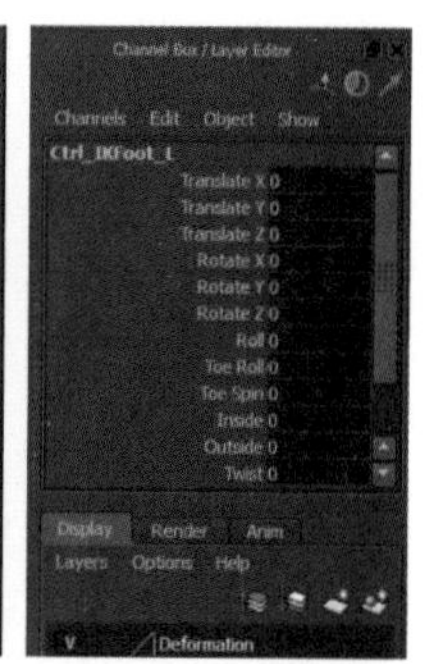

图 5-107

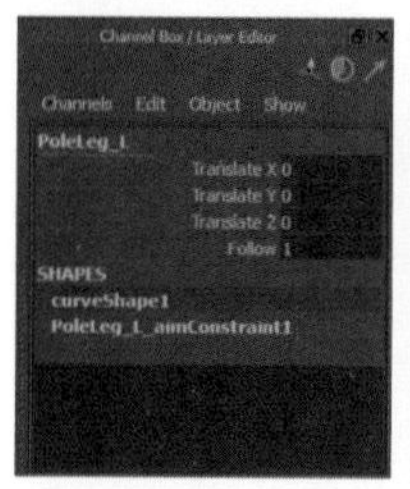

图 5-108

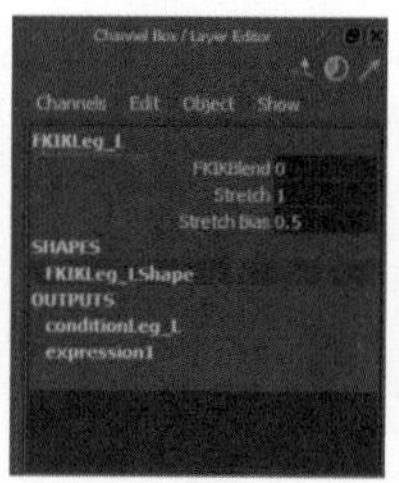

图 5-109

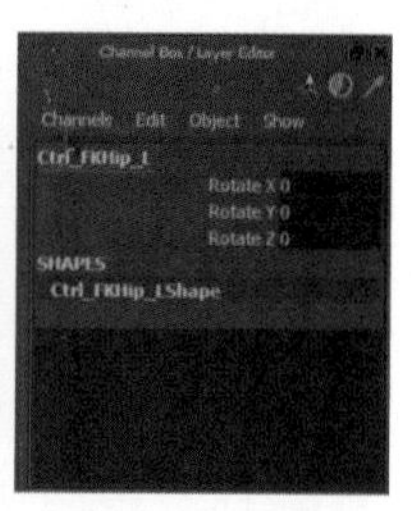

图 5-110

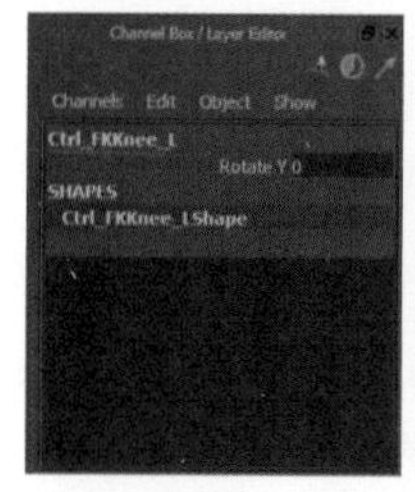

图 5-111

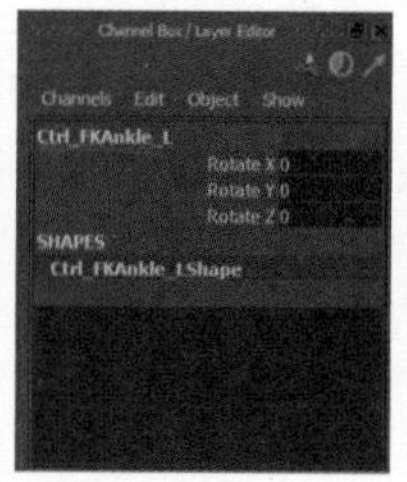

图 5-112

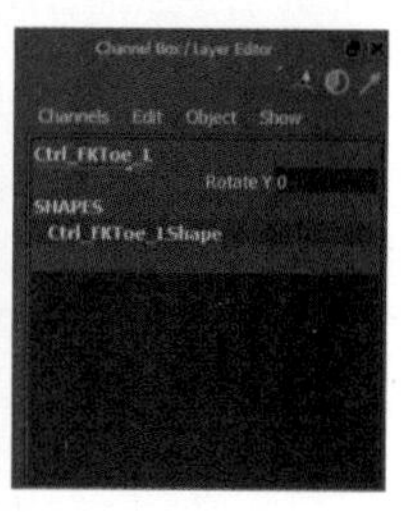

图 5-113

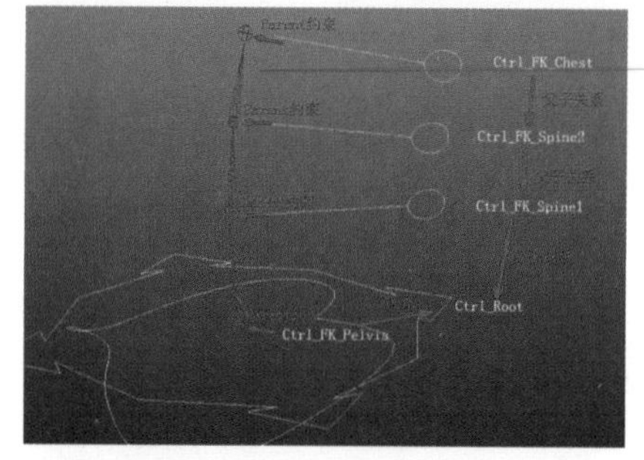


图 5-114

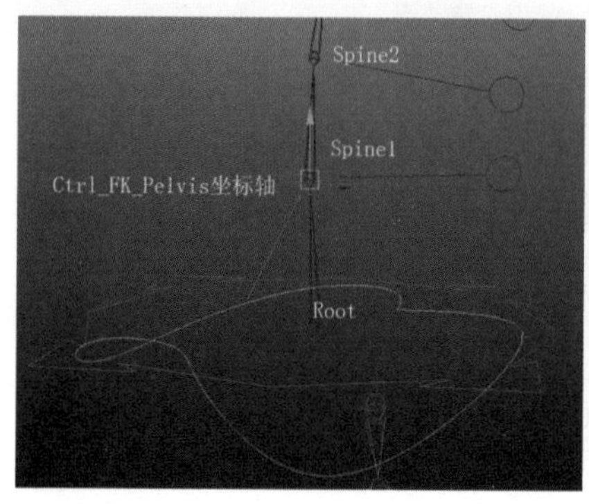


图 5-115

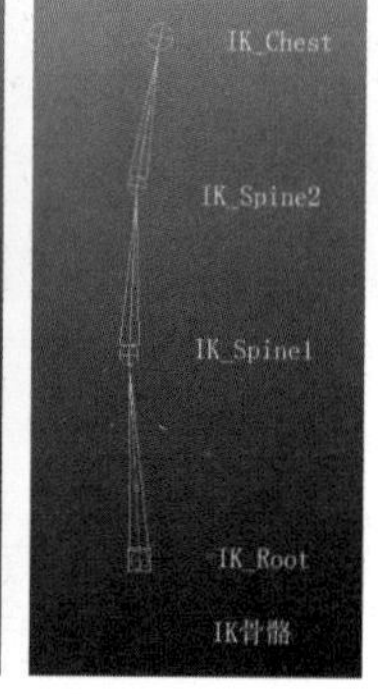


图 5-116

如图 5-109 所示。将控制器 Ctrl_FKHip_L 保留属性如图 5-110 所示。将控制器 Ctrl_FKKnee_L 保留属性如图 5-111 所示。将控制器 Ctrl_FKAnkle_L 保留属性如图 5-112 所示。将控制器 Ctrl_FKToe_L 保留属性如图 5-113 所示。

### 5.2.4 身体骨骼绑定技法

身体躯干的绑定同样需要 FK 与 IK 骨骼绑定，FK 绑定与其他部位的原理都是相同的，这里不再详述，参考 5.2.3 中腿部 FK 绑定技法，设置身体躯干 FK 骨骼绑定，层级关系如图 5-114 所示。

与其他部位不同的是，臀部控制器 Ctrl_FK_Pelvis 是单独控制臀部的，不是脊椎的上级关系，在走路动画中，臀部的单独扭动是经常使用的。另外，臀部的结构应是绕骨骼 Spine1 旋转的，选择控制器，按住 V 键吸附至骨骼 Spine1（图 5-115）。

#### 5.2.4.1 身体躯干 IK 绑定技法

躯干的活动骨骼之间的过渡是比较平滑的，使用线性 IK 骨骼能够很好地表现其柔韧性，接下来，将用线性 IK 的 Twist（扭曲）属性来制作出躯干柔软的过渡。

首先复制一套躯干骨骼作为 IK 骨骼，删掉胸部骨骼以下的骨骼，将骨骼添加至 IK 显示层，重新命名（图 5-116）。

创建线性 IK 手柄，执行 Skeleton → IK Spline Handle Tool（线性 IK 手柄工具），选择骨骼 IK_Chest，再选择 IK_Root，创建线性 IK 手柄，将 IK 手柄改名为 ikSpineHandle，IK 手柄的曲线改名为 curveSpine。

选择线性 IK 的曲线，右键点击选择 Control Vertex，共 4 个 CV 点，选择 CV 点，执行 Create Deformers → Cluster（簇），为每个点创建簇，更改名称如图 5-117 所示。

使用 CV 曲线工具创建 IK 控制器，并选择控制器按 Ctrl+G 键自身打组，然后选择组再复制两组控制器，更改名称如图 5-117 所示。将控制器组 G_IK_Chest 按 V 键吸附到骨骼 IK_Chest 上，控制器组 G_IK_Root 吸附到骨骼 IK_Root 上，将控制器组 G_IK_Chest 放置于上下两个控制器之间即可。

将 clusterChest 簇 P 给控制器 Ctrl_IK_Chest，clusterSpine2 簇 P 给 Ctrl_IK_Spine2，clusterSpine1 簇 P 给 Ctrl_IK_Spine1，clusterRoot 簇 P 给 Ctrl_IK_Root。将三个 IK 控制器的组 P 给控制器 Ctrl_Root，层级关系如图 5-117 所示。

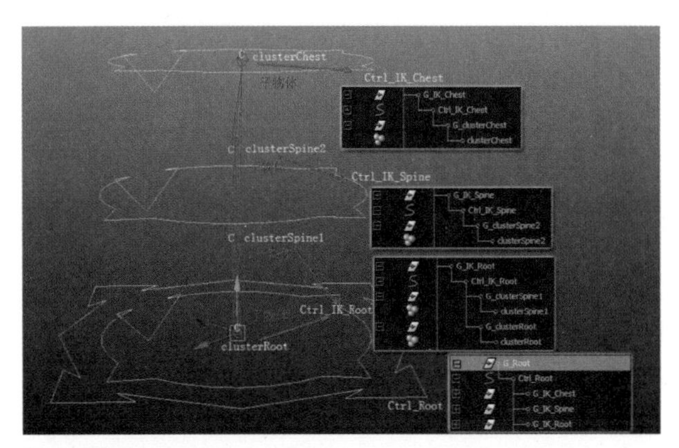

图 5-117

此时，移动控制器可以控制 IK 骨骼的位移了，接下来设置 IK 骨骼旋转的绑定。选择骨骼 IK_Root，右键点击选择 Select Hierarchy（选择层级），选择所有子骨骼，执行 Display → Transform Display → Local Rotation Axes（局部旋转坐标轴），显示骨骼自身坐标轴。我们调整 IK 手柄 ikSpineHandle 的 Twist 属性，可以看到从骨骼末端依次递减旋转，直至根骨骼。我们只要将胸骨控制器的旋转控制 IK 手柄的 Twist 属性就可以实现骨骼递减旋转过渡。但是旋转却不能自下而上，那么臀部的控制器旋转如何控制旋转递减呢？第二，使用 Twist 属性旋转时，最后两节骨骼的旋转方向是相同的，这是因为末端骨骼的旋转不受 IK 手柄的影响（图 5-118）。接下来，我们解决这两个问题。

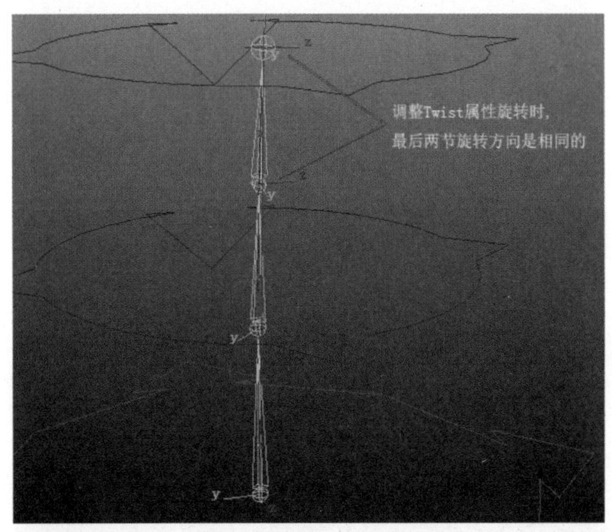

图 5-118

选择骨骼 IK_Root，按 Ctrl+G 组合键自身打组，将组改名为 G_IK_TwistRoot。选择控制器 Ctrl_IK_Root，再选择组 G_IK_TwistRoot，执行 Constrain → Parent（父子约束）（图 5-119），此时，臀部控制器就可以控制根骨骼的旋转了。

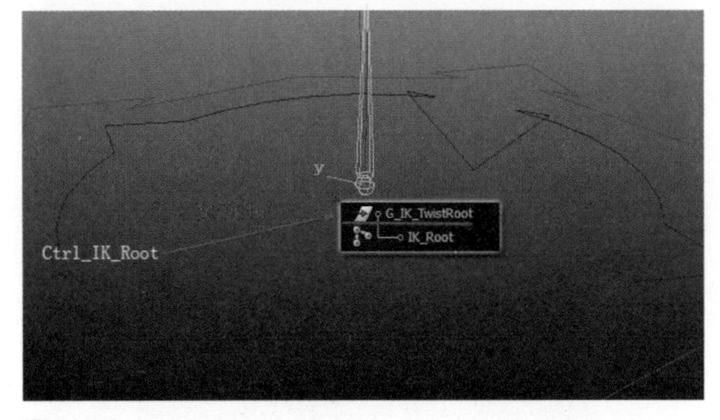

图 5-119

执行 Create → Locator（定位器），创建定位器，改名为 locatorTwistChest，按住 V 键吸附到骨骼 IK_Chest 上。将定位器 P 给控制器 Ctrl_IK_Root。选择控制器 Ctrl_IK_Chest，再选择定位器 locatorTwistChest，执行 Constrain → Parent（父子约束）。选择定位器 locatorTwistChest，再选择骨骼 IK_Chest，执行 Constrain → Orient（方向约束）（图 5-120）。此时，不论旋转胸骨控制器还是旋转臀部控制器，定位器的旋转属性都会产生数值变化，这个数值就是两个控制器的旋转差距，所以将定位器 locatorTwistChest 的 RotateY 属性连接到线性 IK 手柄 Twist 属性上就可以了。

但是 Twist 属性控制的骨骼旋转时，最后两节骨骼的旋转角度最大且方向相同，即 Twist 的数值是最后第二节。但最后第二节骨骼应比末端

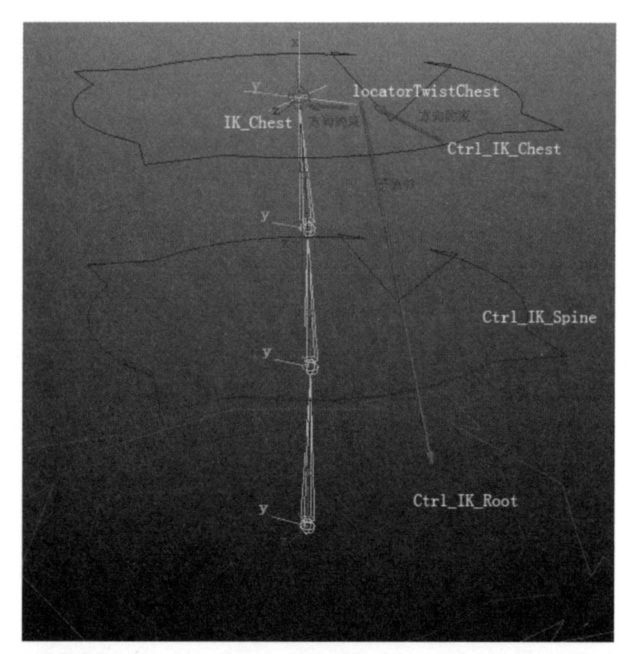

图 5-120

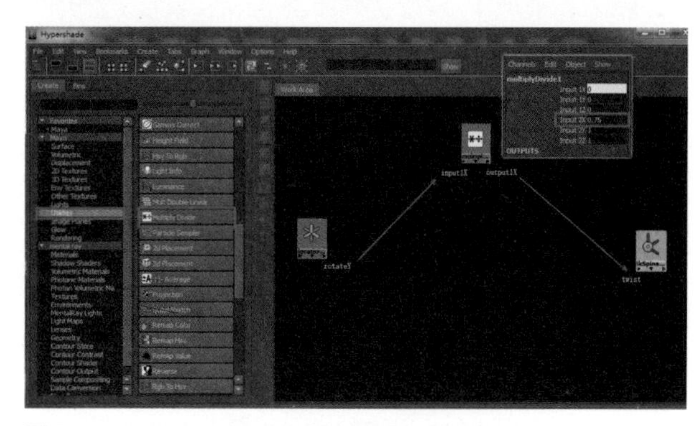
图 5-121

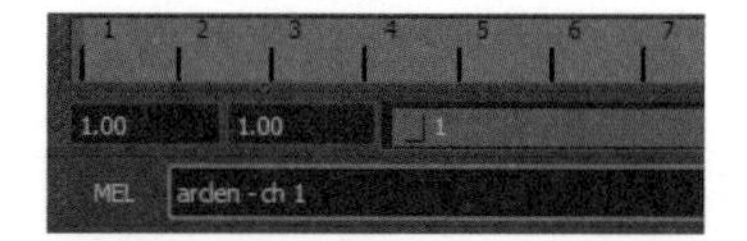

图 5-122

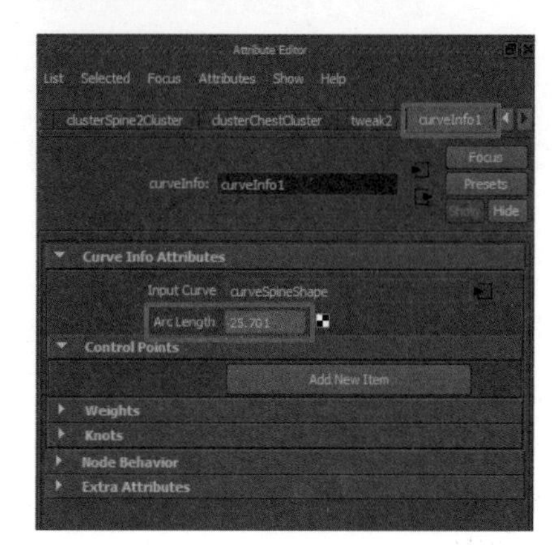

图 5-123

骨骼旋转小一些，因此应降低 Twist 的权重。最后第二节骨骼的位置处于整个骨骼链的 3/4 处左右（或者使用测量工具计算比值也可），所以 Twist 的权重应是 3/4，Twist 属性 = 末端骨骼 IK_Chest 的 RotateY × 3/4。

执行 Window → Rendering Editors → Hypershade，打开材质编辑器，选择线性 IK 手柄 ikSpineHandle 和定位器 locatorTwistChest，在材质编辑器视窗中，执行 Graph → Add Selected to Graph（添加到图表），单击左侧的 Multiply Divide，创建一个乘除节点。将定位器的 RotateY 属性连接到乘除节点的 Input1X 上，选择乘除节点，在通道盒中将 Input1Y 属性设置为 0.75，最后将乘除节点的 Output 连接到 IK 手柄的 Twist 属性上（图 5-121）。

5.2.4.2 **躯干 IK 骨骼拉伸**

线性 IK 骨骼的拉伸原理：线性 IK 骨骼是由曲线的形状来控制的，若要实现拉伸，那么骨骼的长度就要根据曲线的长度变化，因此我们只要查找出曲线的长度，用曲线拉伸后的长度除以原始长度就是骨骼缩放的倍数了。

选择线性 IK 的控制曲线 curveSpine，在 MEL 栏中输入 arclen-ch 1，按回车键执行，就为曲线创建了长度的节点（图 5-122）。

选择线性 IK 的控制曲线 curveSpine，Ctrl+A 组合键打开属性面板，记录曲线的长度（图 5-123）。

选择胸部控制器 Ctrl_IK_Chest，执行 Modify → Add Attribute（添加属性），添加名称为 Stretchy 的拉伸开关属性，最大值为 1，最小值为 0，默认值为 0。

执行 Window → Rendering Editors → Hypershade（材质编辑器），打开材质编辑器窗口，选择 IK 骨骼 IK_Root、IK_Spine1、IK_Spine2，曲线信息节点 curveInfo1（需要先选择曲线 curveSpine，在属性面板中找到 curveInfo1，单击面板下面的 Select 命令）以及控制器 Ctrl_Chest，在 Hypershade 视窗中，执行 Graph → Add Selected to Graph（添加选择到图表）。

在 Hypershade 视窗左侧的 Utilities 类型中，单击 Blend Colors 和 Multiply Divide，创建融合节点和乘除节点（图 5-125）。

将曲线 Ctrl_IK_Chest 的 Stretchy 属性连接至融合节点的 Blender 属性上。

将曲线信息 curveInfo1 的 arcLength 属性连接至乘除节点的 input1X 上，选择乘除节点，在通道盒中将 Input 2X 参数设置为 25.701（曲线信息中的长度）。将乘除节点的 OutputX 连接到融合节点的 Color1R 属性上。

选择融合节点，在通道盒中将 Color2R 参数设置为 1。最后将融合节点的 OutputR 连接到 3 个 IK 骨骼的 ScaleX 属性上。此时，控制器 Ctrl_IK_Chest 的 Stretchy 属性就可以切换骨骼拉伸了（图 5-124）。

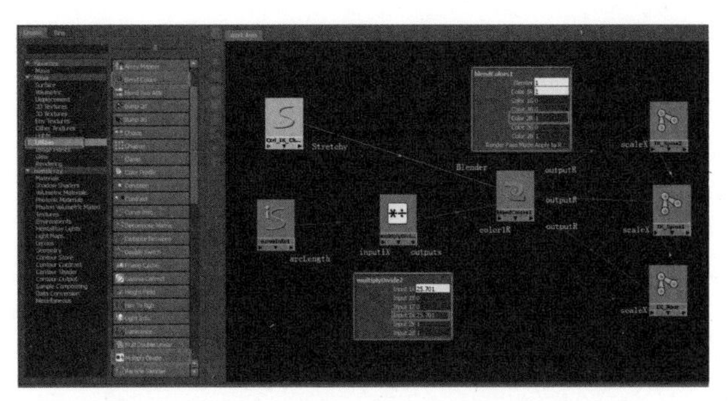

图 5-124

5.2.4.3　躯干 IK 与 FK 转换

IK 与 FK 转换方法参照 5.2.3 中腿部 IK 与 FK 转换技法。但在 IK 骨骼约束蒙皮骨骼时要更改一下，由于骨骼 IK_Root 的旋转变换被线性 IK 所限制，控制器无法完全控制其旋转，因此，我们使用控制器 Ctrl_IK_Root 代替骨骼 IK_Root 父子约束骨骼 Root，其他骨骼约束不变（图 5-125）。

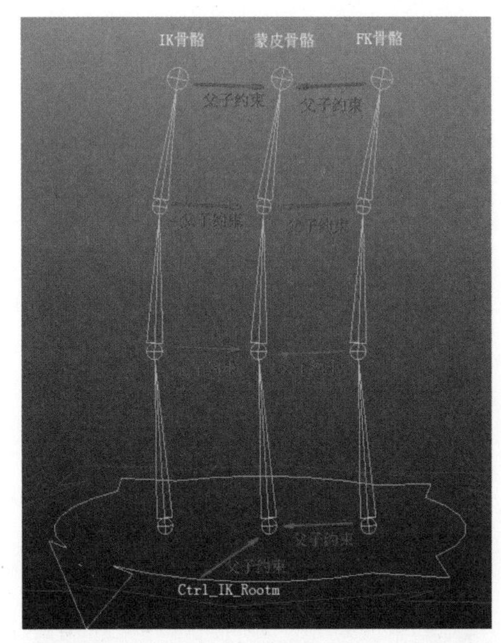


图 5-125

## 5.2.5　手臂骨骼绑定技法

手臂与腿部的绑定方法基本一致，包括 FK 骨骼绑定、IK 骨骼绑定、拉伸以及扭曲，这里不再详述，下面简略展示步骤。

5.2.5.1　手臂 FK 骨骼绑定

参照腿部 FK 骨骼绑定技法，创建 FK 骨骼、FK 控制器，其命名与绑定关系如图 5-126 所示。

*注意：手臂 FK 控制系统不需要手部骨骼，下面会介绍手部控制器绑定。*

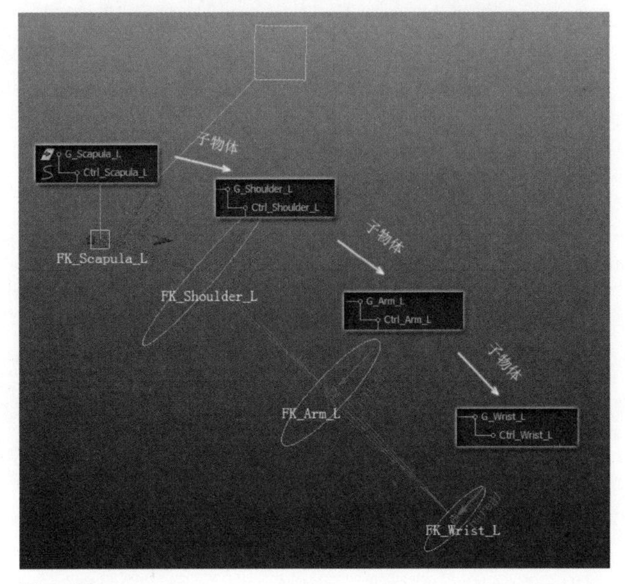


图 5-126

5.2.5.2　手臂不跟随肩部绑定

在动画制作中，如果手臂是跟随肩部旋转的，那么我们在转动身体时，手臂也会随之变换。假如手臂姿势是固定的，而身体需要转动，则调整完身体动作后，每次还要再次调节手臂，势必会带来很大的麻烦，因此，增加手臂不跟随肩部转动的控制属性是很有必要的（图 5–127）。

（1）创建辅助物体

执行 Create → Locator（定位器），创建一个辅助定位器，改名为 GloShoulder_L。选择骨骼 FK_Scapula_L，再选择定位器 GloShoulder_L，执行父子约束，将辅助定位器与骨骼 FK_Scapula_L 的坐标轴对齐，删除定位器下的约束节点。

选择控制器 Ctrl_Scapula_L，再选择组 G_Shoulder_L，打开 Constrain → Orient（方向约束）设置选项，勾选 Maintain offset（保持偏移），点击应用。选择定位器 GloShoulder_L，再选择组 G_Shoulder_L，再执行一次 Constrain → Orient（方向约束），则肩膀控制器的方向被定位器与肩胛骨控制器所约束（图 5–128）。

（2）添加跟随属性切换

选择控制器 Ctrl_Scapula_L，执行 Modify → Add Attribute（添加属性），添加名称为 Glo（Global 的缩写，全局方向），指定最小值为 0，最大值为 10，默认值为 10。指定 0 至 10 的范围可以在调动作时转换过渡平滑，不跟随的情况多一些，所以默认设为 10。

执行 Animate → Set Driven Key（设置驱动关键帧），将控制器 Ctrl_Scapula_L 载入左边，将肩膀控制器组下的约束节点 G_Shoulder_L_orientConstraint1 载入右边，参数变化如图 5–129 所示。

手臂 FK 骨骼拉伸技法与腿部完全相同，参照腿部 FK 骨骼拉伸为创建表达式即可。

手臂 IK 骨骼绑定与拉伸，参照腿部 IK 骨骼绑定与拉伸制作即可。

（3）手部控制器绑定

手部绑定中，由于手指太多，不容易操控，因此，我们专门创建一个控制器控制手部整体的姿势。

使用 CV 曲线工具，创建手部控制器，参照 5.2.2 中坐标轴对位技法，将控制器与骨骼对位，层级关系如图 5–130 所示。在通道盒中，选择控制器不需要的属性右键单击执行 Lock and Hide

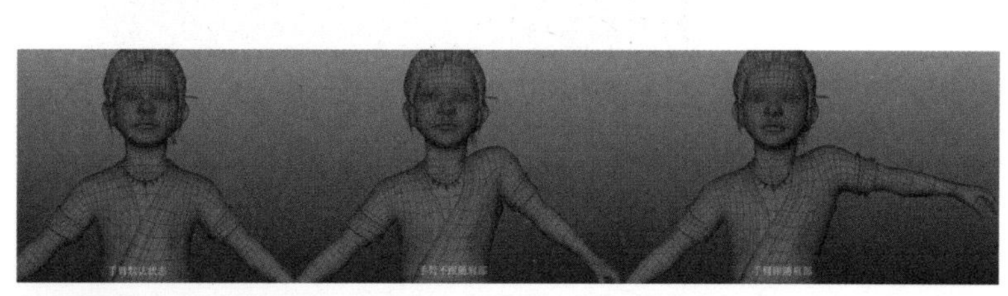
图 5–127

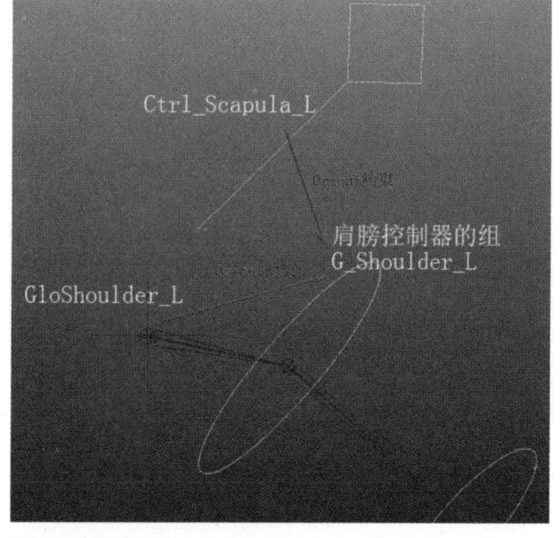

图 5–128

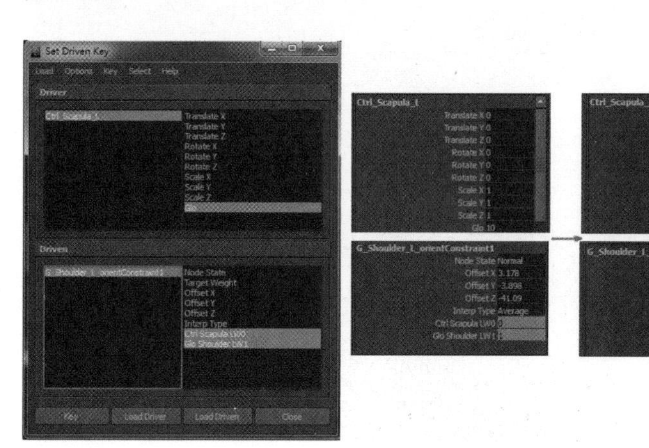

图 5–129

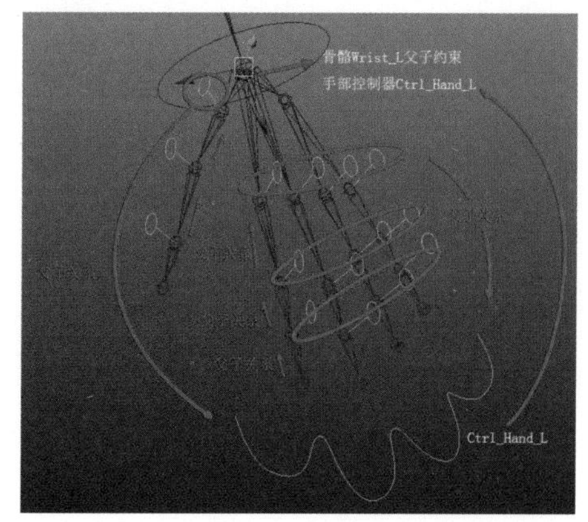

图 5–130

Selected（锁定并隐藏），为控制器 Ctrl_Hand_L 添加控制属性，并设置属性范围（图 5-131）。

为拇指整体弯曲设置驱动，执行 Animate → Set Driven Key（设置驱动关键帧），选择控制器 Ctrl_Hand_L，载入驱动者，选择 3 个拇指控制器的组，载入被驱动者，拇指的弯曲方向是 Y 轴，选择 Thumb FingerCurl（食指卷曲）属性与 RotateY，默认为 0 时，单击 Key 第一次（图 5-132）。

将 Thumb FingerCurl 设置为 −2，在驱动关键帧窗口中，选择被驱动者旋转至图中角度，单击 Key 第二次（图 5-133）。

将 Thumb FingerCurl 设置为 10，在驱动关键帧窗口中，选择被驱动者旋转至图中角度，单击 Key 第三次（图 5-134）。

其他手指设置方法相同，Index Finger Curl、Middle Finger Curl、Ring Finger Curl、Pinky Finger Curl 属性分别驱动其他四指控制器组的 RotateY 属性。

注意：

第一，在设置默认值不是最大值又不是最小值时，应先设置默认值状态 Key 一次，再在最大值、最小值设置另外两次。第二，设置参数时，应先设置驱动者的参数，再设置被驱动者。第三，拇指控制器组的 3 个属性被驱动，而不只是 RotateY 被驱动，因为 RotateY 的数值是根据上级坐标的相对值，而不是自身 Y 轴的旋转。第四，选择驱动者与被驱动者时，可直接在设置关键帧窗口中快速选择，而无需在大纲中选择。

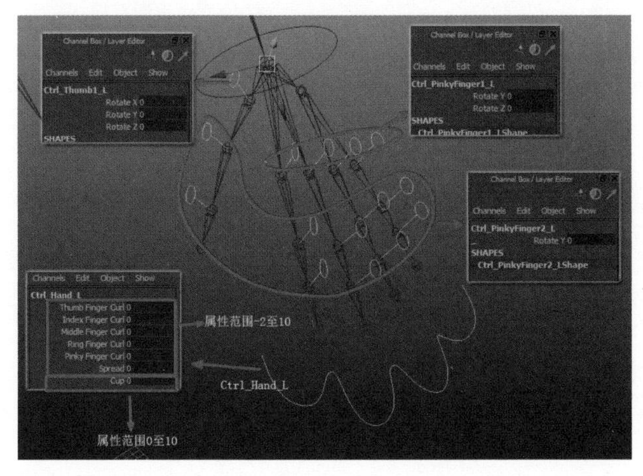

图 5-131

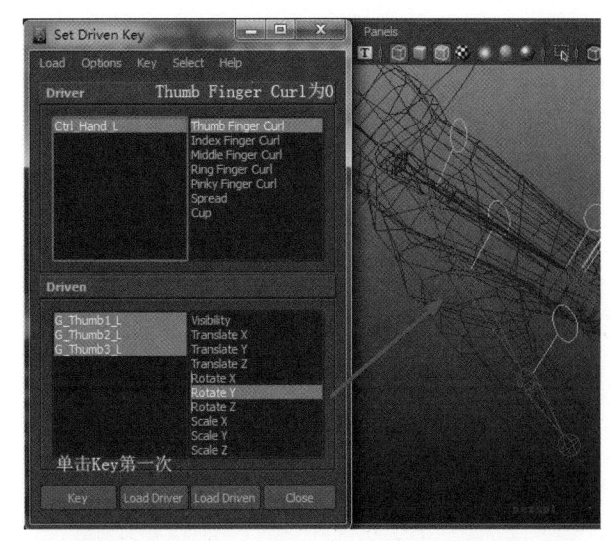

图 5-132

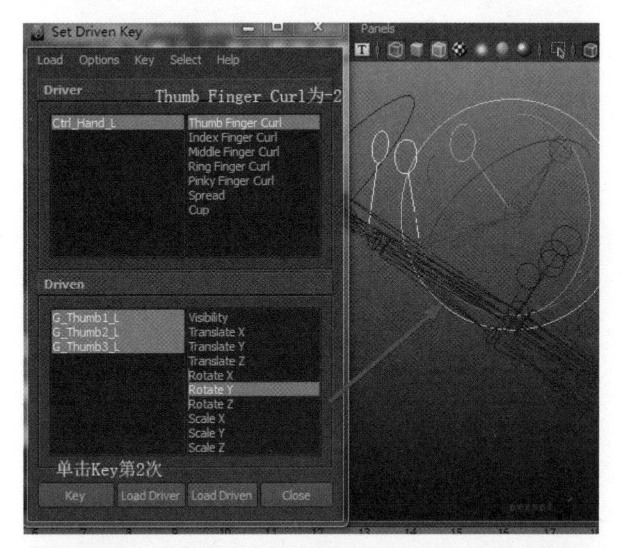

图 5-133

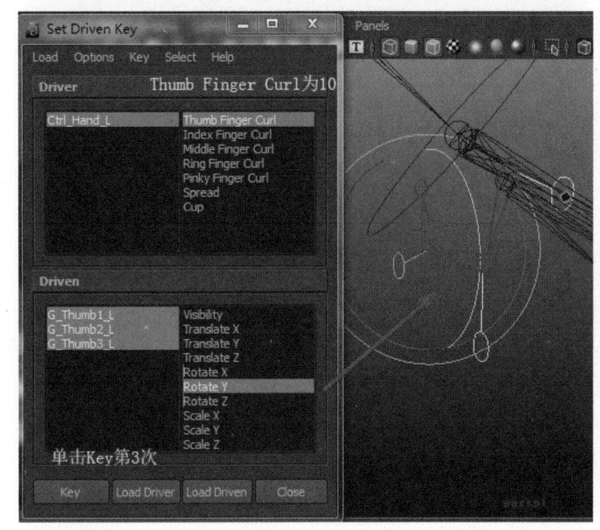

图 5-134

Spread 属性的驱动设置，选择除拇指外的其他四指的第一节控制器的组载入被驱动者。选择图中属性，单击 Key 第一次（图 5-135）。

将 Spread 属性设置为 -2，在驱动关键帧窗口中，选择被驱动者旋转至图中角度，单击 Key 第二次（图 5-136）。

将 Spread 属性设置为 10，在驱动关键帧窗口中，选择被驱动者旋转至图中角度，单击 Key 第三次（图 5-137）。

Cup 属性的驱动设置，单击空白区域，空选，按 Ctrl+G 键创建空组，将其改名为 G_Cup_L。运用 5.2.2 中坐标轴对位技法将组 G_Cup_L 与骨骼 Cup_L 的坐标轴对齐，然后将 G_Cup_L 组 P 给控制器 Ctrl_Hand_L，将 G_RingFinger1_L 和 G_PinkyFinger1_L 组 P 给组 Cup_L，组 Cup_L 父子约束骨骼 Cup_L（图 5-138）。

选择组 G_Cup_L 载入被驱动者，选择 Cup 属性与组 G_Cup_L 旋转属性，单击 Key 第一次。将 Cup 属性设置为 10，在驱动关键帧窗口中，选择被驱动者旋转至图中角度，单击 Key 第二次（图 5-139）。

图 5-135

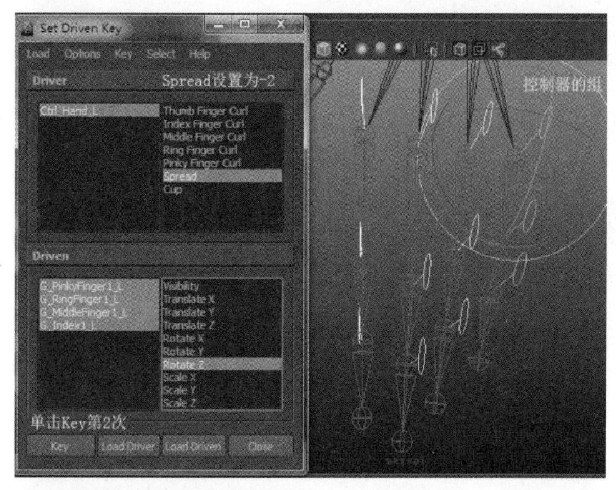


图 5-136

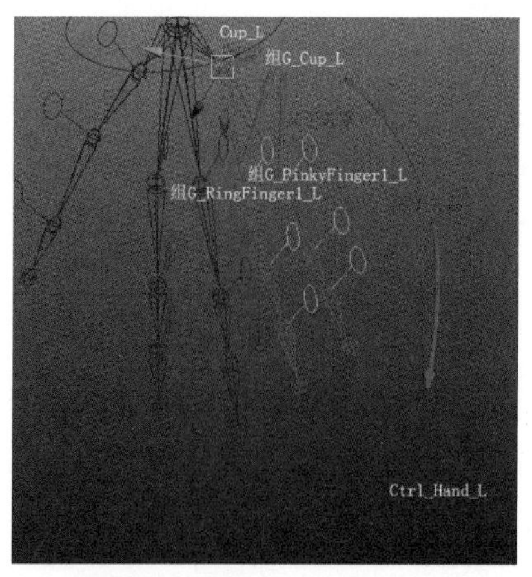


图 5-138

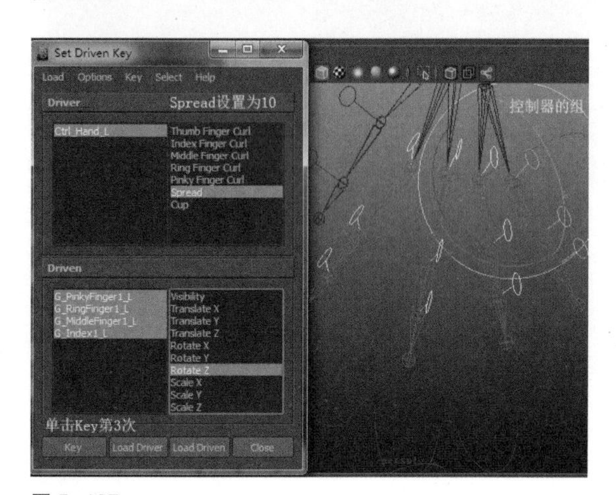


图 5-137

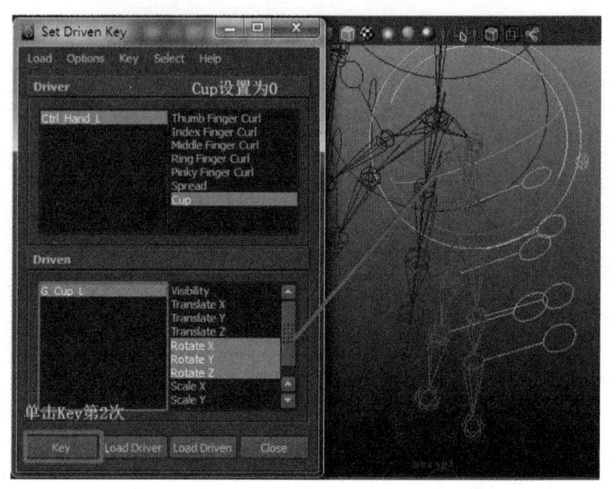


图 5-139

## 5.2.6　头部骨骼绑定技法

头部的骨骼运动只有两节，因此只需要 FK 骨骼绑定就足够了。按照前面章节的内容，FK 绑定技法就不再重复了。创建头部 FK 绑定如图 5–140 所示。

注意：

脖子控制器 Ctrl_Neck 与身体的连接方式是通过骨骼 Chest 父子约束脖子控制器的组 G_Neck 来完成的，而不是将脖子控制器 P 到胸骨。

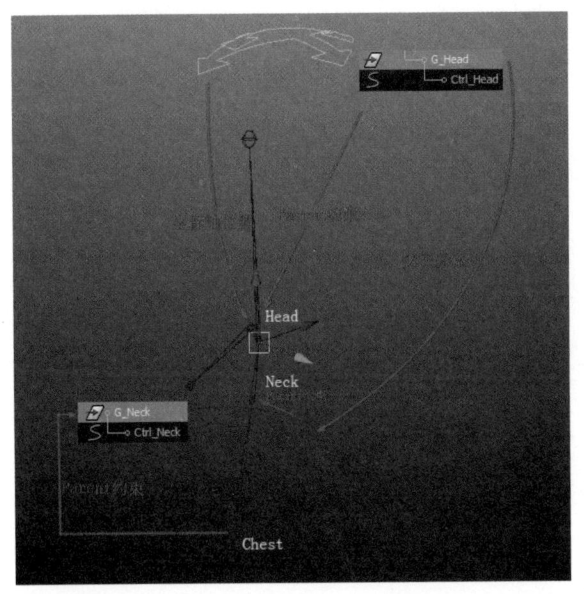


图 5–140

### 5.2.6.1　头部不跟随脖子绑定

在动画制作中，头部会经常定向看目标，而不跟随身体的旋转。因此，头部也需要增加跟随属性，选择头部控制器 Ctrl_Head，添加 Glo 属性。然后参照 5.2.5 中手臂不跟随肩部绑定的技法，创建定位器 GloNeck，将定位器坐标轴与骨骼 Neck 对齐（参照 5.2.2 中坐标轴对位技法）。定位器 GLoNeck 与控制器 Ctrl_Neck 同时方向约束 G_Head，使用驱动关键帧 Glo 属性驱动方向约束节点的权重，最后将控制器不需要的属性锁定并隐藏（图 5–141）。

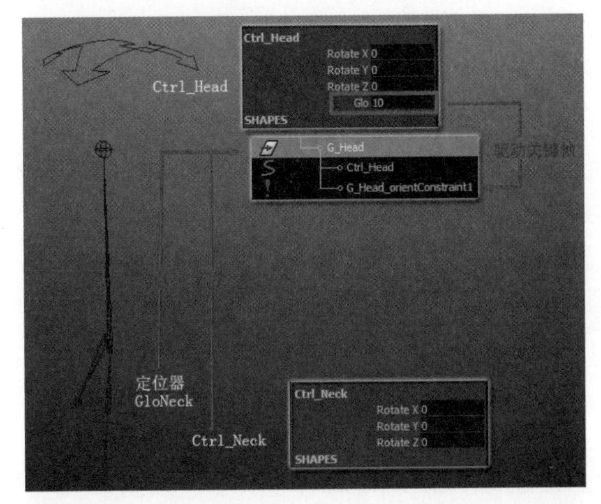


图 5–141

### 5.2.6.2　眼睛绑定技法

（1）创建控制器

使用 CV 曲线工具创建如图 5–142 中黄色曲线形状，改名为 Ctrl_EyeAll，并为其打组，改名为 G_EyeAll。再创建两个圆环，分别改名为 Ctrl_Eye_L、Ctrl_Eye_R，将两个圆环 P 给控制器 Ctr_EyeAll，移动至头部正前方，然后将 3 个控制器冻结变换，将不需要的属性锁定并隐藏（图 5–142）。

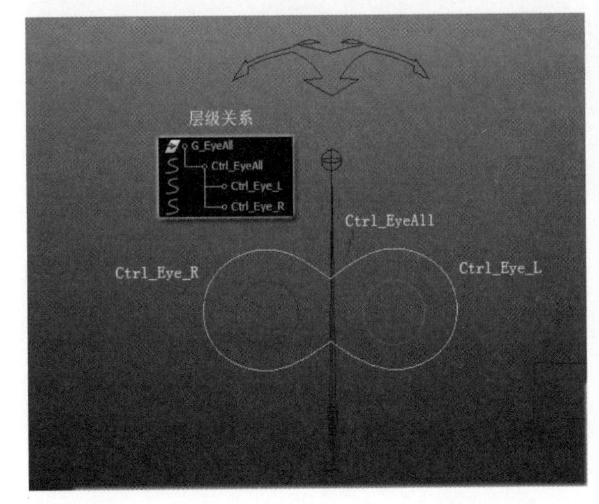


图 5–142

（2）控制器注视约束眼睛方向

选择眼球模型或者眼球的组（眼球由多个物体组成时应选择它们的组），执行 Display → Transform Display → Rotate Pivot（旋转轴心），选择眼球模型的组，按住 D 和 V 键，将坐标轴吸附至旋转轴心（图 5–143）。

选择控制器 Ctrl_Eye_L，再选择左眼球模型或者组，打开 Constrain → Aim（注视约束）选项设置，勾选 Maintain offset（保持偏移），执行命令。右眼以同样的方法注视右眼控制器 Ctrl_Eye_R。

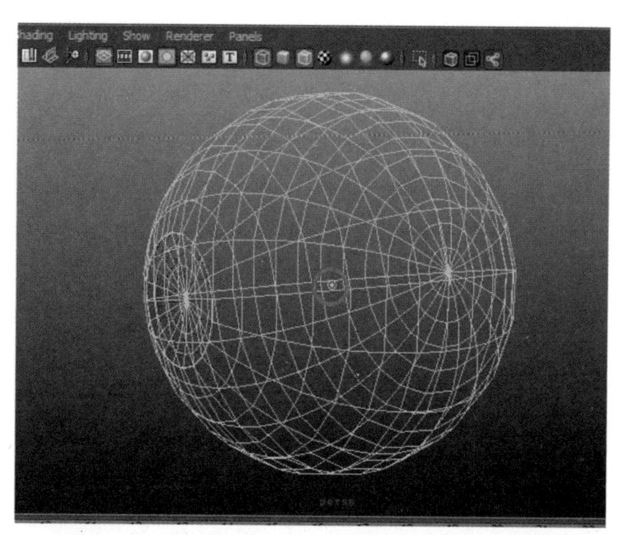
图 5-143

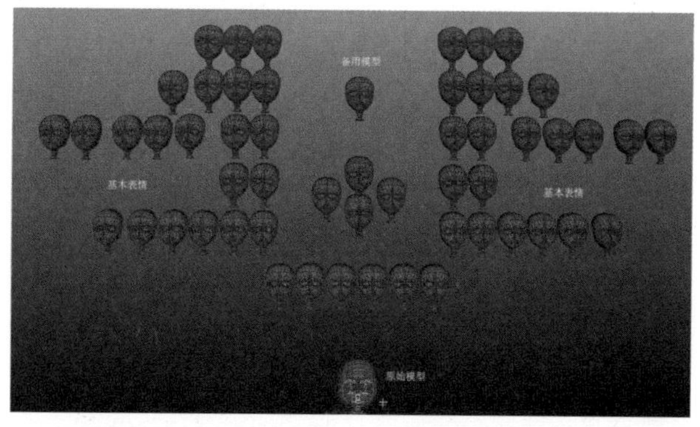
图 5-144

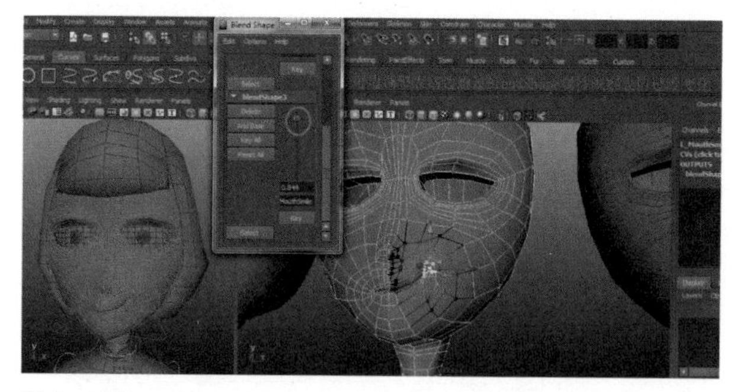
图 5-145

### 5.2.7 实时训练题

试着给自己的模型绑定一套骨骼，运用第 5 章所学的绑定知识，根据动画制作需要，为角色设置合适的装配。

## 5.3 卡通角色表情制作方法

### 5.3.1 表情制作流程

出色的角色表情可以为动画带来细致、高端的感觉，表情在动画中能够将你的角色表现得更加细腻。因此，掌握一套完整全面的表情装配系统是很有必要的。

表情的制作方法大致有两种：一是通过骨骼、簇等控制模型的点，然后绘制蒙皮权重，利用骨骼、簇等控制器的变换制作表情变化。这种绑定方法简易，可直接在面部放置骨骼或者簇，难点是骨骼定位。但是它很难将表情的肌肉变化表现出来，变化不够丰富，比较适用于表情要求不太高的制作。二是使用融合变形制作表情动画，为五官的眼眉、眼睛、鼻子、嘴的每一个变化制作模型，然后用融合变形驱动模型产生表情变化。这种绑定方法比较麻烦，需要把能想到的每一个基本表情的模型制作出来，但是可以随心所欲地制作出任何丰富的表情。当然，两种方法也可结合使用。

下面介绍融合变形的方法绑定流程：

（1）复制一个头部模型，将此模型作为备用。先选择备用模型，再选择原始模型，创建融合变形（此操作是防止在制作大量的表情时产生误操作而改变模型）。复制头部模型，使用软选择工具调整模型的点的位置，做出五官活动的基本表情元素，如此做出所有基本表情元素（图 5-144）。先制作一半表情，另一半使用光盘中的 MEL 脚本 Expression_Mirror 镜像（Maya 中的镜像复制或 Scale 缩放镜像是无效的），或是上网搜索表情镜像的脚本，网上发布较多，复制其文字粘贴到 Maya 脚本编辑器中，全选文字，用鼠标中键拖到工具架上即可。

技巧：

在制作表情时，可以对表情模型与备用模型创建融合变形，实时观察调整表情，并单独创建一个摄像机，将此摄像机视图用于观察表情变化（图 5-145）。每个表情制作完成后应删除测试时的 BlendShape 节点。

当我们手动调整表情结构时，其结构与原始模型难免会不均匀，执行 Edit Deformers → Paint

Blend Shape Weights Tool（绘制融合变形权重工具），绘制其权重可以使得表情更平滑自然，完成后复制刷好的表情，替代并删掉原来的表情模型，再删除 BlendShape 节点，制作下一个表情（图 5–146）。

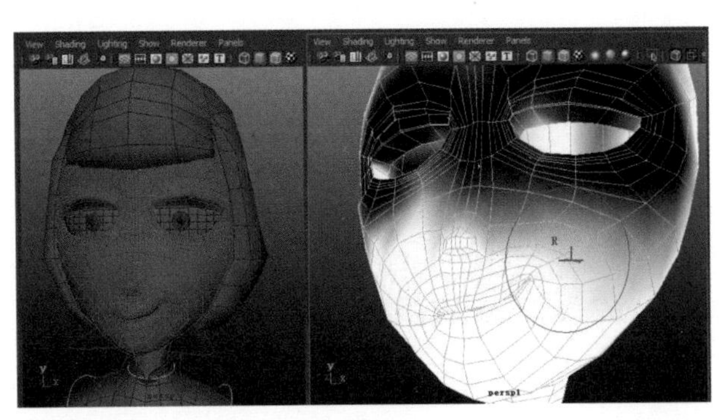

图 5–146

（2）在面部对应的位置创建面部控制器（图 5–147）。注意每个控制器自身都要打组，保持控制器默认属性为 0，最后为所有的控制器组打一个总组。

控制器制作完成后，将不需要的属性锁定并隐藏，并为控制器属性设置参数范围，一般为 −1 至 1（图 5–148）。

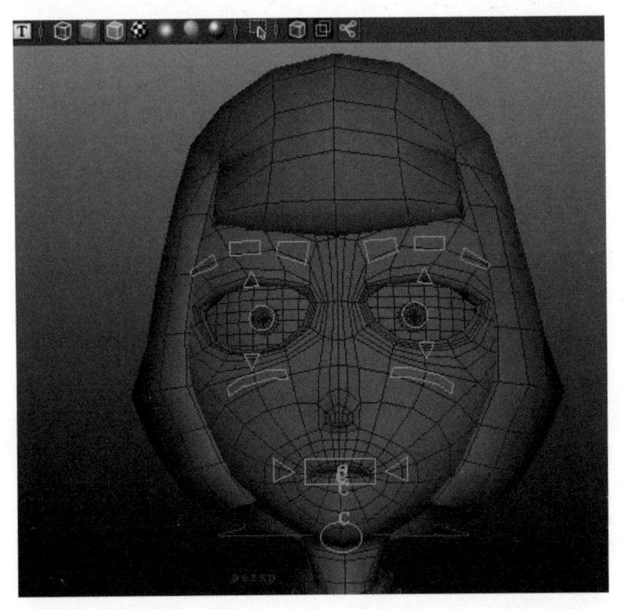

图 5–147

若控制器的移动范围在视图中与模型比例不搭配，可缩放控制器的组使控制器的操作更舒适（图 5–149）。

（3）先选择所有表情模型，最后选择备用模型，执行 Create Deformers → Blend Shape 创建融合变形。选择备用模型，再选择原始模型，执行 Create Deformers → Blend Shape 创建融合变形。

注意：绑定表情时，复制一个备用模型是很重要的，在头部绑定中可能还有很多其他的绑定设置，如果将所有表情都融合在原始模型上，若要修改绑定，则表情的控制器绑定都要被删除，将表情融合在备用模型上，将备用模型重新融合到原始模型上即可。

（4）执行 Window → Animation Editors → Blend Shape（融合变形），打开融合变形窗口，通过设置驱动关键帧让控制器驱动融合变形的权重，从而达到表情跟随控制的效果（图 5–150）。融合变形使用技法详见 5.2.2 中的融合变形。

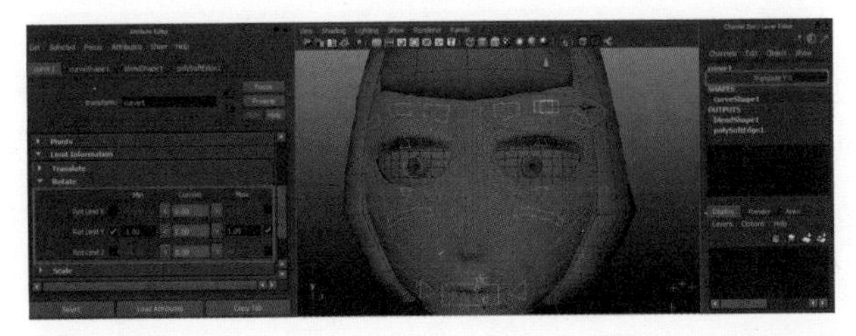

图 5–148

（5）在头部控制器上添加一个面部控制器的显示切换属性，将其属性连接至面部控制器总组的 Visibility 用于控制面部控制器的显示。因为角色全身动画与表情动画是分开的，不方便时可隐藏起来。

（6）若头部需要与身体连接到一起，则可以在创建完融合变形以后，选择头部与身体模型执行 Mesh → Combine（合并），然后选择要合并的点，

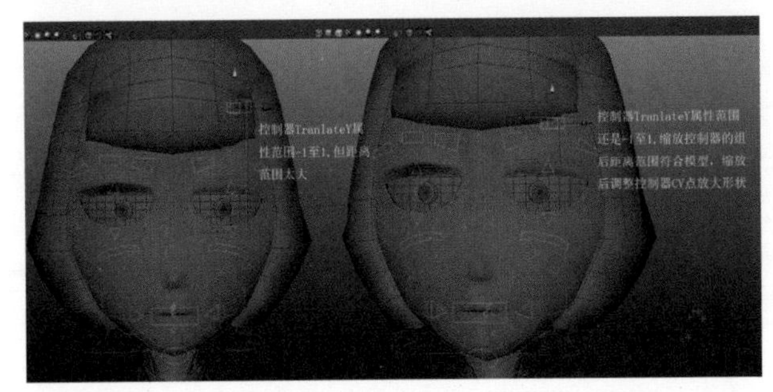


图 5–149

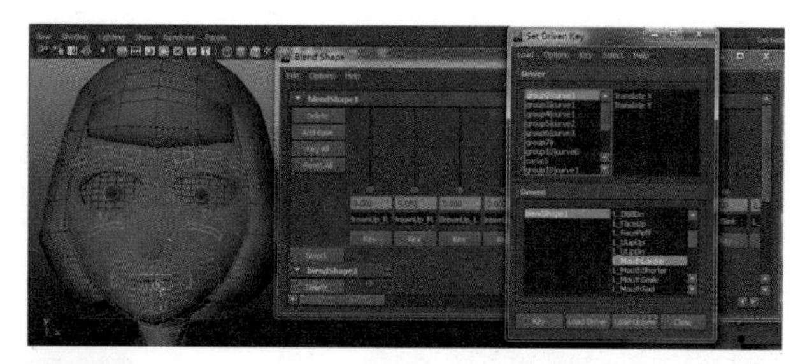

图 5-150

执行 Edit Mesh → Merge（合并）即可，此时千万不要删除历史记录。在 Maya2012 之前的版本还要调节蒙皮节点与融合变形节点的先后顺序，方法是：选择模型，按住右键，选择 Inputs → All Inputs（所有输入节点），将 Blend Shape 节点用鼠标中键拖到 Skin Cluster（蒙皮节点）下面，否则，蒙皮会失效（图 5-151）。

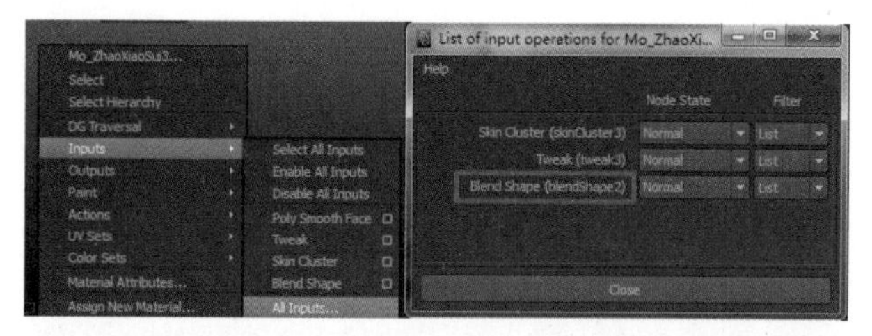


图 5-151

## 5.3.2 眼部控制器制作

眼部的基础表情包括上眼皮向下闭眼，上眼皮向上睁大，下眼皮向上闭眼，下眼皮向下睁大。

技巧：

上眼皮下闭，我做了两个表情模型：L_UBLin1 和 L_UBLin2，L_UBLin1 用于中间眼球鼓出的过渡。上眼皮向上睁大时，要注意眼睑内敛于内部（图 5-152）。

在制作下眼皮时，我做了两个特殊的俏皮的表情：L_DBBUp 和 L_DBBDn（图 5-153）。

眼皮控制器通过驱动关键帧控制融合变形表情的驱动关系（图 5-154）。

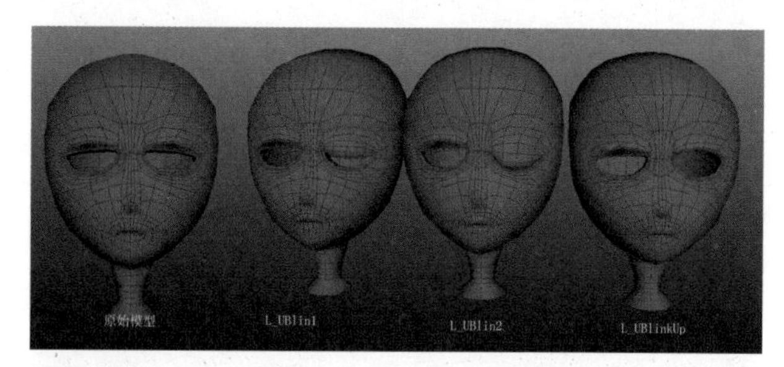

图 5-152

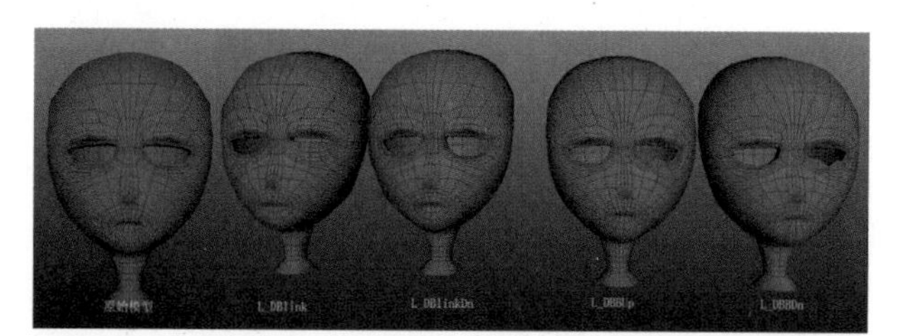

图 5-153

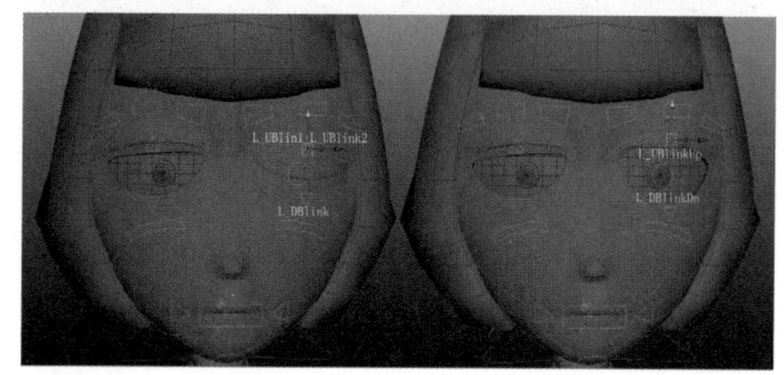

图 5-154

## 5.3.3 眉弓控制器制作

眉弓的基础表情包括眼眉向上、眼眉向下和眼眉向眉心挤压（图 5-155）。

眉弓控制器通过驱动关键帧控制融合变形表情的驱动关系（图 5-156）。

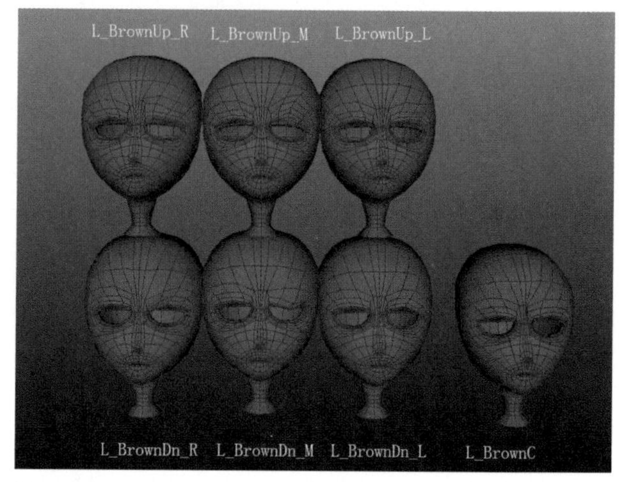


图 5-155

技巧：

眼眉的上下运动应分成三部分：左边眼眉向上和向下、中间眼眉向上和向下、右边眼眉向上和向下，这样就可以实现眼眉丰富的上下变化了。在制作时，先将眼眉整体向上调整至极限，然后与备用模型创建 BlendShape（融合变形），再执行 Edit Deformers → Paint Blend Shape Weights Tool（绘制融合变形权重工具），在备用模型上以刷权重的方式将眼眉向上的表情分成 3 个。注意 3 个眼眉表情的权重总和为 1，否则会产生错误的变形。最后删除 BlendShape 节点与眼眉整体向上的表情模型。眼眉向下的表情也是如此制作（图 5-157）。

### 5.3.4　脸部控制器制作

脸部的基础表情包括眼袋向上和鼓腮（图 5-158）。

脸部控制器通过驱动关键帧控制融合变形表情的驱动关系（图 5-159）。

### 5.3.5　嘴部控制器制作

嘴部的基础表情最多，嘴角的基础表情如图 5-160 所示。

嘴角控制器驱动关联如图 5-161 所示。

嘴部移动的基础表情如图 5-162 所示。

嘴部控制器移动的驱动关联如图 5-163 所示。

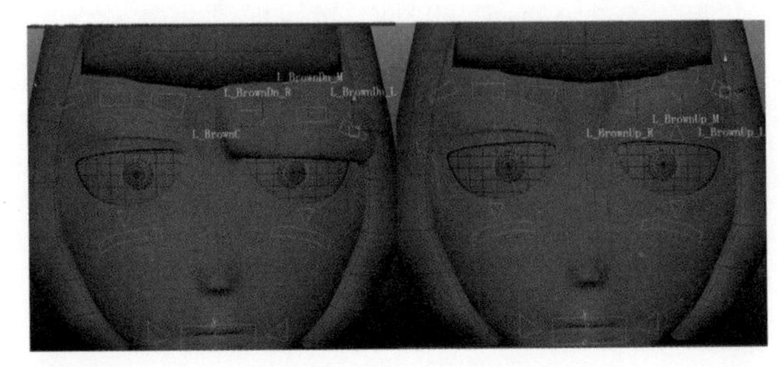

图 5-156

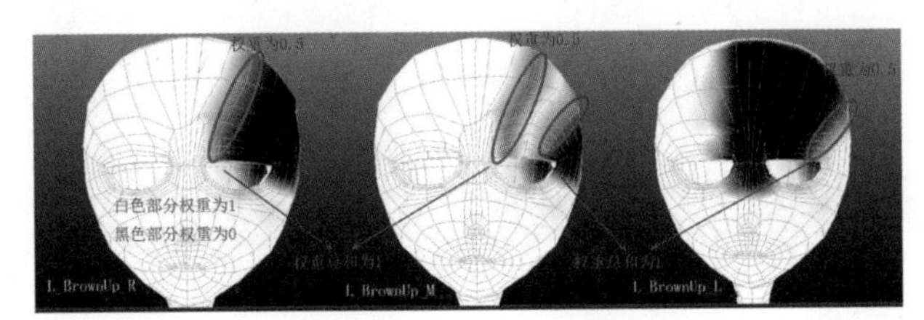


图 5-157

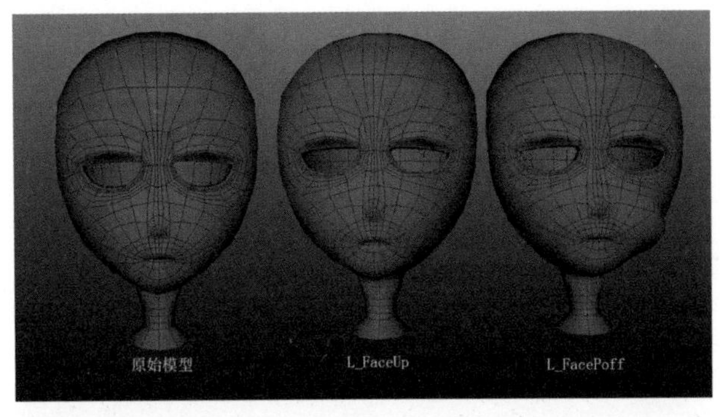


图 5-158

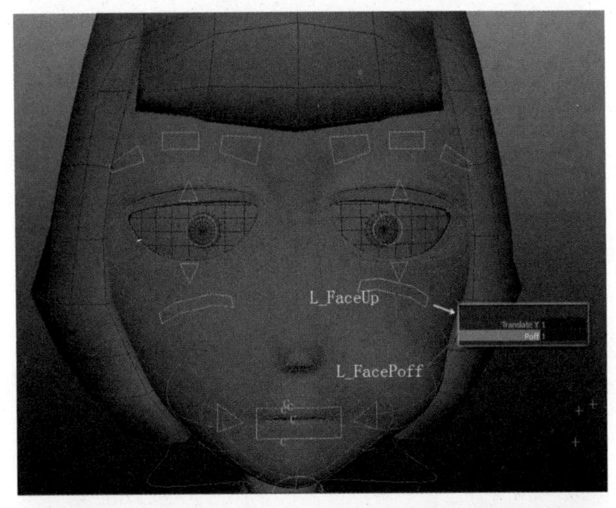


图 5-159

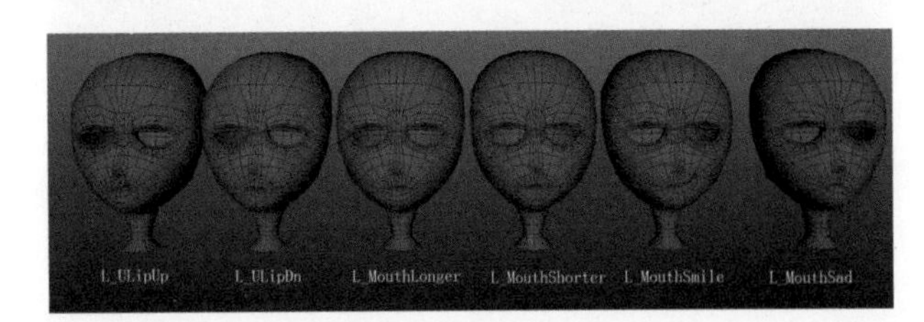


图 5-160

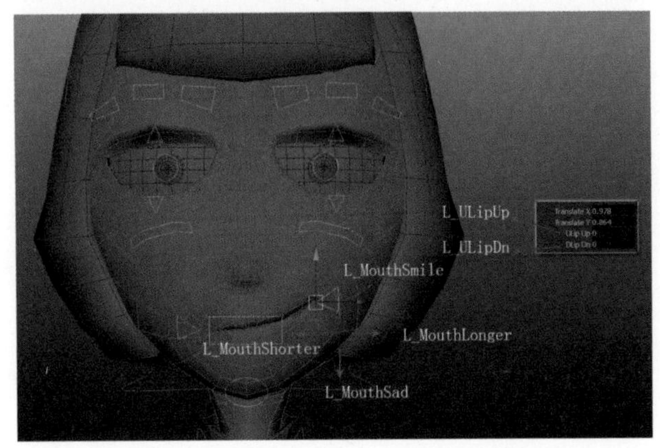


图 5-161

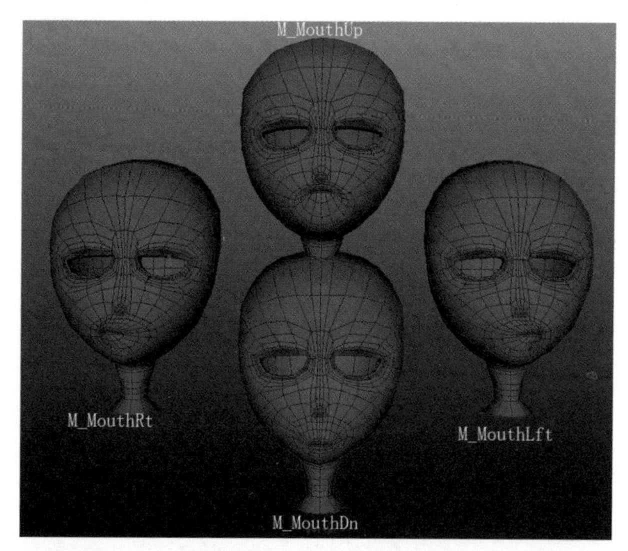


图 5-162

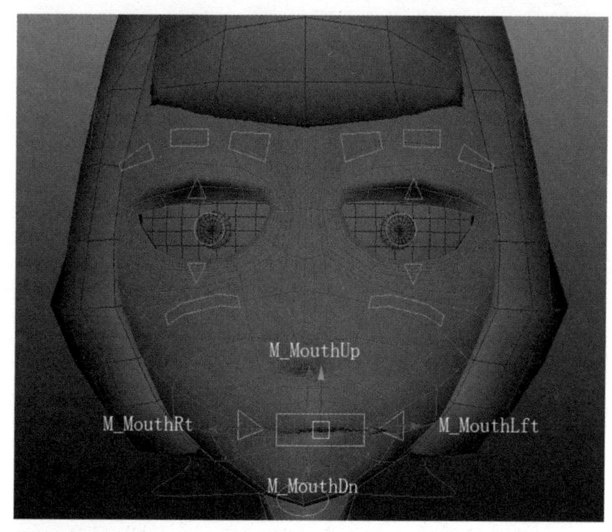


图 5-163

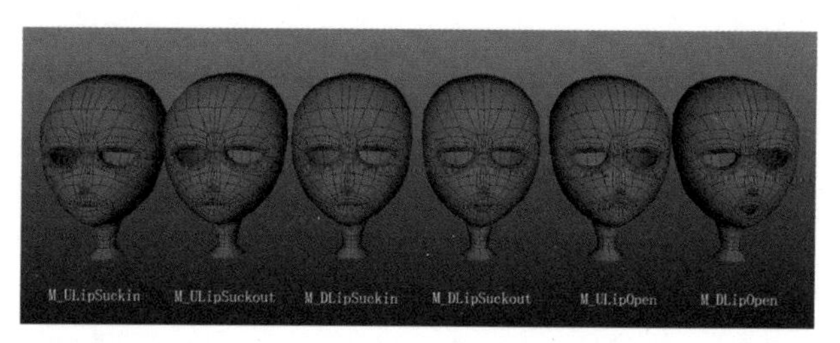


图 5-164

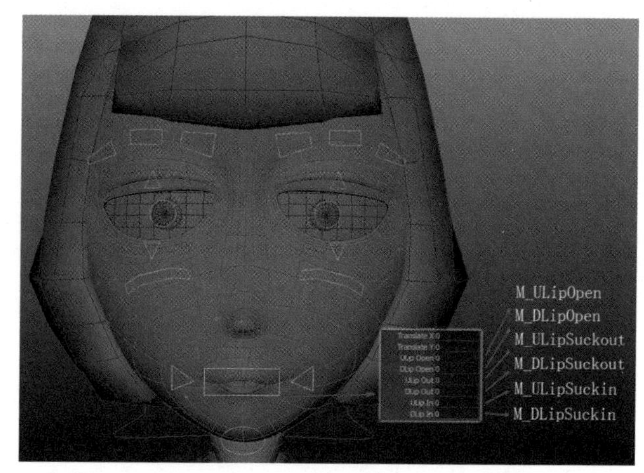


图 5-165

嘴唇的基础表情如图 5-164 所示。

嘴唇控制器的驱动关联如图 5-165 所示。

## 5.3.6 实时训练题

打开光盘中 Expression.mb 文件，观察表情模型的结构是如何变化的，运用面部表情的绑定知识，为自己的头部模型制作面部表情装配。

# 第 6 章　优秀案例赏析

## 6.1　小球弹跳案例赏析

该章节有两个案例，均是大三学生作业。第一个案例主要是制作动作和动力学脚本应用的体现；第二个案例主要是小球在不同场景下如何跳跃、滚动，体现其质感。具体案例见视频 6.1–1 和 6.1–2。

## 6.2　两足角色走跑跳综合运动案例赏析

该章节有三个案例，均是大三学生作业。

第一个案例由三个视频文件组成（6.2–1 ～ 6.2–3），主要体现了角色搬起重物的动作制作。该案例体现了学生对动作表演的理解和对力量与时间的关系的理解。（Maya 文件在源文件文件夹中，供读者参考）

第二个案例见视频文件 6.2–4。该案例是两足角色跳舞的动作制作，主要考核了音乐与动作共同适用于角色动作。制作动画时，可以先找到音乐，并对照音乐的节奏再制作动作。

第三个案例见视频 6.2.5。该案例是两足角色踢足球的动作，主要体现了动作的发力节奏。

## 6.3　优秀动作捕捉案例赏析

该章节有一个案例，由两名大三学生配合完成。该案例体现了对动作的编排、捕捉、动作修正、动作赋予到三维角色上以及镜头的剪辑和合成工作。具体案例见视频 6.3–1。

## 6.4　优秀卡通角色骨骼绑定案例赏析

该章节包含两个案例：手动骨骼绑定案例文件 6.4–1 和插件自动绑定案例文件 6.4–2。

第一个案例见文件 6.4–1，通过练习手动骨骼绑定，可以学习到 Maya 骨骼绑定的理论知识，掌握角色绑定的主要方法。

第二个案例见文件 6.4–2，运用 Maya 骨骼插件 Advanced Skeleton 与角色模型匹配，自动生成骨骼绑定系统，并且使用融合变形绑定表情。

Advanced Skeleton 骨骼插件在小型团队角色动画制作中，不具备专门脚本程序员的情况下，可以提高工作效率，只需要匹配每个角色模型的骨骼即可自动生成绑定。如有特殊角色部分绑定，可使用手动与自动骨骼绑定结合的方式，在自动骨骼绑定生成的基础上添加手动绑定部分即可。

本书中提供了 Advanced Skeleton 3.96 版本，或者到官方网址 http://www.animationstudios.com.au/AdvancedSkeleton/ 下载其他或最新版本。

# 参考文献


[1] Eric Luhta. Kenny Roy. How to Cheat in Maya 2012：Tools and Techniques for Character Animation[M]. Focal Press，2011.

[2] Robin Beauchamp. 动画声音设计[M]. 徐晶晶译 . 北京：人民邮电出版社，2011.

[3] 刘慧远，朱恩艳 . 绑定的艺术—Maya 高级角色骨骼绑定技法[M]. 北京：人民邮电出版社，2011.

[4] 万建龙 . maya 角色绑定火星课堂[M]. 北京：人民邮电出版社，2012.

# 后　记

POSTSCRIPT

《三维角色动画制作》一书经过一年的努力终于完成，在此感谢共同参与的张思雪和张衍滨两位老师，还要感谢天津职业技术师范大学艺术学院动画系的一些学生提供的素材。本书在编写中虽然语言不是很华丽，但是每一个操作步骤都是经过实践检验，且实践性很强。书中涉及的每个案例均是再三斟酌而定，参考了美国的动画教育课程。本书的内容在本科教学中涉及160学时，共计2个学期完成。这个参考时间希望能够给学习者一个借鉴。本书仍存在一些不足之处，望在今后的修正版中更新案例，并加入每个环节的建议学习时间。

**图书在版编目（CIP）数据**

三维角色动画制作／邵恒，张思雪，张衍滨编著．—北京：中国建筑工业出版社，2015.3
高等院校动画专业核心系列教材
ISBN 978-7-112-17731-8

Ⅰ.①三… Ⅱ.①邵…②张…③张… Ⅲ.①三维动画软件－高等学校－教材 Ⅳ.①TP391.41

中国版本图书馆CIP数据核字（2015）第022501号

责任编辑：唐　旭　吴　佳
责任校对：李欣慰　刘梦然

高等院校动画专业核心系列教材
主编　王建华　马振龙　副主编　何小青
**三维角色动画制作**
邵　恒　张思雪　张衍滨　编著
*
中国建筑工业出版社出版、发行（北京西郊百万庄）
各地新华书店、建筑书店经销
北京嘉泰利德公司制版
北京缤索印刷有限公司印刷
*
开本：880×1230毫米　1/16　印张：8　字数：210千字
2015年4月第一版　2015年4月第一次印刷
定价：58.00元（含光盘）
ISBN 978-7-112-17731-8
（26800）

（邮政编码　100037）